Annales 2018 SUJETS

Mathématiques

Term S

Spécifique & Spécialité

Christian Lixi
Professeur agrégé

Nathan

PRÉSENTATION

Ces *Annales ABC du BAC* ont été conçues pour vous aider à préparer efficacement l'épreuve de Mathématiques **du Bac 2018** de la **série S**. Vous y trouverez les sujets du **Bac 2017** (celui de France métropolitaine, mais aussi ceux des centres étrangers sur lesquels ont travaillé les élèves de lycées français résidant à l'étranger) ainsi que les sujets des sessions antérieures.

11 sujets complets de Bac

→ Les sujets complets du **Bac 2017**, celui de France métropolitaine, mais aussi les sujets des centres étrangers sur lesquels ont travaillé les élèves de lycées français.
→ Les **sujets les plus intéressants** des sessions précédentes du Bac.

4 sujets de concours

→ Le sujet du Concours général de Mathématiques 2017, ainsi que trois sujets de concours d'écoles d'ingénieur de mai 2017.

132 exercices classés par thèmes

→ Une sélection d'exercices et de problèmes de Bac des années antérieures.
→ Ces exercices ont parfois été modifiés pour être conformes au programme et sont classés par thèmes, pour permettre un entraînement efficace tout au long de l'année.

Et en plus, des compléments indispensables et pratiques

→ **L'Infos-Bac** : un dossier complet pour bien aborder la nouvelle épreuve à l'écrit et à l'oral de rattrapage.
→ Au début de chaque sujet complet, un encadré précise les notions abordées dans les différents exercices.
→ Un barème indicatif de correction et le temps imparti pour chaque exercice vous aideront à évaluer votre travail.

Couverture : Élise Launay
Coordination éditoriale : Julie Langlais - Clémentine Carmo
Édition : Régine Delay **Fabrication** : Camille Friquet
Mise en page : Desk **Conception graphique intérieur** : Julie Lannes

Nathan 2017 - 25, avenue de Coubertin - 75013 Paris - ISBN 978-2-09-150242-7

SOMMAIRE

■ Ce symbole indique que le sujet n° X est corrigé dans les Annales ABC DU BAC 2018 Mathématiques S (spécifique et spécialité) n° 5.

INFOS-BAC

LES SUJETS COMPLETS DU BAC

À refaire | Réussi

LES SUJETS DE CONCOURS

LES EXERCICES CLASSÉS PAR THÈMES

À refaire | Réussi

Tableau des sujets classés par thèmes

Thèmes		Numéro du sujet et nature
Suites		**1** E_4 (spécifique) **1** E_4 (spécialité) **2** E_3 **3** E_4 **3** E_5 (spécialité) **4** E_3 **4** E_4 (spécifique) **7** E_4 (spécifique) **7** E_4 (spécialité) **8** E_2 **8** E_3 (spécifique) **8** E_3 (spécialité) **9** E_3 **10** E_1 **10** E_4 (spécialité) **11** E_5 (spécifique) **11** E_5 (spécialité)
Fonctions	Dérivées	
	Fonction rationnelle	**5** E_1
	Fonction trigonométrique	**5** E_1 **10** E_3
	Fonction exponentielle	**1** E_1 **2** E_2 **3** E_3 **4** E_3 **5** E_3 **6** E_4 (spécifique) **8** E_4 **9** E_1 **10** E_1 **11** E_1
	Fonction logarithme	**1** E_1 **3** E_4 **5** E_4 (spécifique) **7** E_3
	Intégration	**1** E_1 **4** E_3 **6** E_4(spécifique) **7** E_3 **8** E_4 **9** E_1 **10** E_1 **11** E_1
	Lectures graphiques	**5** E_3 **10** E_1
Nombres complexes		**1** E_3 **3** E_1 **4** E_4 (spécifique) **7** E_2 **8** E_2 **9** E_2 **10** E_3 **11** E_3
Géométrie dans l'espace		**1** E_2 **2** E_4 **3** E_5 (spécifique) **4** E_2 **5** E_1 **6** E_3 **7** E_5 **9** E_4 **10** E_2 **11** E_4
Probabilités	Conditionnement et indépendance	**1** E_4 (spécifique) **2** E_1 **6** E_1 **7** E_1 **8** E_1 **8** E_3 (spécifique)
	Variables aléatoires	**5** E_2 **4** E_1

	Loi à densité	**1** E_3 **2** E_1 **3** E_2 **4** E_1 **5** E_2 **6** E_1 **7** E_1 **8** E_1 **9** E_1 **9** E_5 (spécifique) **10** E_3 **11** E_2
	Intervalle de fluctuation et estimation	**2** E_1 **3** E_2 **4** E_1 **8** E_1 **11** E_2
Arithmétique		**1** E_4 (spécialité) **2** E_4 **3** E_5 (spécialité) **4** E_4 (spécialité) **5** E_4 (spécialité) **6** E_4 (spécialité) **7** E_4 (spécialité) **9** E_5 (spécialité)
Matrices		**1** E_4 (spécialité) **2** E_4 **4** E_4 (spécialité) **7** E_4 (spécialité) **8** E_3 (spécifique) **8** E_3 (spécialité) **10** E_4 (spécialité) **11** E_5 (spécialité)
Graphes		**10** E_4 (spécialité)
QCM		**4** E_1 **10** E_3
Tableur		**5** E_4 (spécifique) **7** E_4 (spécifique) **7** E_4 (spécialité)
Algorithmes		**1** E_1 **2** E_3 **4** E_4 (spécifique) **5** E_4 (spécialité) **8** E_3 (spécifique) **8** E_3 (spécialité) **9** E_3 **10** E_1
Codage		**2** E_4
Question avec prise d'initiative		**2** E_1 **5** E_4 (spécifique) **7** E_1

Infos-Bac

L'épreuve en bref

Comment s'organise l'épreuve ?

- **Durée** : 4 heures
- **Coefficient** : 7 (coefficient 9 pour les candidats ayant choisi cette discipline comme enseignement de spécialité).
- **Nature de l'épreuve** : le sujet comporte trois à cinq exercices indépendants les uns des autres, notés chacun sur 3 à 10 points ; ils abordent une grande variété de domaines du programme de mathématiques de la série S.
- **Enseignement de spécialité** : un de ces exercices, noté sur 5 points, diffère du sujet proposé aux candidats n'ayant pas suivi l'enseignement de spécialité. Cet exercice peut porter sur la totalité du programme (enseignement spécifique et de spécialité). Le sujet portera clairement la mention « spécifique » ou « spécialité ».

Top chrono !

- Pour **déterminer le temps à passer sur chaque exercice**, il vous suffit de faire un calcul simple à partir des points attribués aux différents exercices. L'épreuve dure 4 heures, et vous aurez besoin de 30 minutes en fin d'épreuve, cela veut dire que vous disposez de **210 min pour acquérir 20 points**.
- Voici la durée à accorder à chaque exercice en fonction du nombre de points, si vous voulez vous laisser du temps pour la relecture :

– 3 points → $(210 \times 3)/20 = 30$ min environ

– 4 points → $(210 \times 4)/20 = 40$ min environ

– 5 points → $(210 \times 5)/20 = 50$ min environ

– 6 points → $(210 \times 6)/20 = 1$ h environ

– 7 points → $(210 \times 7)/20 = 1$ h 15 environ

– 8 points → $(210 \times 8)/20 = 1$ h 25 environ

- **Réservez 30 minutes pour vous relire.**

Comment assurer une bonne note à ma copie de Bac ?

Vous devez savoir :

- acquérir des connaissances et les organiser ;
- mobiliser des notions, des résultats et des méthodes utiles dans le cadre de la résolution d'exercices ;
- prendre des initiatives ;
- comprendre et construire un raisonnement ;
- mettre en forme un raisonnement mathématique, une démonstration.

La méthode pour l'écrit

Bien comprendre l'épreuve

Pour bien comprendre ce que l'on attend de vous le jour de l'épreuve, nous vous conseillons de lire le BO du 3 octobre 2011, qui définit la nature de l'épreuve, et qui est donné aux concepteurs des sujets.

Les connaissances requises

- L'épreuve aura **une ampleur et une difficulté modérées.**
- Le sujet doit aborder **une grande partie des connaissances du programme**. On peut vous demander :
  - la restitution organisée de connaissances (comme l'exposé d'une question citée en exemple dans le programme) ;
  - l'application directe de résultats ou de méthodes ;
  - l'étude d'une situation conduisant à choisir un modèle simple ;
  - la présentation ou l'exploitation des données ou une information ;
  - la formulation d'un raisonnement.
- Les notions du **programme de première,** mais non approfondies en terminale, doivent être connues et mobilisables. Elles ne peuvent cependant constituer un ressort essentiel du sujet.

Conseil
Révisez les notions de première que votre professeur n'a pas revues en terminale.

- Certains exercices peuvent faire référence à **d'autres disciplines de la série considérée,** mais les connaissances spécifiques requises doivent être fournies dans l'énoncé.
- Vous devez savoir « **construire un raisonnement et démontrer** », cela signifie que, par exemple, lors de l'utilisation d'un théorème, il faudra vérifier si les hypothèses présentes dans le théorème se retrouvent dans le cadre de la question.

Par exemple : on peut vous demander de chercher la probabilité de l'événement B sachant que l'événement A est réalisé ; connaître la relation qui permet de calculer $p_A(B)$ est indispensable, mais savoir que cette relation ne peut être utilisée que si $p(A) \neq 0$ est tout aussi indispensable, car c'est cela une démarche scientifique. Il faudra donc, dans votre réponse, commencer par calculer $p(A)$ et dire que puisque $p(A) \neq 0$, on peut calculer $p_A(B)$.

• On peut vous demander de **rédiger une démonstration du cours** qui figure dans le programme officiel. Faites la liste de ces démonstrations et apprenez-les bien !

• **La forme des questions** ne doit pas être source de difficultés supplémentaires. Si des questionnaires à choix multiple (QCM) sont proposés, les modalités de notation doivent en être précisées.

• Des exercices avec prise d'initiative pourront être posés (la question ne comportera ni éléments d'aide à la démonstration, ni éléments de réponse).

Conseil
Si le sujet comporte un QCM, mieux vaut ne pas répondre que de « répondre au hasard »... Les réponses fausses peuvent être pénalisées !

L'usage de la calculatrice

• **Les calculatrices sont autorisées**, sauf mention contraire en tête du sujet. Ce sont les responsables de l'élaboration des sujets qui le décident. Ce point doit être précisé en tête des sujets.

• En revanche, **on ne vous fournit plus de formulaire**, le travail de mémorisation des principales formules du programme est donc indispensable (formules de dérivation, de calculs de primitives, de probabilités, sur les suites...). En conséquence, tout au long de l'année lorsque vous cherchez des exercices, ne gardez jamais à côté de vous formulaires, fiches, manuels. La démarche d'aller chercher une formule vous alerte sur votre connaissance du cours, prenez alors le temps de réapprendre les formules, refermez le cahier ou le livre et reprenez la recherche de vos exercices. Si vous travaillez avec des « pense-bêtes » à côté de vous, vous n'aurez pas ces alertes et vous pourrez croire que vous savez votre cours.

• Si vous êtes amené à utiliser une calculatrice, il vous sera demandé de situer ce qui apparaît à l'affichage dans le contexte de la question posée et de **rédiger une réponse distincte de la simple copie d'écran**.

• Si votre calculatrice calcule une dérivée demandée, ne tentez pas de faire croire au correcteur que vous avez trouvé le résultat sans faire de calculs intermédiaires, il ne sera pas dupe.

• Attention, **votre calculatrice peut vous induire en erreur**, la précision des écrans n'est pas toujours suffisante, les calculs ne sont pas toujours bien simplifiés.

• Les sujets éviteront de valoriser les questions dont la résolution peut n'exiger que la manipulation des touches d'une **calculatrice évoluée** (représentation graphique d'une fonction, recherche formelle d'une primitive, etc.).

Conseil
Mieux vaut une calculatrice que vous maîtrisez qu'une calculatrice très élaborée dont vous découvrez le fonctionnement le jour de l'épreuve !

Le matériel à apporter

• **Préparez vos affaires à l'avance...** Vous rendre compte que votre pièce d'identité n'est plus valide ou que vous n'avez plus de piles dans votre calculatrice la veille de l'examen risque de vous stresser inutilement...

• **N'oubliez pas :**

– Votre **convocation.**

– Une **pièce d'identité** (attention ! tout document avec votre photo n'est pas une pièce d'identité : carte d'identité, permis de séjour, carte de résident, passeport, permis de conduire).

– Votre **stylo** et des **cartouches compatibles** avec celui-ci. N'hésitez pas à avoir plusieurs instruments d'écriture, le stylo bille rouge étant interdit bien sûr. Si vous écrivez en bleu, encadrez en noir et réciproquement.

– Une **règle** suffisamment longue (30 cm), un compas (contrôlez-le en faisant un cercle quelques jours avant, la veille à 10 h du soir il sera peut-être difficile d'en trouver un), une gomme.

– Une **calculatrice** avec des **piles neuves.** Vous n'avez pas le droit d'avoir deux calculatrices en même temps sur votre table, mais, si vous en avez deux, vous pouvez demander au surveillant de prendre celle qui est restée dans votre cartable. Ne faites rien sans demander l'autorisation au surveillant de la salle. Ne prenez que des calculatrices que vous maîtrisez, cela ne sert à rien d'emprunter une calculatrice performante, mais que vous ne maîtrisez pas.

Que faire si...

• **Vous avez perdu votre pièce d'identité :** faites votre déclaration de perte au commissariat qui vous délivrera un document que vous présenterez avec la convocation.

• **Vous n'avez pas reçu votre convocation :** si vous ne l'avez pas reçue une semaine avant l'épreuve, signalez-le auprès de votre établissement.

Le jour J

L'entrée dans la salle

Après être entré dans la salle, le surveillant vous demandera de garder sur votre table le strict nécessaire, tout le reste sera déposé le long du mur. Ce strict nécessaire comporte les outils d'écriture, les outils de dessin, une gomme, une calculatrice, votre convocation et une pièce d'identité.

La distribution du sujet

• Lisez le **texte en entier.**

• Relevez les **points attribués aux différents exercices,** déterminez alors le temps à passer sur chaque exercice et écrivez ce temps dans la marge.

• **Choisissez le premier exercice à résoudre.** Le mieux est de choisir un exercice que l'on sait savoir traiter parce que l'on a déjà réussi un exercice similaire. Réussir le premier exercice rapidement met en confiance et donne des forces pour les questions plus difficiles.

Au brouillon

• L'énoncé d'un exercice d'une épreuve de mathématiques au baccalauréat a été conçu par un professeur qui voulait vérifier si une démarche du programme a été comprise des candidats. **Essayez de comprendre cette démarche.**
• Le choix de numéroter trois questions successives 1.2.3. ou 1.a.1.b.2. ou 1.a. 1.b. 1.c. indique trois démarches différentes ; lorsque plusieurs questions sont à l'intérieur d'une même question cela indique la plupart du temps que l'on est dans une même démarche, au contraire changer de question par exemple 1.b. 2. indique que l'on va tester un nouveau point de vue. Faites l'expérience tout au long de l'année d'essayer de découvrir « la pensée de l'auteur ».
• Si le concepteur a écrit « en déduire », ne cherchez pas ailleurs que dans la question précédente.
• **Notez l'heure du début** de votre recherche et le temps que vous disposez pour cet exercice.
• **Notez l'heure finale.**
• **Relisez complètement de nouveau l'exercice** pour bien le mémoriser, car lorsque vous chercherez une question, il se trouve parfois des indications dans les questions suivantes.

Conseil

Si vous « butez » sur une question, n'y passez pas trop de temps, admettez le résultat et cherchez les questions suivantes.

Comment gagner des points ?

• **Si vous n'avez pas fini un exercice**, indiquez sur votre copie votre démarche, même si celle-ci n'a pas abouti. Mais n'essayez pas de faire croire au correcteur que vous avez fait la démonstration !
• Soignez la **rédaction**, la **clarté** et la **précision** des raisonnements, la cohérence globale de vos réponses.
• N'hésitez pas à **recourir à des tableaux et graphiques** pour soutenir une argumentation ou présenter des résultats, dès lors que vous en précisez clairement la signification.

Sur votre copie

• **Recopiez régulièrement au propre** en refaisant les calculs, surtout si vous ne trouvez pas un résultat donné dans le texte. En recopiant et en détaillant bien votre démarche, vous allez trouver votre erreur. N'oubliez pas que la rigueur de votre raisonnement est la garantie que votre démarche vous mène au « succès ».

- **Respectez la numérotation des questions** et faites-la apparaître très clairement.
- **Séparez les questions** par deux lignes blanches, encadrez les résultats et, si vous ne traitez pas une question, mettez le numéro et laissez deux lignes blanches.
- Inutile de vouloir faire croire au correcteur que vous avez démontré une question en recopiant la réponse qui est dans l'énoncé, la **malhonnêteté peut vous coûter très cher**...
- **N'oubliez pas de tracer les traits dans les tableaux de variation**, la première ligne du tableau comporte les valeurs qui interviennent réellement, répartissez les différentes valeurs de manière équidistante, il est donc nécessaire d'en avoir fait la liste au préalable, respectez le code classique d'une double barre si la fonction n'est pas définie au point considéré.
- **Contrôlez le temps** qui vous reste et, si vous dépassez le temps imparti, prenez un nouvel intercalaire pour un nouvel exercice, le correcteur peut apprécier de ne pas avoir plusieurs exercices sur une même copie.

Conseil

Énoncez complètement les théorèmes avant leur utilisation. Contrôlez que les hypothèses du théorème sont bien vérifiées dans le cadre de la question. L'un des mots les plus difficiles à employer dans une copie est « donc » !

Comment bien présenter votre copie ?

- **Soignez votre écriture** : certaines lettres, mal formées, peuvent se confondre, par exemple x et n, un Z et un 2, un $\mathfrak{z}$ et un 3. Apprenez à bien dessiner des accolades, le symbole $\int$, le symbole ∞, les quelques lettres grecques courantes : α, β, γ, δ, ρ, σ, Δ. Attention aux indices et aux exposants, veillez à bien les placer. Respectez les notations du texte même si ce ne sont pas celles que vous utilisez habituellement.
- **N'utilisez pas les symboles de mathématiques** comme une abréviation au milieu d'une phrase.
- **Tout calcul doit être suivi d'une conclusion** sous forme d'une phrase, une copie de mathématiques n'est pas qu'une suite de calculs.

La relecture

Prenez la dernière demi-heure pour relire votre copie, encadrer les résultats que vous auriez oubliés, corriger les fautes d'orthographe, contrôler la numérotation des questions puis numérotez vos pages et comptez les annexes à rendre.

La méthode pour l'oral de rattrapage

Quelles matières choisir ?

• **Vous avez entre 8 et 10 de moyenne** : les oraux de rattrapage sont pour vous. Pas de panique : s'ils vous ont offert cette chance, c'est avant tout parce que les examinateurs estiment que vous n'aurez pas besoin d'une année supplémentaire pour décrocher votre diplôme...

• Vous ne pourrez rattraper que **deux matières**. Autant bien les choisir pour gagner un maximum de points ! Repasser la matière dans laquelle vous excellez n'est pas un bon calcul. Au contraire, choisissez les matières qui ont le plus fort coefficient, et dans lesquelles vous avez obtenu de mauvaises notes.

Définition de l'épreuve

• **Durée** : 20 minutes
• **Temps de préparation** : 20 minutes
• **Coefficient** : 7 ou 9 pour les candidats ayant choisi cette discipline comme enseignement de spécialité.
• **L'épreuve** consiste en une interrogation du candidat, visant à apprécier sa maîtrise des connaissances de base. Pour préparer l'entretien, l'examinateur propose au moins **deux questions** au candidat, portant sur des parties différentes du programme.

→ Si vous avez choisi la **spécialité Mathématiques** : une question abordera le programme de spécialité, les autres abordant exclusivement le programme de l'enseignement obligatoire. Il est donc très important de revoir autant le programme d'enseignement spécifique que celui de spécialité.

→ Si vous avez choisi une **autre spécialité** : les questions aborderont exclusivement le programme de l'enseignement spécifique.

Conseil

Commencez à réviser dès la fin des épreuves écrites, sans attendre de connaître vos notes : il ne s'écoule que deux à dix jours entre les résultats et les épreuves orales...

À savoir

• **Les sujets** sont souvent des extraits d'exercices de baccalauréat des années antérieures.
• **Les conditions matérielles** (en particulier la présence d'un tableau), les énoncés des questions posées, seront adaptés aux modalités orales de cette épreuve.
• L'usage des **calculatrices** électroniques est autorisé, dans le cadre de la réglementation en vigueur. L'examinateur pourra fournir avec les questions certaines formules jugées nécessaires.

Temps de préparation 20 min

- Vous tirerez un sujet au hasard, ne croyez pas que passer en premier vous donne plus de chance de ne pas tomber sur le sujet qui vous dérange, la probabilité est la même pour le dernier à qui il ne reste qu'un seul sujet (cela pourrait être votre sujet de probabilité).
- Vous disposez d'un temps de préparation de vingt minutes et vous pouvez, au cours de l'entretien, vous appuyer sur les notes prises pendant la préparation.
- Ne traitez pas un exercice complètement comme si c'était un écrit en ne travaillant pas l'autre exercice. Vous devez aborder les deux exercices, faites les calculs qui vous semblent difficiles.

Conseils pour l'entretien 20 min

- L'examinateur veillera à faciliter l'expression du candidat et à lui permettre de mettre en avant ses connaissances.
- Lorsque vous serez devant votre interrogateur, il vous demandera peut-être d'exposer au tableau. PARLEZ, ce n'est pas un écrit, parlez distinctement et soyez poli, si l'on vous demande de répéter ce que vous venez de dire, faites-le.

Conseil

Préparez cette épreuve pendant l'année en passant au tableau lorsque votre professeur vous en donne l'opportunité.

Les sujets

Sujet 1 France métropolitaine - La Réunion, juin 2017

4 heures

LISTE DES NOTIONS

Exercice 1
- Fonction exponentielle
- Fonction logarithme
- Primitive
- Aire
- Algorithme

Exercice 2
- Géométrie dans l'espace
- Représentation paramétrique d'une droite
- Distance d'un point à un plan

Exercice 3
- Nombre complexe
- Probabilité
- Loi normale
- Indépendance

Exercice 4 (S spécifique)
- Probabilité
- Arbres de probabilité
- Suite
- Tableur

Exercice 4 (S spécialité)
- Arithmétique
- Matrice
- Suite

Exercice 1 1 h 25 7 pts

Partie A

On considère la fonction h définie sur l'intervalle $[0\,;+\infty[$ par $h(x)=x\mathrm{e}^{-x}$.

1 Déterminer la limite de la fonction h en $+\infty$. **0,5 pt**

2 Étudier les variations de la fonction h sur l'intervalle $[0\,;+\infty[$ et dresser son tableau de variation. **0,75 pt**

3 L'objectif de cette question est de déterminer une primitive de la fonction h.

a. Vérifier que pour tout nombre réel x appartenant à l'intervalle $[0\,;+\infty[$, on a :

$$h(x)=\mathrm{e}^{-x}-h'(x)$$

où h' désigne la fonction dérivée de h. **0,5 pt**

b. Déterminer une primitive sur l'intervalle $[0\,;+\infty[$ de la fonction $x\mapsto \mathrm{e}^{-x}$. **0,5 pt**

c. Déduire des deux questions précédentes une primitive de la fonction h sur l'intervalle $[0\,;+\infty[$. **0,5 pt**

Partie B

On définit les fonctions f et g sur l'intervalle $[0 ; +\infty[$ par :

$$f(x) = x\mathrm{e}^{-x} + \ln(x+1) \quad \text{et} \quad g(x) = \ln(x+1).$$

On note $\mathscr{C}_f$ et $\mathscr{C}_g$ les représentations graphiques respectives des fonctions f et g dans un repère orthonormé.
Ces deux courbes sont tracées ci-après.

1 Pour un nombre réel x appartenant à l'intervalle $[0 ; +\infty[$, on appelle M le point de coordonnées $(x ; f(x))$ et N le point de coordonnées $(x ; g(x))$: M et N sont donc les points d'abscisse x appartenant respectivement aux courbes $\mathscr{C}_f$ et $\mathscr{C}_g$.

a. Déterminer la valeur de x pour laquelle la distance MN est maximale et donner cette distance maximale. **0,75 pt**

b. Placer sur le graphique ci-après les points M et N correspondant à la valeur maximale de MN. **0,5 pt**

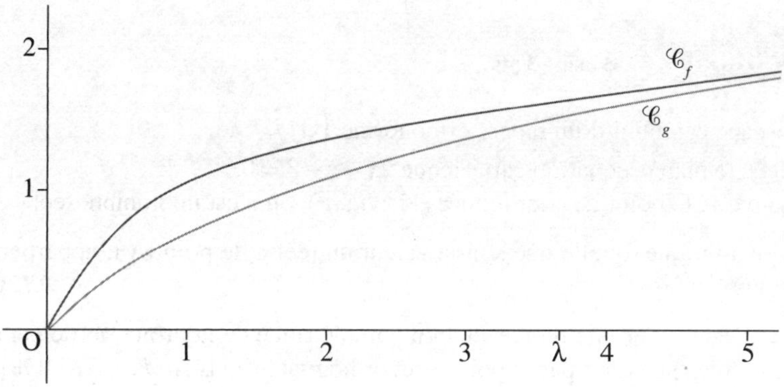

2 Soit λ un réel appartenant à l'intervalle $[0 ; +\infty[$. On note D_λ le domaine du plan délimité par les courbes $\mathscr{C}_f$ et $\mathscr{C}_g$ et par les droites d'équations $x = 0$ et $x = \lambda$.

a. Hachurer le domaine D_λ correspondant à la valeur λ proposée sur le graphique ci-avant. **0,5 pt**

b. On note A_λ l'aire du domaine D_λ, exprimée en unités d'aire. Démontrer que :

$$A_\lambda = 1 - \frac{\lambda + 1}{\mathrm{e}^\lambda}.$$ **0,75 pt**

c. Calculer la limite de A_λ lorsque λ tend vers $+\infty$ et interpréter le résultat. **0,5 pt**

3 On considère l'algorithme suivant :

Variables :	λ est un réel positif
	S est un réel strictement compris entre 0 et 1
Initialisation :	Saisir S
	λ prend la valeur 0
Traitement :	Tant Que $1-\dfrac{\lambda+1}{e^{\lambda}} < S$ faire
	λ prend la valeur $\lambda + 1$
	Fin Tant Que
Sortie :	Afficher λ

a. Quelle valeur affiche cet algorithme si on saisit la valeur S = 0,8 ? **0,5 pt**
b. Quel est le rôle de cet algorithme ? **0,75 pt**

Exercice 2 — 35 min — 3 pts

L'espace est muni d'un repère orthonormé $\left(O\,;\vec{i},\vec{j},\vec{k}\right)$.
Soit $\mathcal{P}$ le plan d'équation cartésienne $2x - z - 3 = 0$.
On note A le point de coordonnées $(1\ ;\ a\ ;\ a^2)$, où a est un nombre réel.

1 Justifier que, quelle que soit la valeur du réel a, le point A n'appartient pas au plan $\mathcal{P}$. **0,75 pt**

2 **a.** Déterminer une représentation paramétrique de la droite $\mathcal{D}$ (de paramètre noté t) passant par le point A et orthogonale au plan $\mathcal{P}$. **0,75 pt**
b. Soit M un point appartenant à la droite $\mathcal{D}$, associé à la valeur t du paramètre dans la représentation paramétrique précédente. Exprimer la distance AM en fonction du réel t. **0,75 pt**

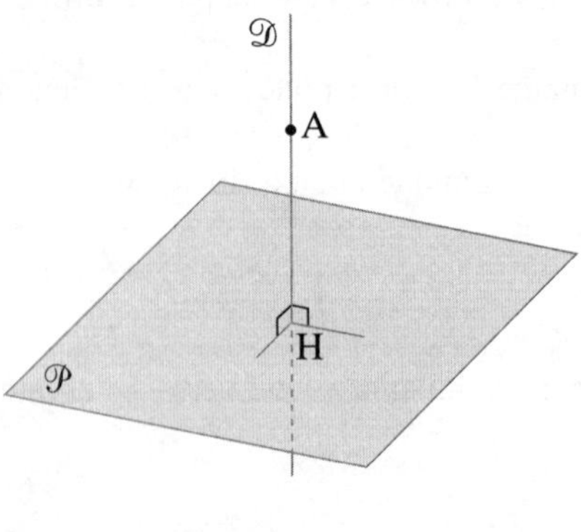

On note H le point d'intersection du plan $\mathcal{P}$ et de la droite $\mathcal{D}$ orthogonale à $\mathcal{P}$ et passant par le point A. Le point H est appelé le projeté orthogonal du point A sur le plan $\mathcal{P}$, et la distance AH est appelée distance du point A au plan $\mathcal{P}$.

3 Existe-t-il une valeur de a pour laquelle la distance AH du point A de coordonnées $(1 ; a ; a^2)$ au plan $\mathcal{P}$ est minimale ? Justifier la réponse.

0,75 pt

Exercice 3 1 heure **5 pts**

Dans une vaste plaine, un réseau de capteurs permet de détecter la foudre et de produire une image des phénomènes orageux. Ces données servent en particulier aux services météorologiques pour améliorer leurs prévisions et pour permettre des interventions plus rapides sur les lieux, notamment en cas d'incendie.
Le but de l'exercice est d'étudier les impacts de foudre détectés par un capteur.
L'écran radar, sur lequel les points d'impact de foudre sont observés, a l'allure suivante:

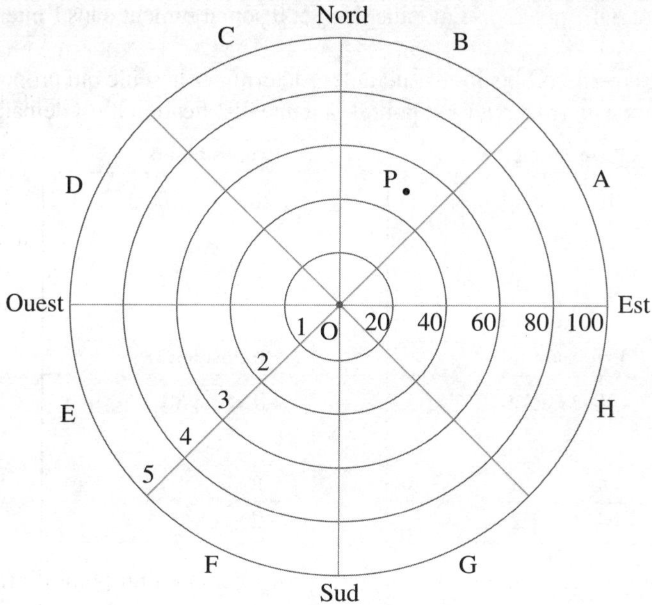

Le capteur de foudre étant représenté par le centre de l'écran, cinq cercles concentriques, correspondant aux rayons respectifs 20, 40, 60, 80 et 100 kilomètres, délimitent dans l'ordre cinq zones, numérotées de 1 à 5, définies par leur distance au capteur. De plus, huit segments partant du capteur délimitent huit portions, de même ouverture angulaire, nommées dans le sens trigonométrique de A à H.
L'écran est ainsi partagé en quarante secteurs dénommés par une lettre et un nombre entre 1 et 5. Par exemple, le point P positionné sur la figure est situé dans le secteur B3.
On assimile l'écran radar à une partie du plan complexe en définissant un repère orthonormé $\left(O\,;\vec{u},\vec{v}\right)$ de la manière suivante :

- l'origine O marque la position du capteur ;
- l'axe des abscisses est orienté d'Ouest en Est ;
- l'axe des ordonnées est orienté du Sud au Nord ;
- l'unité choisie est le kilomètre.

Dans la suite, un point de l'écran radar est associé à un point d'affixe z.

Partie A

1 On note z_P l'affixe du point P situé dans le secteur B3 sur le graphique précédent. On appelle r le module de z_P et θ son argument dans l'intervalle $]-\pi\,;\pi]$.
Parmi les quatre propositions suivantes, déterminer la seule qui propose un encadrement correct pour r et pour θ (aucune justification n'est demandée):

Proposition A	Proposition B
$40 < r < 60$ et $0 < \theta < \frac{\pi}{4}$	$20 < r < 40$ et $\frac{\pi}{2} < \theta < \frac{3\pi}{4}$
Proposition C	**Proposition D**
$40 < r < 60$ et $\frac{\pi}{4} < \theta < \frac{\pi}{2}$	$0 < r < 60$ et $-\frac{\pi}{2} < \theta < -\frac{\pi}{4}$

1 pt

2 Un impact de foudre est matérialisé sur l'écran en un point d'affixe z. Dans chacun des deux cas suivants, déterminer le secteur auquel ce point appartient :

a. $z = 70e^{-i\frac{\pi}{3}}$; **0,5 pt**

b. $z = -45\sqrt{3} + 45i$. **0,5 pt**

Partie B

On suppose dans cette partie que le capteur affiche un impact au point P d'affixe $50e^{i\frac{\pi}{3}}$.

En raison d'imprécisions de mesures, le point d'impact affiché ne donne qu'une indication approximative du point d'impact réel de la foudre.

Ainsi, lorsque le capteur affiche le point d'impact P d'affixe $50e^{i\frac{\pi}{3}}$, l'affixe z du point d'impact réel de la foudre admet :

- un module qui peut être modélisé par une variable aléatoire M suivant une loi normale d'espérance $\mu = 50$ et d'écart-type $\sigma = 5$;
- un argument qui peut être modélisé par une variable aléatoire T suivant une loi normale d'espérance $\frac{\pi}{3}$ et d'écart-type $\frac{\pi}{12}$.

On suppose que les variables aléatoires M et T sont indépendantes, c'est-à-dire que quels que soient les intervalles I et J, les événements $(M \in I)$ et $(T \in J)$ sont indépendants.

Dans la suite, les probabilités seront arrondies à 10^{-3} près.

1 Calculer la probabilité $P(M < 0)$ et interpréter le résultat obtenu. **1 pt**

2 Calculer la probabilité $P\left(M \in \left]40\,;60\right[\right)$. **1 pt**

3 On admet que $P\left(T \in \left]\frac{\pi}{4}\,;\frac{\pi}{2}\right[\right) = 0{,}819$.

En déduire la probabilité que la foudre ait effectivement frappé le secteur B3 selon cette modélisation. **1 pt**

Exercice 4 [spécifique] 1 heure 5 pts

On étudie un modèle de propagation d'un virus dans une population, semaine après semaine.

Chaque individu de la population peut être, à l'exclusion de toute autre possibilité :

- soit susceptible d'être atteint par le virus, on dira qu'il est « de type S » ;
- soit malade (atteint par le virus) ;
- soit immunisé (ne peut plus être atteint par le virus).

Un individu est immunisé lorsqu'il a été vacciné, ou lorsqu'il a guéri après avoir été atteint par le virus.

Pour tout entier naturel n, le modèle de propagation du virus est défini par les règles suivantes :

- Parmi les individus de type S en semaine n, on observe qu'en semaine $n + 1$: 85 % restent de type S, 5 % deviennent malades et 10 % deviennent immunisés ;
- Parmi les individus malades en semaine n, on observe qu'en semaine $n + 1$: 65 % restent malades, et 35 % sont guéris et deviennent immunisés.
- Tout individu immunisé en semaine n reste immunisé en semaine $n + 1$.

On choisit au hasard un individu dans la population. On considère les événements suivants :

S_n « l'individu est de type S en semaine n » ;
M_n « l'individu est malade en semaine n » ;
I_n « l'individu est immunisé en semaine n ».

En semaine 0, tous les individus sont considérés « de type S », on a donc les probabilités suivantes :

$$P(S_0) = 1,\ P(M_0) = 0 \text{ et } P(I_0) = 0.$$

Partie A

On étudie l'évolution de l'épidémie au cours des semaines 1 et 2.

1 Reproduire sur la copie et compléter l'arbre de probabilités donné ci-dessous :

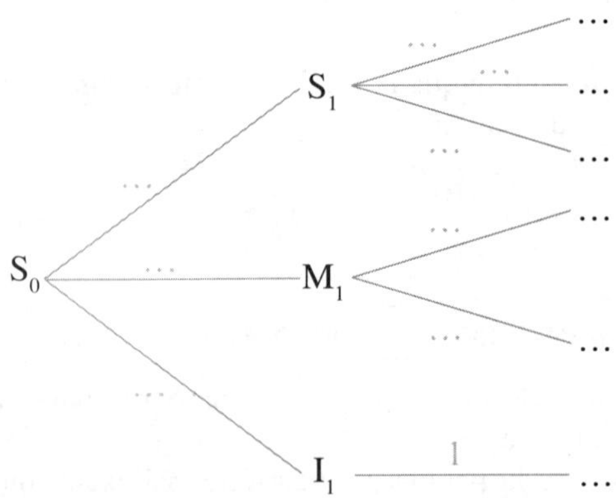

0,75 pt

2 Montrer que $P(I_2) = 0,2025$. **0,5 pt**

3 Sachant qu'un individu est immunisé en semaine 2, quelle est la probabilité, arrondie au millième, qu'il ait été malade en semaine 1 ? **0,75 pt**

Partie B

On étudie dans cette partie l'évolution à long terme de l'épidémie.
Pour tout entier naturel n, on note :

$$u_n = P(S_n),\ v_n = P(M_n) \text{ et } w_n = P(I_n)$$

les probabilités respectives des événements S_n, M_n et I_n.

1 Justifier que, pour tout entier naturel n, on a :

$$u_n + v_n + w_n = 1.$$ **0,5 pt**

On admet que la suite (v_n) est définie par $v_0 = 0$ et, pour tout entier naturel n :

$$v_{n+1} = 0,65v_n + 0,05u_n.$$

2 À l'aide d'un tableur, on a calculé les premiers termes des suites (u_n), (v_n) et (w_n) :

	A	B	C	D
1	n	u_n	v_n	w_n
2	0	1	0	0
3	1	0,8500	0,0500	0,1000
4	2	0,7225	0,0750	0,2025
5	3	0,6141	0,0849	0,3010
6	4	0,5220	0,0859	0,3921
7	5	0,4437	0,0819	0,4744
8	6	0,3771	0,0754	0,5474
...	...	...	...	...
20	18	0,0536	0,0133	0,9330
21	19	0,0456	0,0113	0,9431
22	20	0,0388	0,0096	0,9516

Pour répondre aux questions **a.** *et* **b.** *suivantes, on utilisera la feuille de calcul reproduite ci-dessus.*

a. Quelle formule, saisie dans la cellule C3, permet, par recopie vers le bas, de calculer les termes de la suite (v_n) ? **0,5 pt**

b. On admet que les termes de (v_n) augmentent, puis diminuent à partir d'un certain rang N, appelé le « pic épidémique » : c'est l'indice de la semaine

pendant laquelle la probabilité d'être malade pour un individu choisi au hasard est la plus grande.
Déterminer la valeur du pic épidémique prévue par le modèle. **0,5 pt**

3 **a.** Justifier que, pour tout entier naturel n, on a $u_{n+1} = 0{,}85u_n$.
En déduire l'expression de u_n en fonction de n. **0,5 pt**
b. Montrer, à l'aide d'un raisonnement par récurrence, que pour tout entier naturel n, on a :

$$v_n = \frac{1}{4}\left(0{,}85^n - 0{,}65^n\right).$$ **0,5 pt**

4 Calculer les limites de chacune des trois suites (u_n), (v_n) et (w_n).
Que peut-on en déduire quant à l'évolution de l'épidémie prévue à long terme par ce modèle ? **0,5 pt**

Exercice 4 (spécialité) 1 heure 5 pts

On appelle « triangle rectangle presque isocèle », en abrégé TRPI, un triangle rectangle dont les côtés de l'angle droit ont pour longueurs x et $x + 1$, et dont l'hypoténuse a pour longueur y, où x et y sont des entiers naturels.
Ainsi, un TRPI est un triangle rectangle dont les longueurs des côtés de l'angle droit sont deux nombres entiers consécutifs et dont la longueur de l'hypoténuse est un nombre entier.

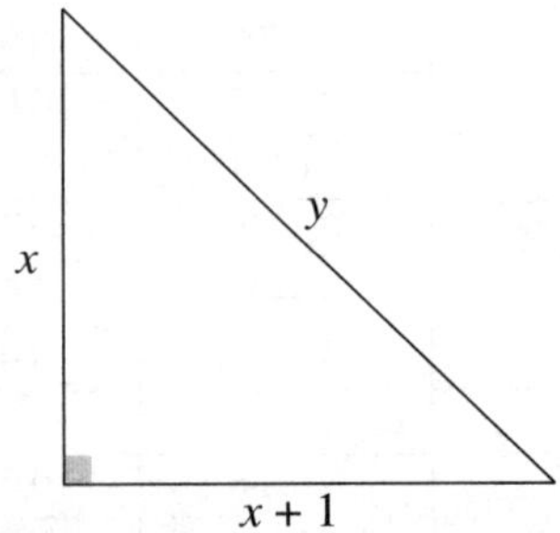

Si le triangle de côtés x, $x + 1$ et y, où y est la longueur de l'hypoténuse, est un TRPI, on dira que le couple $(x\,;\,y)$ définit un TRPI.

Partie A

1 Démontrer que le couple d'entiers naturels $(x\,;\,y)$ définit un TRPI si et seulement si on a :

$$y^2 = 2x^2 + 2x + 1.$$ **0,5 pt**

2 Montrer que le TRPI ayant les plus petits côtés non nuls est défini par le couple (3 ; 5). **0,5 pt**

3 **a.** Soit n un entier naturel. Montrer que si n^2 est impair, alors n est impair. **0,5 pt**

b. Montrer que dans un couple d'entiers $(x\,;\,y)$ définissant un TRPI, le nombre y est nécessairement impair. **0,5 pt**

4 Montrer que si le couple d'entiers naturels $(x\,;\,y)$ définit un TRPI, alors x et y sont premiers entre eux. **0,5 pt**

Partie B

On note A la matrice carrée : $A=\begin{pmatrix}3 & 2\\ 4 & 3\end{pmatrix}$, et B la matrice colonne : $B=\begin{pmatrix}1\\ 2\end{pmatrix}$.

Soient x et y deux entiers naturels ; on définit les entiers naturels x' et y' par la relation :

$$\begin{pmatrix}x'\\ y'\end{pmatrix}=A\begin{pmatrix}x\\ y\end{pmatrix}+B.$$

1 Exprimer x' et y' en fonction de x et y. **0,5 pt**

2 **a.** Montrer que $y'^2-2x'(x'+1)=y^2-2x(x+1)$. **0,5 pt**

b. En déduire que si le couple $(x\,;\,y)$ définit un TRPI, alors le couple $(x'\,;\,y')$ définit également un TRPI. **0,5 pt**

3 On considère les suites $(x_n)_{n\in\mathbb{N}}$ et $(y_n)_{n\in\mathbb{N}}$ d'entiers naturels, définies par $x_0=3$, $y_0=5$ et pour tout entier naturel n :

$$\begin{pmatrix}x_{n+1}\\ y_{n+1}\end{pmatrix}=A\begin{pmatrix}x_n\\ y_n\end{pmatrix}+B.$$

Montrer par récurrence que, pour tout entier naturel n, le couple $(x_n\,;\,y_n)$ définit un TRPI. **0,5 pt**

4 Déterminer, par la méthode de votre choix que vous préciserez, un TRPI dont les longueurs des côtés sont supérieures à 2017. **0,5 pt**

Sujet 2 Amérique du Nord, juin 2017

4 heures

LISTE DES NOTIONS

Exercice 1
- Probabilité conditionnelle
- Loi normale
- Intervalle de fluctuation asymptotique

Exercice 2
- Fonction exponentielle
- Équation
- Aire
- Équation d'une tangente

Exercice 3
- Suite
- Algorithme
- Convergence

Exercice 4 (S spécifique)
- Géométrie dans l'espace
- Représentation paramétrique d'une droite
- Construction géométrique
- Trigonométrie

Exercice 4 (S spécialité)
- Suite
- Matrice
- Arithmétique
- Congruence

Exercice 1 — 1 heure — 5 pts

Dans tout l'exercice, les valeurs seront, si nécessaire, approchées au millième.
Les parties A et B sont indépendantes.

Partie A

Dans le cadre de son activité, une entreprise reçoit régulièrement des demandes de devis. Les montants de ces devis sont calculés par son secrétariat. Une étude statistique sur l'année écoulée conduit à modéliser le montant des devis par une variable aléatoire X qui suit la loi normale d'espérance $\mu = 2\,900$ euros et d'écart-type $\sigma = 1\,250$ euros.

1 Si on choisit au hasard une demande de devis reçue par l'entreprise, quelle est la probabilité que le montant du devis soit supérieur à 4 000 euros ?
0,75 pt

2 Afin d'améliorer la rentabilité de son activité, l'entrepreneur décide de ne pas donner suite à 10 % des demandes. Il écarte celles dont le montant de devis est le moins élevé. Quel doit être le montant minimum d'un devis demandé pour que celui-ci soit pris en compte? Donner ce montant à l'euro près.
0,75 pt

Partie B

Ce même entrepreneur décide d'installer un logiciel anti-spam. Ce logiciel détecte les messages indésirables appelés spams (messages malveillants, publicités, etc.) et les déplace dans un fichier appelé « dossier spam ». Le fabricant affirme que 95 % des spams sont déplacés. De son côté, l'entrepreneur sait que 60 % des messages qu'il reçoit sont des spams. Après installation du logiciel, il constate que 58,6 % des messages sont déplacés dans le dossier spam.
Pour un message pris au hasard, on considère les événements suivants :

- D « le message est déplacé » ;
- S « le message est un spam ».

1 Calculer $P(S \cap D)$. **0,75 pt**

2 On choisit au hasard un message qui n'est pas un spam. Montrer que la probabilité qu'il soit déplacé est égale à 0, 04. **0,75 pt**

3 On choisit au hasard un message non déplacé. Quelle est la probabilité que ce message soit un spam ? **0,75 pt**

4 Pour le logiciel choisi par l'entreprise, le fabricant estime que 2,7 % des messages déplacés vers le dossier spam sont des messages fiables. Afin de tester l'efficacité du logiciel, le secrétariat prend la peine de compter le nombre de messages fiables parmi les messages déplacés. Il trouve 13 messages fiables parmi les 231 messages déplacés pendant une semaine. Ces résultats remettent-ils en cause l'affirmation du fabricant ? **1,25 pt**

Exercice 2 1 heure **5 pts**

Un fabricant doit réaliser un portail en bois plein sur mesure pour un particulier. L'ouverture du mur d'enceinte (non encore construit) ne peut excéder 4 mètres de large. Le portail est constitué de deux vantaux de largeur a telle que $0 < a \leqslant 2$.
Dans le modèle choisi, le portail fermé a la forme illustrée par la figure ci-dessous. Les côtés [AD] et [BC] sont perpendiculaires au seuil [CD] du portail. Entre les points A et B, le haut des vantaux a la forme d'une portion de courbe.

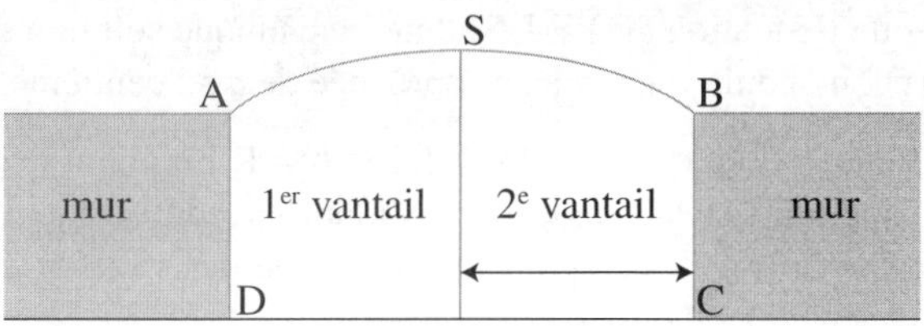

Cette portion de courbe est une partie de la représentation graphique de la fonction f définie sur [– 2 ; 2] par :

$$f(x) = -\frac{b}{8}\left(e^{\frac{x}{b}} + e^{-\frac{x}{b}}\right) + \frac{9}{4}, \text{ où } b > 0.$$

Le repère est choisi de façon que les points A, B, C et D aient pour coordonnées respectives $(-a\,;f(-a))$, $(a\,;f(a))$, $(a\,;0)$ et $(-a\,;0)$ et on note S le sommet de la courbe de f, comme illustré ci-après.

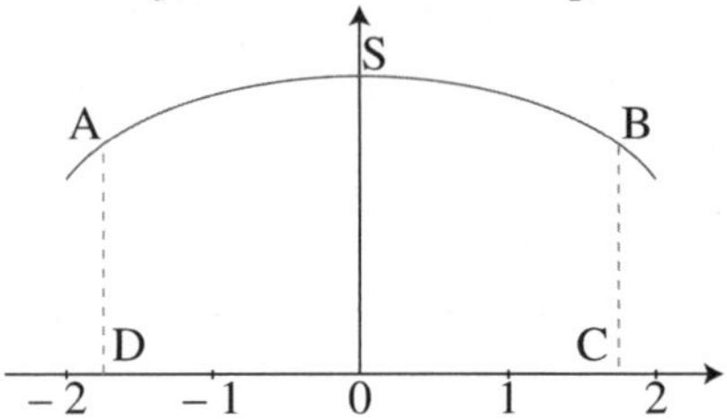

Partie A

1 Montrer que, pour tout réel x appartenant à l'intervalle [– 2 ; 2], $f(-x) = f(x)$. Que peut-on en déduire pour la courbe représentative de la fonction f ? **0,5 pt**

2 On appelle f' la fonction dérivée de la fonction f. Montrer que, pour tout réel x de l'intervalle [– 2 ; 2] :

$$f'(x) = -\frac{1}{8}\left(e^{\frac{x}{b}} - e^{-\frac{x}{b}}\right).$$ **0,5 pt**

3 Dresser le tableau de variation de la fonction f sur l'intervalle [– 2 ; 2] et en déduire les coordonnées du point S en fonction de b. **0,5 pt**

Partie B

La hauteur du mur est de 1,5 m. On souhaite que le point S soit à 2 m du sol. On cherche alors les valeurs de a et b.

1 Justifier que $b = 1$. **0,5 pt**

2 Montrer que l'équation $f(x) = 1{,}5$ admet une unique solution sur l'intervalle [0 ; 2] et en déduire une valeur approchée de a au centième. **0,5 pt**

3 Dans cette question, on choisit $a = 1{,}8$ et $b = 1$. Le client décide d'automatiser son portail si la masse d'un vantail excède 60 kg. La densité des planches de bois utilisées pour la fabrication des vantaux est égale à 20 kg·m^{-2}. Que décide le client ? **0,5 pt**

Partie C

On conserve les valeurs $a = 1{,}8$ et $b = 1$.
Pour découper les vantaux, le fabricant prédécoupe des planches. Il a le choix entre deux formes de planches prédécoupées : soit un rectangle OCES soit un trapèze OCHG comme dans les schémas ci-après. Dans la deuxième méthode, la droite (GH) est la tangente à la courbe représentative de la fonction f au point F d'abscisse 1.

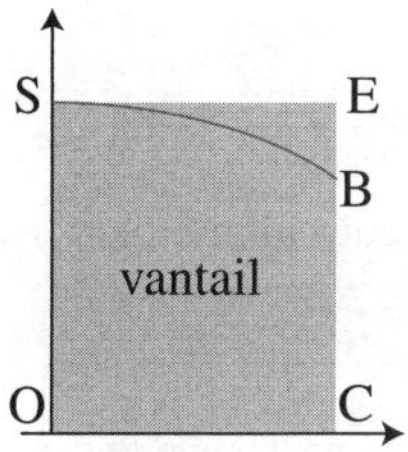

Forme 1 :
découpe dans un rectangle

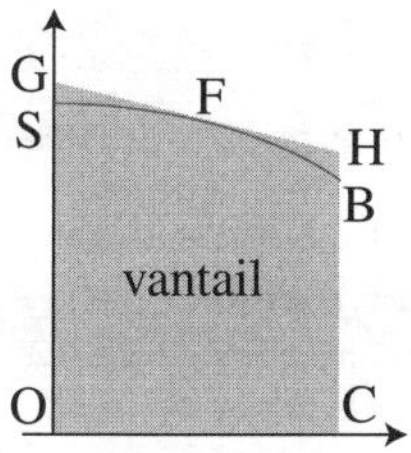

Forme 2 :
découpe dans un trapèze

La forme 1 est la plus simple, mais visuellement la forme 2 semble plus économique. Évaluer l'économie réalisée en termes de surface de bois en choisissant la forme 2 plutôt que la forme 1.

On rappelle la formule donnant l'aire d'un trapèze. En notant b et B respectivement les longueurs de la petite base et de la grande base du trapèze (côtés parallèles) et h la hauteur du trapèze :

$$Aire = \frac{b+B}{2} \times h$$ **2 pts**

Exercice 3 — 1 heure — 5 pts

Le but de cet exercice est d'étudier les suites de termes positifs dont le premier terme u_0 est strictement supérieur à 1 et possédant la propriété suivante : pour tout entier naturel $n > 0$, la somme des n premiers termes consécutifs est égale au produit des n premiers termes consécutifs. On admet qu'une telle suite existe et on la note (u_n). Elle vérifie donc trois propriétés :

- $u_0 > 1$;
- pour tout $n \geqslant 0$, $u_n \geqslant 0$;
- pour tout $n > 0$, $u_0 + u_1 + \ldots + u_{n-1} = u_0 \times u_1 \times \ldots \times u_{n-1}$.

1 On choisit $u_0 = 3$. Déterminer u_1 et u_2. **0,5 pt**

2 Pour tout entier $n > 0$, on note :

$$s_n = u_0 + u_1 + \ldots + u_{n-1} = u_0 \times u_1 \times \ldots \times u_{n-1}.$$

On a en particulier $s_1 = u_0$.

a. Vérifier que pour tout entier $n > 0$:

$$s_{n+1} = s_n + u_n \text{ et } s_n > 1.$$ **0,75 pt**

b. En déduire que pour tout entier $n > 0$,

$$u_n = \frac{s_n}{s_n - 1}.$$ **0,75 pt**

c. Montrer que pour tout $n \geqslant 0$, $u_n > 1$. **0,5 pt**

3 À l'aide de l'algorithme ci-dessous, on veut calculer le terme u_n pour une valeur de n donnée.

Entrée :	Saisir *n*
	Saisir *u*
Traitement :	*s* prend la valeur *u*
	Pour *i* allant de 1 à *n* :
	| *u* prend la valeur …
	| *s* prend la valeur …
	Fin Pour
Sortie :	Afficher *u*

a. Recopier et compléter la partie traitement de l'algorithme ci-dessus.

0,5 pt

b. Le tableau ci-dessous donne des valeurs arrondies au millième de u_n pour différentes valeurs de l'entier n :

n	0	5	10	20	30	40
u_n	3	1,140	1,079	1,043	1,030	1,023

Quelle conjecture peut-on faire sur la convergence de la suite (u_n) ? **0,75 pt**

4 **a.** Justifier que pour tout entier $n > 0$, $s_n > n$. **0,75 pt**

b. En déduire la limite de la suite (s_n), puis celle de la suite (u_n). **0,5 pt**

Exercice 4 (spécifique) 1 heure 5 pts

Un particulier s'intéresse à l'ombre portée sur sa future véranda par le toit de sa maison quand le soleil est au zénith. Cette véranda est schématisée ci-après en perspective cavalière dans un repère orthonormé $(O ; \vec{i}, \vec{j}, \vec{k})$. Le toit de la véranda est constitué de deux faces triangulaires SEF et SFG.

- Les plans (SOA) et (SOC) sont perpendiculaires.
- Les plans (SOC) et (EAB) sont parallèles, de même que les plans (SOA) et (GCB).
- Les arêtes [UV] et [EF] des toits sont parallèles.

Le point K appartient au segment [SE], le plan (UVK) sépare la véranda en deux zones, l'une éclairée et l'autre ombragée. Le plan (UVK) coupe la véranda selon la ligne polygonale KMNP qui est la limite ombre-soleil.

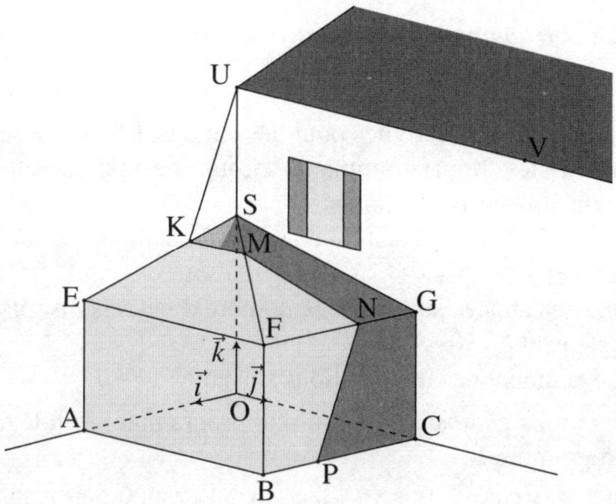

1 Sans calcul, justifier que :

a. le segment [KM] est parallèle au segment [UV] ; **0,5 pt**

b. le segment [NP] est parallèle au segment [UK]. **0,5 pt**

2 Dans la suite de l'exercice, on se place dans le repère orthonormé $(O ; \vec{i}, \vec{j}, \vec{k})$. Les coordonnées des différents points sont les suivantes :

A(4 ; 0 ; 0), B(4 ; 5 ; 0), C(0 ; 5 ; 0), E(4 ; 0 ; 2,5), F(4 ; 5 ; 2,5), G(0 ; 5 ; 2,5), S(0 ; 0 ; 3,5), U(0 ; 0 ; 6) et V(0 ; 8 ; 6).

On souhaite déterminer de façon exacte la section des faces visibles de la véranda par le plan (UVK) qui sépare les zones ombragée et ensoleillée.

a. Au moment le plus ensoleillé, le point K a pour abscisse 1,2. Vérifier que les coordonnées du point K sont (1,2 ; 0 ; 3,2). **0,5 pt**

b. Montrer que le vecteur $\vec{n}$ de coordonnées (7 ; 0 ; 3) est un vecteur normal au plan (UVK) et en déduire une équation cartésienne du plan (UVK). **0,5 pt**

c. Déterminer les coordonnées du point N, intersection du plan (UVK) avec la droite (FG). **0,75 pt**

d. Expliquer comment construire la ligne polygonale sur le schéma de la véranda. **1 pt**

3 Afin de faciliter l'écoulement des eaux de pluie, l'angle du segment [SG] avec l'horizontale doit être supérieur à 7°. Cette condition est-elle remplie ? **1,25 pt**

Exercice 4 (spécialité) 1 heure 5 pts

Les parties A et B sont indépendantes.

Partie A

Une association gère des activités pour des enfants. Elle propose deux programmes d'activités, le programme A: cirque – éveil musical, et le programme B : théâtre – arts plastiques.
À sa création en 2014, l'association compte 150 enfants qui suivent tous le programme A.
Pour chacune des années suivantes, le nombre d'enfants inscrits dans l'association reste égal à 150.
On dispose également des informations suivantes :

- Chaque enfant ne peut suivre qu'un seul programme : soit le programme A, soit le programme B.
- D'une année à l'autre, 20 % des inscrits au programme A choisissent à nouveau le programme A, alors que 40 % choisissent le programme B. Les autres quittent l'association.
- D'une année à l'autre, 60 % des inscrits au programme B choisissent à nouveau le programme B et les autres quittent l'association.
- Les nouveaux inscrits, qui compensent les départs, suivent obligatoirement le programme A.

On modélise le nombre d'inscrits au programme A et le nombre d'inscrits au programme B durant l'année 2014+n respectivement par deux suites (a_n) et (b_n) et on note U_n la matrice ligne $(a_n \quad b_n)$.On a donc $U_0 = (150 \quad 0)$.

1 Montrer que, pour tout entier naturel n, on a $U_{n+1} = U_n M$, où :

$$M = \begin{pmatrix} 0,6 & 0,4 \\ 0,4 & 0,6 \end{pmatrix}.$$ **0,5 pt**

2 Montrer que, pour tout entier naturel n :

$$U_n = (75 + 75 \times 0,2^n \quad 75 - 75 \times 0,2^n).$$ **0,75 pt**

3 En déduire la répartition des effectifs à long terme entre les deux programmes. **0,5 pt**

Partie B

L'association affecte à chaque enfant un numéro à 6 chiffres $c_1c_2c_3c_4c_5k$. Les deux premiers chiffres représentent l'année de naissance de l'enfant, les trois suivants sont attribués à l'enfant au moment de sa première inscription. Le dernier chiffre, appelé clé de contrôle, est calculé automatiquement de la façon suivante :

- on effectue la somme $S = c_1 + c_3 + c_5 + a \times (c_2 + c_4)$, où a est un entier compris entre 1 et 9 ;
- on effectue la division euclidienne de S par 10, le reste obtenu est la clé k.

Lorsqu'un employé saisit le numéro à 6 chiffres d'un enfant, on peut détecter une erreur de saisie lorsque le sixième chiffre n'est pas égal à la clé de contrôle calculée à partir des cinq premiers chiffres.

1 Dans cette question seulement, on choisit $a = 3$.

a. Le numéro 111 383 peut-il être celui d'un enfant inscrit à l'association ? **0,5 pt**

b. L'employé, confondant un frère et une sœur, échange leurs années de naissance : 2008 et 2011. Ainsi, le numéro $08c_3c_4c_5k$ est transformé en $11c_3c_4c_5k$. Cette erreur est-elle détectée grâce à la clé ? **0,5 pt**

2 On note $c_1c_2c_3c_4c_5k$ le numéro d'un enfant. On cherche les valeurs de l'entier a pour lesquelles la clé détecte systématiquement la faute de frappe lorsque les chiffres c_3 et c_4 sont intervertis. On suppose donc que les chiffres c_3 et c_4 sont distincts.

a. Montrer que la clé ne détecte pas l'erreur d'interversion des chiffres c_3 et c_4 si et seulement si $(a - 1)(c_4 - c_3)$ est congru à 0 modulo 10. **0,75 pt**

b. Déterminer les entiers n compris entre 0 et 9 pour lesquels il existe un entier p compris entre 1 et 9 tel que $np \equiv 0\ (10)$. **0,75 pt**

c. En déduire les valeurs de l'entier a qui permettent, grâce à la clé, de détecter systématiquement l'interversion des chiffres c_3 et c_4. **0,75 pt**

Sujet 3 Antilles-Guyane, juin 2017

4 heures

LISTE DES NOTIONS

Exercice 1
- Nombre complexe
- Équation
- Application géométrique

Exercice 2
- Probabilité
- Loi normale
- Intervalle de fluctuation asymptotique

Exercice 3
- Fonction exponentielle
- Conjecture
- Géométrie plane

Exercice 4
- Fonction logarithme
- Équation
- Suite
- Sens de variation
- Convergence

Exercice 5 (S spécifique)
- Géométrie dans l'espace
- Plan
- Droite

Exercice 5 (S spécialité)
- Suite
- Arithmétique
- Divisibilité

Exercice 1 35 min 3 pts

On munit le plan complexe d'un repère orthonormé direct.
On considère l'équation :

$$\text{(E)} \quad z^4 + 2z^3 - z - 2 = 0$$

ayant pour inconnue le nombre complexe z.

1 Donner une solution entière de (E). **0,5 pt**

2 Démontrer que, pour tout nombre complexe z : **0,5 pt**

$$z^4 + 2z^3 - z - 2 = (z^2 + z - 2)(z^2 + z + 1).$$

3 Résoudre l'équation (E) dans l'ensemble des nombres complexes. **1 pt**

4 Les solutions de l'équation (E) sont les affixes de quatre points A, B, C, D du plan complexe tels que ABCD est un quadrilatère non croisé. Le quadrilatère ABCD est-il un losange ? Justifier. **1 pt**

Exercice 2 50 min 4 pts

Dans une usine automobile, certaines pièces métalliques sont recouvertes d'une fine couche de nickel qui les protège contre la corrosion et l'usure. Le procédé utilisé est un nickelage par électrolyse.

On admet que la variable aléatoire X, qui à chaque pièce traitée associe l'épaisseur de nickel déposé, suit la loi normale d'espérance $\mu_1 = 25$ micromètres (µm) et d'écart type σ_1.

Une pièce est conforme si l'épaisseur de nickel déposé est comprise entre 22,8 µm et 27,2 µm.

La fonction de densité de probabilité de X est représentée ci-après.

On a pu déterminer que $P(X > 27{,}2) = 0{,}023$.

1 **a.** Déterminer la probabilité qu'une pièce soit conforme. **0,75 pt**

b. Justifier que 1,1 est une valeur approchée de σ_1 à 10^{-1} près. **0,75 pt**

c. Sachant qu'une pièce est conforme, calculer la probabilité que l'épaisseur de nickel déposé sur celle-ci soit inférieure à 24 µm. Arrondir à 10^{-3}. **0,75 pt**

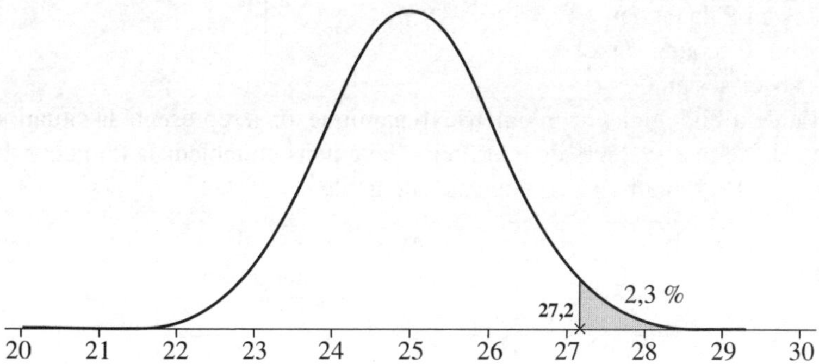

2 Une équipe d'ingénieurs propose un autre procédé de nickelage, obtenu par réaction chimique sans aucune source de courant. L'équipe affirme que ce nouveau procédé permet théoriquement d'obtenir 98 % de pièces conformes.

La variable aléatoire Y qui, à chaque pièce traitée avec ce nouveau procédé, associe l'épaisseur de nickel déposé suit la loi normale d'espérance $\mu_2 = 25$ µm et d'écart-type σ_2.

a. En admettant l'affirmation ci-dessus, comparer σ_1 et σ_2. **0,75 pt**

b. Un contrôle qualité évalue le nouveau procédé ; il révèle que, sur 500 pièces testées, 15 ne sont pas conformes.

Au seuil de 95 %, peut-on rejeter l'affirmation de l'équipe d'ingénieurs ? **1 pt**

Exercice 3 — 35 min — 3 pts

Soient f et g les fonctions définies sur l'ensemble $\mathbb{R}$ des nombres réels par :

$$f(x) = e^x \text{ et } g(x) = e^{-x}.$$

On note $\mathscr{C}_f$ la courbe représentative de la fonction f et $\mathscr{C}_g$ celle de la fonction g dans un repère orthonormé du plan.

Pour tout réel a, on note M le point de $\mathscr{C}_f$ d'abscisse a et N le point de $\mathscr{C}_g$ d'abscisse a.

La tangente en M à $\mathscr{C}_f$ coupe l'axe des abscisses en P, la tangente en N à $\mathscr{C}_g$ coupe l'axe des abscisses en Q.

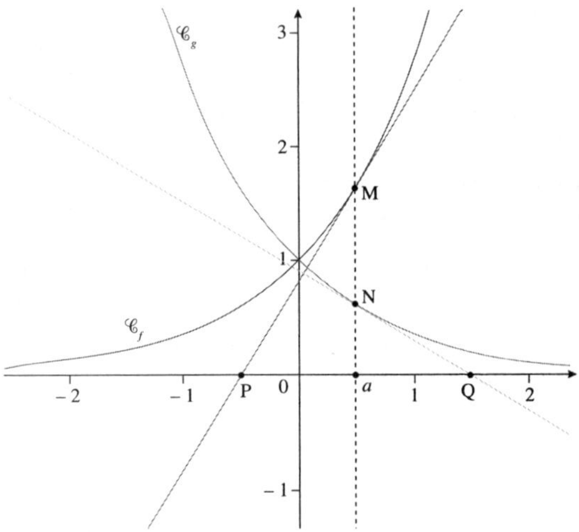

À l'aide d'un logiciel de géométrie dynamique, on a représenté la situation pour différentes valeurs de a et on a relevé dans un tableur la longueur du segment [PQ] pour chacune de ces valeurs de a.

	A	B
1	Abscisse a	Longueur PQ
2	– 3	2
3	– 2,5	2
4	– 2	2
5	– 1,5	2
6	– 1	2
7	– 0,5	2
8	0	2
9	0,5	2
10	1	2
11	1,5	2
12	2	2
13	2,5	2
14		

Les questions 1 et 2 peuvent être traitées de manière indépendante.

1 Démontrer que la tangente en M à $\mathscr{C}_f$ est perpendiculaire à la tangente en N à $\mathscr{C}_g$. **1 pt**

2 **a.** Que peut-on conjecturer pour la longueur PQ ? **1 pt**

b. Démontrer cette conjecture. **1 pt**

Exercice 4 1 heure 5 pts

Dans tout l'exercice, n désigne un entier naturel strictement positif. Le but de l'exercice est d'étudier l'équation :

$$(\mathrm{E}_n)\ \frac{\ln(x)}{x} = \frac{1}{n}$$

ayant pour inconnue le nombre réel strictement positif x.

Partie A

Soit f la fonction définie sur l'intervalle $]0\ ;+\infty[$ par :

$$f(x) = \frac{\ln(x)}{x}.$$

On admet que la fonction f est dérivable sur l'intervalle $]0\ ;+\infty[$.

On a donné ci-après la courbe représentative $\mathscr{C}$ de la fonction f dans un repère orthogonal.

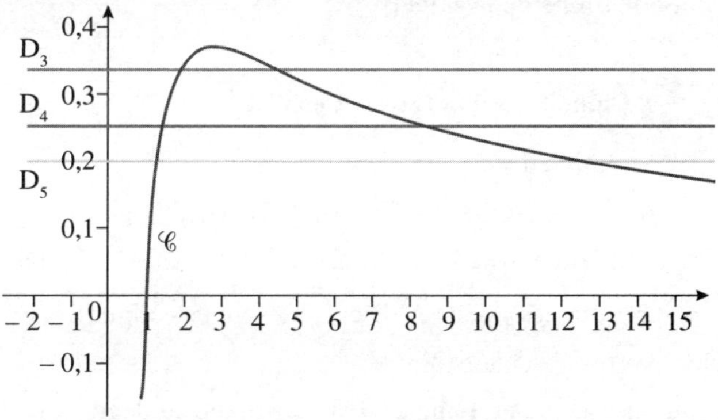

1 Étudier les variations de la fonction f. **0,5 pt**

2 Déterminer son maximum. **0,5 pt**

Partie B

1 Montrer que, pour $n \geqslant 3$, l'équation $f(x) = \frac{1}{n}$ possède une unique solution sur [1 ; e] notée α_n. **0,75 pt**

2 D'après ce qui précède, pour tout entier $n \geqslant 3$, le nombre réel α_n est solution de l'équation (E_n).

a. Sur le graphique sont tracées les droites D_3, D_4 et D_5 d'équations respectives :

$$y = \frac{1}{3}, y = \frac{1}{4}, y = \frac{1}{5}.$$

Conjecturer le sens de variation de la suite (α_n). **0,75 pt**

b. Comparer, pour tout entier $n \geqslant 3$, $f(\alpha_n)$ et $f(\alpha_{n+1})$.
Déterminer le sens de variation de la suite (α_n). **0,75 pt**

c. En déduire que la suite (α_n) converge.
Il n'est pas demandé de calculer sa limite. **0,5 pt**

3 On admet que, pour tout entier $n \geqslant 3$, l'équation (E_n) possède une autre solution β_n telle que :

$$1 \leqslant \alpha_n \leqslant e \leqslant \beta_n.$$

a. On admet que la suite (β_n) est croissante.
Établir que, pour tout entier naturel n supérieur ou égal à 3 :

$$\beta_n \geqslant n\frac{\beta_3}{3}.$$ **0,75 pt**

b. En déduire la limite de la suite (β_n). **0,5 pt**

Exercice 5 (spécifique) 1 heure 5 pts

On note $\mathbb{R}$ l'ensemble des nombres réels.

L'espace est muni d'un repère orthonormé $\left(O ; \vec{i}, \vec{j}, \vec{k}\right)$.

On considère les points A(– 1 ; 2 ; 0), B(1 ; 2 ; 4) et C(– 1 ; 1 ; 1).

1 **a.** Démontrer que les points A, B et C ne sont pas alignés. **0,5 pt**

b. Calculer le produit scalaire $\overrightarrow{AB} \cdot \overrightarrow{AC}$. **0,5 pt**

c. En déduire la mesure de l'angle $\widehat{BAC}$, arrondie au degré. **0,5 pt**

2 Soit $\vec{n}$ le vecteur de coordonnées $\begin{pmatrix} 2 \\ -1 \\ -1 \end{pmatrix}$.

a. Démontrer que $\vec{n}$ est un vecteur normal au plan (ABC). **0,5 pt**

b. Déterminer une équation cartésienne du plan (ABC). **0,5 pt**

3 Soient $\mathcal{P}_1$ le plan d'équation $3x + y - 2z + 3 = 0$ et $\mathcal{P}_2$ le plan passant par O et parallèle au plan d'équation $x - 2z + 6 = 0$.

a. Démontrer que le plan $\mathcal{P}_2$ a pour équation $x = 2z$. **0,5 pt**

b. Démontrer que les plans $\mathcal{P}_1$ et $\mathcal{P}_2$ sont sécants. **0,5 pt**

c. Soit la droite $\mathcal{D}$ dont un système d'équations paramétriques est :

$$\begin{cases} x = 2t \\ y = -4t - 3, \quad t \in \mathbb{R}. \\ z = t \end{cases}$$

Démontrer que $\mathcal{D}$ est l'intersection des plans $\mathcal{P}_1$ et $\mathcal{P}_2$. **0,75 pt**

4 Démontrer que la droite $\mathcal{D}$ coupe le plan (ABC) en un point I dont on déterminera les coordonnées. **0,75 pt**

Exercice 5 (spécialité) 1 heure 5 pts

On considère la suite définie par son premier terme $u_0 = 3$ et, pour tout entier naturel n, par $u_{n+1} = 2u_n + 6$.

1 Démontrer que, pour tout entier naturel n $u_n = 9 \times 2^n - 6$. **0,5 pt**

2 Démontrer que, pour tout entier $n \geqslant 1$, u_n est divisible par 6.
On définit la suite d'entiers (v_n) par, pour tout entier naturel $n \geqslant 1$:

$$v_n = \frac{u_n}{6}.$$ **0,25 pt**

3 On considère l'affirmation « pour tout entier naturel n non nul, v_n est un nombre premier ».
Indiquer si cette affirmation est vraie ou fausse en justifiant la réponse. **0,75 pt**

4 **a.** Démontrer que, pour tout entier $n \geqslant 1$, $v_{n+1} - 2v_n = 1$. **0,5 pt**

b. En déduire que, pour tout entier $n \geqslant 1$, v_n et v_{n+1} sont premiers entre eux. **0,5 pt**

c. En déduire, pour tout entier $n \geqslant 1$, le PGCD de u_n et u_{n+1}. **0,5 pt**

5 **a.** Vérifier que $2^4 \equiv 1[5]$. **0,5 pt**

b. En déduire que, si n est de la forme $4k + 2$ avec k entier naturel, alors u_n est divisible par 5. **0,75 pt**

c. Le nombre u_n est-il divisible par 5 pour les autres valeurs de l'entier naturel n ? Justifier. **0,75 pt**

Sujet 4 Centres étrangers, juin 2017

4 heures

LISTE DES NOTIONS

Exercice 1
- Probabilité
- Loi normale
- Loi binomiale
- Loi exponentielle
- Intervalle de confiance

Exercice 2
- Géométrie dans l'espace
- Droite
- Plans

Exercice 3
- Fonction exponentielle
- Intégrale
- Suite

Exercice 4 (S spécifique)
- Géométrie plane
- Polygone régulier
- Aire
- Suite
- Algorithme

Exercice 4 (S spécialité)
- Matrice
- Algorithme
- Airthmétique

Exercice 1 1 heure **5 pts**

Cet exercice est un questionnaire à choix multiples (QCM). Pour chacune des questions, une seule des quatre réponses est exacte. Le candidat indiquera sur sa copie le numéro de la question et la lettre correspondant à la réponse exacte. Aucune justification n'est demandée. Une réponse exacte rapporte un point, une réponse fausse ou une absence de réponse ne rapportent aucun point.

On étudie la production d'une usine qui fabrique des bonbons, conditionnés en sachets.
On choisit un sachet au hasard dans la production journalière. La masse de ce sachet, exprimée en gramme, est modélisée par une variable aléatoire X qui suit une loi normale d'espérance $\mu = 175$.
De plus, une observation statistique a montré que 2 % des sachets ont une masse inférieure ou égale à 170 g, ce qui se traduit dans le modèle considéré par $P(X \leqslant 170) = 0,02$.

1 Quelle est la probabilité, arrondie au centième, de l'événement « la masse du sachet est comprise entre 170 et 180 grammes » ?
a. 0,04 ; **b.** 0,96 ; **c.** 0,98.
d. On ne peut pas répondre car il manque des données. **1 pt**

Les différents bonbons présents dans les sachets sont tous enrobés d'une couche de cire comestible. Ce procédé, qui déforme certains bonbons, est effectué par deux machines A et B.
Lorsqu'il est produit par la machine A, la probabilité qu'un bonbon prélevé aléatoirement soit déformé est égale à 0,05.

2 Sur un échantillon aléatoire de 50 bonbons issus de la machine A, quelle est la probabilité, arrondie au centième, qu'au moins 2 bonbons soient déformés?

a. 0,72 ; **b.** 0,28 ; **c.** 0,54.
d. On ne peut pas répondre car il manque des données. **1 pt**

La machine A produit un tiers des bonbons de l'usine. Le reste de la production est assuré par la machine B. Lorsqu'il est produit par la machine B, la probabilité qu'un bonbon prélevé aléatoirement soit déformé est égale à 0,02.
Dans un test de contrôle, on prélève au hasard un bonbon dans l'ensemble de la production. Celui-ci est déformé.

3 Quelle est la probabilité, arrondie au centième, qu'il soit produit par la machine B ?

a. 0,02 ; **b.** 0,67 ; **c.** 0,44 ; **d.** 0,01. **1 pt**

La durée de vie de fonctionnement, exprimée en jour, d'une machine servant à l'enrobage, est modélisée par une variable aléatoire Y qui suit la loi exponentielle dont l'espérance est égale à 500 jours.

4 Quelle est la probabilité, arrondie au centième, que la durée de fonctionnement de la machine soit inférieure ou égale à 300 jours ?

a. 0,45 ; **b.** 1 ; **c.** 0,55.
d. On ne peut pas répondre car il manque des données. **1 pt**

L'entreprise souhaite estimer la proportion de personnes de plus de 20 ans parmi ses clients, au niveau de confiance de 95 %, avec un intervalle d'amplitude inférieure à 0,05. Elle interroge pour cela un échantillon aléatoire de clients.

5 Quel est le nombre minimal de clients à interroger ?

a. 40 ; **b.** 400 ; **c.** 1 600 ; **d.** 20. **1 pt**

Exercice 2 50 min 4 pts

L'espace est muni d'un repère orthonormé $\left(O ; \vec{i}, \vec{j}, \vec{k}\right)$.
On considère deux droites d_1 et d_2 définies par les représentations paramétriques :

$$d_1 : \begin{cases} x = 2 + t \\ y = 3 - t, t \in \mathbb{R} \\ z = t \end{cases} \quad \text{et} \quad d_2 : \begin{cases} x = -5 + 2t' \\ y = -1 + t' \quad , t' \in \mathbb{R}. \\ z = 5 \end{cases}$$

On admet que les droites d_1 et d_2 sont non coplanaires.
Le but de cet exercice est de déterminer, si elle existe, une troisième droite Δ qui soit à la fois sécante avec les deux droites d_1 et d_2 et orthogonale à ces deux droites.

1 Vérifier que le point A(2 ; 3 ; 0) appartient à la droite d_1. **0,5 pt**

2 Donner un vecteur directeur $\overrightarrow{u_1}$ de la droite d_1 et un vecteur directeur $\overrightarrow{u_2}$ de la droite d_2. Les droites d_1 et d_2 sont-elles parallèles ? **0,5 pt**

3 Vérifier que le vecteur $\vec{v}(1 ; -2 ; -3)$ est orthogonal aux vecteurs $\overrightarrow{u_1}$ et $\overrightarrow{u_2}$. **0,5 pt**

4 Soit P le plan passant par le point A, et dirigé par les vecteurs $\overrightarrow{u_1}$ et $\vec{v}$.
On étudie dans cette question l'intersection de la droite d_2 et du plan P.
a. Montrer qu'une équation cartésienne du plan P est :

$$5x + 4y - z - 22 = 0$$ **0,5 pt**

b. Montrer que la droite d_2 coupe le plan P au point B(3 ; 3 ; 5). **0,5 pt**

5 On considère maintenant la droite Δ dirigée par le vecteur $\vec{v}(1 ; -2 ; -3)$, et passant par le point B(3 ; 3 ; 5).
a. Donner une représentation paramétrique de cette droite Δ. **0,5 pt**
b. Les droites d_1 et Δ sont-elles sécantes ? Justifier la réponse. **0,5 pt**
c. Expliquer pourquoi la droite Δ répond au problème posé. **0,5 pt**

Exercice 3 1 h 10 6 pts

La pharmacocinétique étudie l'évolution d'un médicament après son administration dans l'organisme, en mesurant sa concentration plasmatique, c'est-à-dire sa concentration dans le plasma. On étudie dans cet exercice l'évolution de la concentration plasmatique chez un patient d'une même dose de médicament, en envisageant différents modes d'administration.

Partie A **Administration par voie intraveineuse**

On note $f(t)$ la concentration plasmatique, exprimée en microgramme par litre ($\mu g.L^{-1}$), du médicament, au bout de t heures après administration par voie intraveineuse.
Le modèle mathématique est :

$$f(t) = 20e^{-0,1t}, \text{ avec } t \in [0, +\infty[.$$

La concentration plasmatique initiale du médicament est donc :

$$f(0) = 20 \ \mu g.L^{-1}.$$

1 La demi-vie du médicament est la durée (en heure) après laquelle la concentration plasmatique du médicament est égale à la moitié de la concentration initiale.
Déterminer cette demi-vie, notée $t_{0,5}$. **0,75 pt**

2 On estime que le médicament est éliminé dès que la concentration plasmatique est inférieure à 0,2 $\mu g.L^{-1}$.
Déterminer le temps à partir duquel le médicament est éliminé. On donnera le résultat arrondi au dixième. **0,75 pt**

3 En pharmacocinétique, on appelle ASC (ou « aire sous la courbe »), en $\mu g.L^{-1}.h$, le nombre :

$$\lim_{x \to +\infty} \int_0^x f(t)\,dt.$$

Vérifier que pour ce modèle, l'ASC est égal à 200 $\mu g.L^{-1}.h$. **0,75 pt**

Partie B **Administration par voie orale**

On note $g(t)$ la concentration plasmatique du médicament, exprimée en microgramme par litre ($\mu g.L^{-1}$), au bout de t heures après ingestion par voie orale.
Le modèle mathématique est :

$$g(t) = 20(e^{-0,1t} - e^{-t}), \text{ avec } t \in [0, +\infty[.$$

Dans ce cas, l'effet du médicament est retardé, puisque la concentration plasmatique initiale est égale à :

$$g(0) = 0 \ \mu g.L^{-1}.$$

1 Démontrer que, pour tout t de l'intervalle $[0, +\infty[$, on a :

$$g'(t) = 20e^{-t}(1 - 0,1e^{0,9t}).$$ **0,75 pt**

2 Étudier les variations de la fonction g sur l'intervalle $[0, +\infty[$. (On ne demande pas la limite en $+\infty$).
En déduire la durée après laquelle la concentration plasmatique du médicament est maximale. On donnera le résultat à la minute près. **0,75 pt**

Partie C Administration répétée par voie intraveineuse

On décide d'injecter à intervalles de temps réguliers la même dose de médicament par voie intraveineuse. L'intervalle de temps (en heure) entre deux injections est choisi égal à la demi-vie du médicament, c'est-à-dire au nombre $t_{0,5}$ qui a été calculé en partie A 1.

Chaque nouvelle injection entraîne une hausse de la concentration plasmatique de 20 μg.L^{-1}.

On note u_n la concentration plasmatique du médicament immédiatement après la n-ième injection.

Ainsi, $u_1 = 20$ et, pour tout entier n supérieur ou égal à 1, on a :

$$u_{n+1} = 0{,}5u_n + 20.$$

On remarque qu'avec ce modèle, la concentration initiale du médicament après la première injection, soit 20 μg.L^{-1}, est analogue à celle donnée par le modèle de la partie A, soit $f(0)$.

1 Démontrer par récurrence que, pour tout entier $n \geqslant 1$:

$$u_n = 40 - 40 \times 0{,}5^n.$$ **0,75 pt**

2 Déterminer la limite de la suite (u_n) lorsque n tend vers $+\infty$. **0,75 pt**

3 On considère que l'équilibre est atteint dès que la concentration plasmatique dépasse 38 μg.L^{-1}.

Déterminer le nombre minimal d'injections nécessaires pour atteindre cet équilibre. **0,75 pt**

Exercice 4 (spécifique) 1 heure 5 pts

Le plan est muni d'un repère orthonormé $\left(O\,;\vec{u},\vec{v}\right)$.

Pour tout entier $n \geqslant 4$, on considère P_n, un polygone régulier à n côtés, de centre O et dont l'aire est égale à 1. On admet qu'un tel polygone est constitué de n triangles superposables à un triangle OA_nB_n donné, isocèle en O.

On note $r_n = OA_n$ la distance entre le centre O et le sommet A_n d'un tel polygone.

Partie A Étude du cas particulier $n = 6$

On a représenté ci-après un polygone P_6.

1 Justifier le fait que le triangle OA_6B_6 est équilatéral, et que son aire est égale à $\frac{1}{6}$. **0,5 pt**

2 Exprimer en fonction de r_6 la hauteur du triangle OA_6B_6 issue du sommet B_6. **0,5 pt**

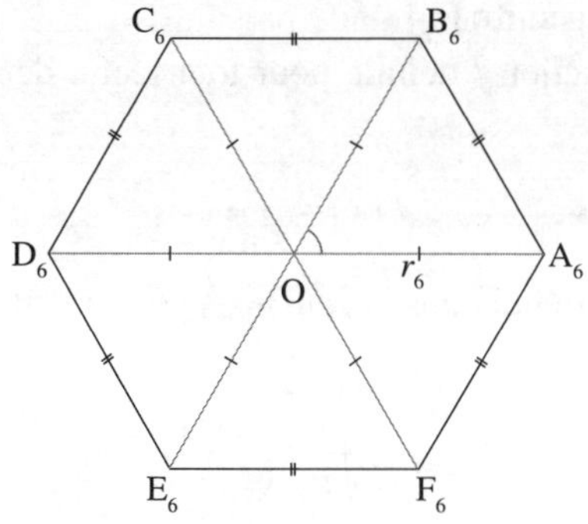

3 En déduire que $r_6 = \sqrt{\dfrac{2}{3\sqrt{3}}}$. **0,75 pt**

Partie B Cas général avec $n \geqslant 4$

Dans cette partie, on considère le polygone P_n, avec $n \geqslant 4$, construit de telle sorte que le point A_n soit situé sur l'axe réel, et ait pour affixe r_n.

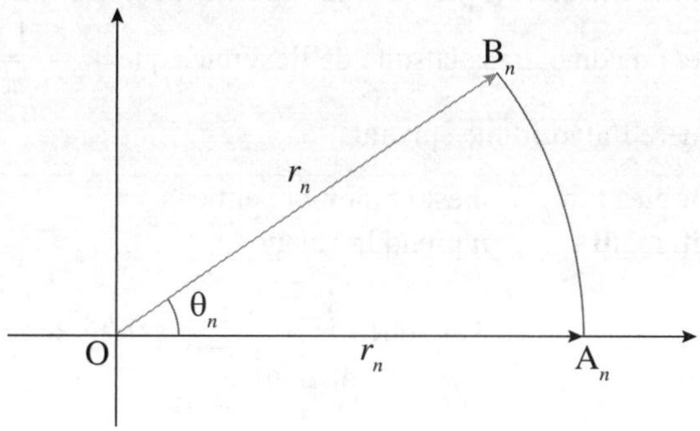

On note alors $r_n e^{i\theta_n}$ l'affixe de B_n, où θ_n est un réel de l'intervalle $\left]0\,;\dfrac{\pi}{2}\right]$.

1 Exprimer en fonction de r_n et θ_n la hauteur issue de B_n dans le triangle OA_nB_n, puis établir que l'aire de ce triangle est égale à $\dfrac{r_n^{\,2}}{2}\sin(\theta_n)$. **0,5 pt**

2 On rappelle que l'aire du polygone P_n est égale à 1.

Donner, en fonction de n, une mesure de l'angle $\left(\overrightarrow{OA_n}, \overrightarrow{OB_n}\right)$, puis démontrer que :

$$r_n = \sqrt{\frac{2}{n\sin\left(\dfrac{2\pi}{n}\right)}}.$$ **0,75 pt**

Partie C **Étude de la suite (r_n)**

On considère la fonction f définie pour tout réel x de l'intervalle $]0 ; \pi[$ par :

$$f(x)=\frac{x}{\sin x}.$$

Ainsi, le nombre r_n, défini dans la **Partie B** pour $n \geqslant 4$, s'exprime à l'aide la fonction f par :

$$r_n=\sqrt{\frac{1}{\pi}f\left(\frac{2\pi}{n}\right)}.$$

On admet que la fonction f est strictement croissante sur l'intervalle $]0 ; \pi[$.

1 Montrer que la suite (r_n) est décroissante. On pourra pour cela commencer par démontrer que, pour tout $n \geqslant 4$, on a :

$$0<\frac{2\pi}{n+1}<\frac{2\pi}{n}<\pi.$$ **0,75 pt**

2 En déduire que la suite (r_n) converge. On ne demande pas de déterminer sa limite L, et on admet dans la suite de l'exercice que $L=\frac{1}{\sqrt{\pi}}$. **0,5 pt**

3 On considère l'algorithme suivant.

Variables :	n est un nombre entier
Traitement :	n prend la valeur 4
	Tant que $\sqrt{\dfrac{2}{n\sin\left(\dfrac{2\pi}{n}\right)}}>0{,}58$ faire
	n prend la valeur $n+1$.
	Fin Tant que
Sortie :	Afficher n

Quelle valeur numérique de n va afficher en sortie cet algorithme ? **0,75 pt**

Exercice 4 (spécialité) 1 heure 5 pts

L'arbre de Stern-Brocot a été découvert séparément par le mathématicien allemand Moritz Abraham Stern (1858) et par Achille Brocot (1861), horloger français qui l'a utilisé pour concevoir des systèmes d'engrenages avec un rapport entre rouages proche d'une valeur souhaitée.

Cet exercice aborde la méthode avec des matrices carrées.

On considère les deux matrices $G=\begin{pmatrix}1 & 0\\ 1 & 1\end{pmatrix}$ et $D=\begin{pmatrix}1 & 1\\ 0 & 1\end{pmatrix}$.

On construit un arbre descendant à partir d'une matrice initiale, de la façon suivante : de chaque matrice carrée M de l'arbre partent deux nouvelles branches vers les deux autres matrices M × G (à gauche) et M × D (à droite). Ces deux nouvelles matrices sont appelées les matrices filles de M.

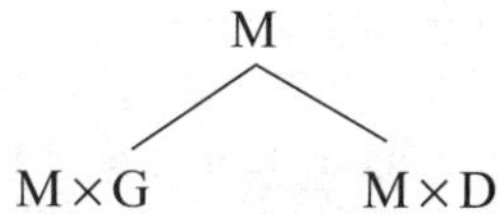

Dans la méthode considérée, on prend comme matrice initiale la matrice :

$$I=\begin{pmatrix}1 & 0\\ 0 & 1\end{pmatrix}.$$

1 Déterminer les deux matrices manquantes A et B, dans la troisième ligne de l'arbre de Stern-Brocot ci-dessous.

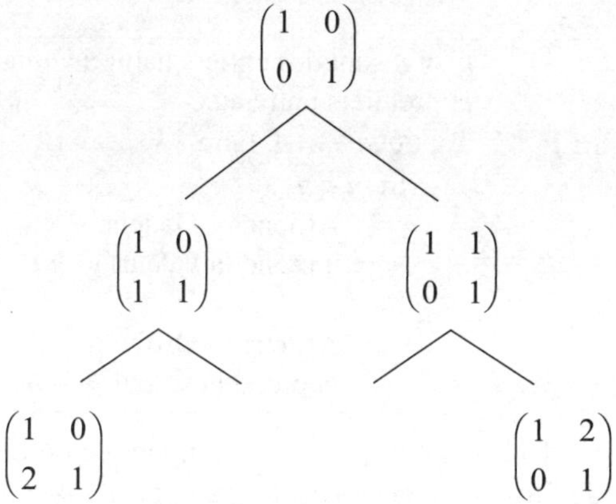

0,75 pt

Dans la suite de l'exercice, on admet que, pour toute matrice $M=\begin{pmatrix}a & c\\ b & d\end{pmatrix}$ de l'arbre de Stern-Brocot, les nombres a, b, c, d sont des entiers vérifiant $b+d\neq 0$.

2 On associe à une matrice $M=\begin{pmatrix}a & c\\ b & d\end{pmatrix}$ de l'arbre de Stern-Brocot la fraction $\dfrac{a+c}{b+d}$. Montrer que, dans cette association, le trajet « gauche-droite-gauche » à partir de la matrice initiale dans l'arbre, aboutit à une matrice correspondant à la fraction $\dfrac{3}{5}$. **0,75 pt**

3 Soit $M = \begin{pmatrix} a & c \\ b & d \end{pmatrix}$ une matrice de l'arbre. On rappelle que a, b, c, d sont des entiers.

On note $\Delta_M = ad - bc$, la différence des produits diagonaux de cette matrice.

a. Montrer que si $ad - bc = 1$, alors $d(a + c) - c(b + d) = 1$. **0,5 pt**

b. En déduire que si $M = \begin{pmatrix} a & c \\ b & d \end{pmatrix}$ est une matrice de l'arbre de Stern-Brocot telle que $\Delta_M = ad - bc = 1$, alors $\Delta_{M \times G} = 1$, c'est-à-dire que la différence des produits diagonaux de la matrice $M \times G$ est aussi égale à 1. On admet de même que $\Delta_{M \times D} = 1$, et que toute les autres matrices N de l'arbre de Stern-Brocot vérifient l'égalité $\Delta_N = 1$. **0,75 pt**

4 Déduire de la question précédente que toute fraction associée à une matrice de l'arbre de Stern-Brocot est irréductible. **0,75 pt**

5 Soit m et n deux entiers naturels non nuls premiers entre eux. Ainsi la fraction $\frac{m}{n}$ est irréductible. On considère l'algorithme suivant :

Variables :	m et n sont des entiers naturels non nuls et premiers entre eux
Traitement :	Tant que $m \neq n$, faire Si $m < n$ Afficher « Gauche » n prend la valeur $n - m$ Sinon Afficher « Droite » m prend la valeur $m - n$

a. Recopier et compléter le tableau suivant, indiquer ce qu'affiche l'algorithme lorsqu'on le fait fonctionner avec les valeurs $m = 4$ et $n = 7$.

Affichage		Gauche	…	…	…
m	4	…	…	…	…
n	7	…	…	…	…

0,75 pt

b. Conjecturer le rôle de cet algorithme. Vérifier par un calcul matriciel le résultat fourni avec les valeurs $m = 4$ et $n = 7$. **0,75 pt**

Sujet 5 Liban, juin 2017

4 heures

LISTE DES NOTIONS

Exercice 1
- Géométrie dans l'espace
- Trigonométrie
- Fonction rationnelle

Exercice 2
- Probabilité
- Loi exponentielle
- Loi normale

Exercice 3
- Fonction exponentielle
- Lecture graphique

Exercice 4 (S spécifique)
- Fonction logarithme
- Utilisation d'un tableur
- Prise d'initiative

Exercice 4 (S spécialité)
- Arithmétique
- Algorithme

Exercice 1 1 h 10 6 pts

On considère un cube ABCDEFGH dont la représentation graphique en perspective cavalière est donnée ci-dessous.
Les arêtes sont de longueur 1.

L'espace est rapporté au repère orthonormé $\left(D\,;\,\overrightarrow{DA},\,\overrightarrow{DC},\,\overrightarrow{DH}\right)$.

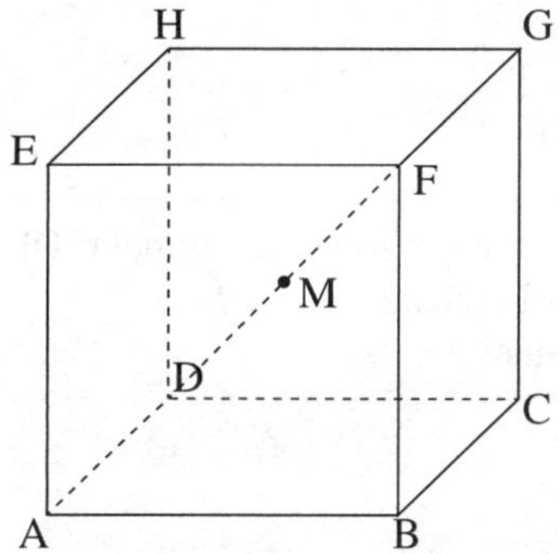

Partie A

1 Montrer que le vecteur $\overrightarrow{DF}$ est normal au plan (EBG). **0,75 pt**

2 Déterminer une équation cartésienne du plan (EBG). **0,75 pt**

3 En déduire les coordonnées du point I, intersection de la droite (DF) et du plan (EBG). On démontrerait de la même manière que le point J, intersection de la droite (DF) et du plan (AHC) a pour coordonnées $\left(\frac{1}{3}\ ;\ \frac{1}{3}\ ;\ \frac{1}{3}\right)$. **0,5 pt**

Partie B

À tout réel x de l'intervalle [0 ; 1], on associe le point M du segment [DF] tel que $\overrightarrow{DM} = x\overrightarrow{DF}$.

On s'intéresse à l'évolution de la mesure θ en radian de l'angle $\widehat{EMB}$ lorsque le point M parcourt le segment [DF]. On a $0 \leqslant \theta \leqslant \pi$.

1 Que vaut θ si le point M est confondu avec le point D ? avec le point F ? **1 pt**

2 **a.** Justifier que les coordonnées du point M sont $(x\ ;\ x\ ;\ x)$. **0,5 pt**

b. Montrer que $\cos(\theta) = \dfrac{3x^2 - 4x + 1}{3x^2 - 4x + 2}$. On pourra pour cela s'intéresser au produit scalaire des vecteurs $\overrightarrow{ME}$ et $\overrightarrow{MB}$. **1 pt**

3 On a construit ci-dessous le tableau de variation de la fonction :

$$f :\ x \mapsto \frac{3x^2 - 4x + 1}{3x^2 - 4x + 2}.$$

x	0	$\frac{1}{3}$	$\frac{2}{3}$	1
Variations de f	$\frac{1}{2}$	0	$-\frac{1}{2}$	0

Pour quelles positions du point M sur le segment [DF] :

a. le triangle MEB est-il rectangle en M ? **0,75 pt**

b. l'angle θ est-il maximal ? **0,75 pt**

Exercice 2 — 1 h 10 — 6 pts

Dans cet exercice, on étudie quelques grandeurs caractéristiques du fonctionnement des parkings d'une ville.

Dans tout l'exercice, les probabilités seront données avec une précision de 10^{-4}.

Les parties A, B et C sont indépendantes.

Partie A Durée d'attente pour entrer dans un parking souterrain

On appelle durée d'attente le temps qui s'écoule entre le moment où la voiture se présente à l'entrée du parking et le moment où elle franchit la barrière d'entrée du parking. Le tableau suivant présente les observations faites sur une journée.

Durée d'attente en minutes	[0 ; 2[	[2 ; 4[	[4 ; 6[	[6 ; 8[
Nombre de voitures	75	19	10	5

1 Proposer une estimation de la durée d'attente moyenne d'une voiture à l'entrée du parking. **0,5 pt**

2 On décide de modéliser cette durée d'attente par une variable aléatoire T suivant une loi exponentielle de paramètre λ (exprimé en minute).

a. Justifier que l'on peut choisir $\lambda = 0{,}5$ min. **0,75 pt**

b. Une voiture se présente à l'entrée du parking. Quelle est la probabilité qu'elle mette moins de deux minutes pour franchir la barrière ? **0,5 pt**

c. Une voiture attend à l'entrée du parking depuis une minute. Quelle est la probabilité qu'elle franchisse la barrière dans la minute suivante ? **0,75 pt**

Partie B Durée et tarifs de stationnement dans ce parking souterrain

Une fois garée, la durée de stationnement d'une voiture est modélisée par une variable aléatoire D qui suit la loi normale d'espérance $\mu = 70$ min et d'écart-type $\sigma = 30$ min.

1 **a.** Quelle est la durée moyenne de stationnement d'une voiture ? **0,5 pt**

b. Un automobiliste entre et se gare dans le parking. Quelle est la probabilité que sa durée de stationnement dépasse deux heures ? **0,5 pt**

c. À la minute près, quel est le temps maximum de stationnement pour au moins 99 % des voitures ? **0,75 pt**

2 La durée de stationnement est limitée à trois heures. Le tableau donne le tarif de la première heure et chaque heure supplémentaire est facturée à un tarif unique. Toute heure commencée est due intégralement.

Durée de stationnement	Inférieure à 15 min	Entre 15 min et 1 h	Heure supplémentaire
Tarif en euros	Gratuit	3,5	t

Déterminer le tarif t de l'heure supplémentaire que doit fixer le gestionnaire du parking pour que le prix moyen de stationnement d'une voiture soit de 5 euros. **0,75 pt**

Partie C Temps d'attente pour se garer dans un parking de centre-ville

La durée de stationnement d'une voiture dans un parking de centre-ville est modélisée par une variable aléatoire T' qui suit une loi normale d'espérance μ' et d'écart-type σ'.

On sait que la moyenne du temps de stationnement dans ce parking est égale à 30 minutes et que 75 % des voitures ont un temps de stationnement inférieur à 37 minutes.

Le gestionnaire du parking vise l'objectif que 95 % des voitures aient un temps de stationnement entre 10 et 50 minutes. Cet objectif est-il atteint ? **1 pt**

Exercice 3 35 min 3 pts

Soit k un réel strictement positif. On considère les fonctions f_k définies sur $\mathbb{R}$ par :

$$f_k(x) = x + k\mathrm{e}^{-x}.$$

On note $\mathscr{C}_k$ la courbe représentative de la fonction f_k dans un plan muni d'un repère orthonormé. On a représenté ci-dessous quelques courbes $\mathscr{C}_k$ pour différentes valeurs de k.

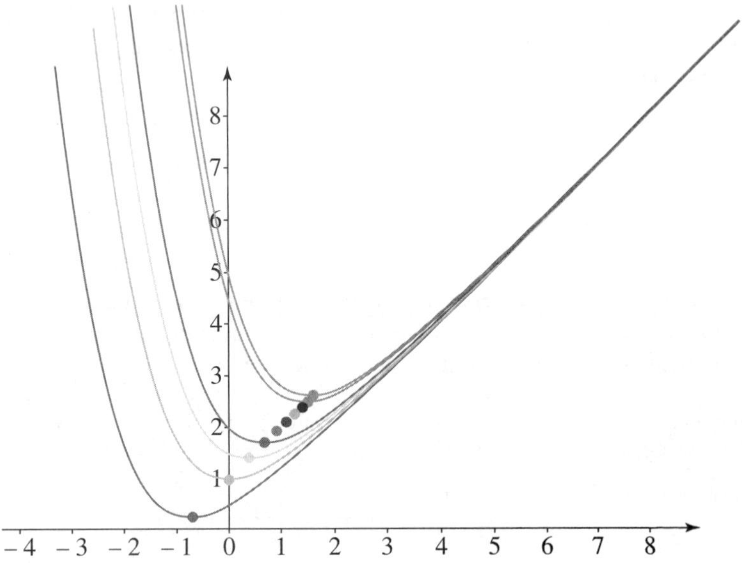

Pour tout réel k strictement positif, la fonction f_k admet un minimum sur $\mathbb{R}$. La valeur en laquelle ce minimum est atteint est l'abscisse du point noté A_k de la courbe $\mathscr{C}_k$. Il semblerait que, pour tout réek k strictement positif, les points A_k soient alignés. Est-ce le cas ? **3 pts**

Exercice 4 (spécifique) 1 heure 5 pts

L'épicéa commun est une espèce d'arbre résineux qui peut mesurer jusqu'à 40 mètres de hauteur et vivre plus de 150 ans.
L'objectif de cet exercice est d'estimer l'âge et la hauteur d'un épicéa à partir du diamètre de son tronc mesuré à 1,30 m du sol.

Partie A Modélisation de l'âge d'un épicéa

Pour un épicéa dont l'âge est compris entre 20 et 120 ans, on modélise la relation entre son âge (en années) et le diamètre de son tronc (en mètre) mesuré à 1,30 m du sol par la fonction f définie sur l'intervalle $]0\,;\,1[$ par :

$$f(x) = 30\ln\left(\frac{20x}{1-x}\right)$$

où x désigne le diamètre exprimé en mètre et $f(x)$ l'âge en années.

1 Démontrer que la fonction f est strictement croissante sur l'intervalle $]0\,;\,1[$. **0,75 pt**

2 Déterminer les valeurs du diamètre x du tronc tel que l'âge calculé dans ce modèle reste conforme à ses conditions de validité, c'est-à-dire compris entre 20 et 120 ans. **0,75 pt**

Partie B

On a relevé la hauteur moyenne des épicéas dans des échantillons représentatifs d'arbres âgés de 50 à 150 ans. Le tableau suivant, réalisé à l'aide d'un tableur, regroupe ces résultats et permet de calculer la vitesse de croissance moyenne d'un épicéa.

	A	B	C	D	E	F	G	H	I	J	K	L	M
1	Âges (en années)	50	70	80	85	90	95	100	105	110	120	130	150
2	Hauteurs (en mètres)	11,2	15,6	18,05	19,3	20,55	21,8	23	24,2	25,4	27,6	29,65	33
3	Vitesse de croissance (en mètre par année)		0,22	0,245	0,25								

1 **a.** Interpréter le nombre 0,245 dans la cellule D3. **0,75 p**
b. Quelle formule doit-on entrer dans la cellule C3 afin de compléter la ligne 3 en recopiant la cellule C3 vers la droite ? **0,5 p**

2 Déterminer la hauteur attendue d'un épicéa dont le diamètre du tronc mesuré à 1,30 m du sol vaut 27 cm. **0,75 p**

3 La qualité du bois est meilleure au moment où la vitesse de croissance est maximale.
a. Déterminer un intervalle d'âges durant lequel la qualité du bois est la meilleure en expliquant la démarche. **0,75 p**
b. Est-il cohérent de demander aux bûcherons de couper les arbres lorsque leur diamètre mesure environ 70 cm ? **0,75 pt**

Exercice 4 (spécialité) 1 heure 5 pts

Un numéro de carte bancaire est de la forme :

$$a_1a_2a_3a_4a_5a_6a_7a_8a_9a_{10}a_{11}a_{12}a_{13}a_{14}a_{15}c$$

où a_1, a_2, …, a_{15} et c sont des chiffres compris entre 0 et 9.
Les quinze premiers chiffres contiennent des informations sur le type de carte, la banque et le numéro de compte bancaire.
c est la clé de validation du numéro. Ce chiffre est calculé à partir des quinze autres.
L'algorithme suivant permet de valider la conformité d'un numéro de carte donné.

1 On considère le numéro de carte suivant : 5635 4002 9561 3411.

a. Compléter le tableau suivant permettant d'obtenir la valeur finale de la variable I.

k	0	1	2	3	4	5	6	7
a_{2k+1}								
$2a_{2k+1}$								
R								
I								

0,75 pt

b. Justifier que le numéro de la carte 5635 4002 9561 3411 est correct. **0,75 pt**
c. On modifie le numéro de cette carte en changeant les deux premiers chiffres. Le premier chiffre (initialement 5) est changé en 6.
Quel doit être le deuxième chiffre a pour que le numéro de carte obtenu $6a35$ 4002 9561 3411 reste correct ? **1 pt**

Initialisation :	I prend la valeur 0
	P prend la valeur 0
	R prend la valeur 0
Traitement :	Pour k allant de 0 à 7 :
	R prend la valeur du reste de la division euclidienne de $2a_{2k+1}$ par 9
	I prend la valeur I + R
	Fin Pour
	Pour k allant de 1 à 7 :
	P prend la valeur P + a_{2k}
	Fin Pour
	S prend la valeur I + P + c
Sortie :	Si S est un multiple de 10 alors :
	Afficher « Le numéro de la carte est correct »
	Sinon :
	Afficher « Le numéro de la carte n'est pas correct »
	Fin Si

2 On connaît les quinze premiers chiffres du numéro d'une carte bancaire. Montrer qu'il existe une clé c rendant ce numéro de carte correct et que cette clé est unique. **0,75 pt**

3 Un numéro de carte dont les chiffres sont tous égaux peut-il être correct ? Si oui, donner tous les numéros de carte possibles de ce type. **0,75 pt**

4 On effectue le test suivant : on intervertit deux chiffres consécutifs distincts dans un numéro de carte correct et on vérifie si le numéro obtenu reste correct.
On a trouvé une situation où ce n'est pas le cas, l'un des deux chiffres permutés valant 1. Peut-on déterminer l'autre chiffre permuté ? **1 pt**

Sujet 6 Polynésie, juin 2017

4 heures

LISTE DES NOTIONS

Exercice 1
- Probabilité

Loi exponentielle
Intervalle de fluctuation asymptotique

Exercice 2
- Volume
- Cône

Exercice 3
- Géométrie dans l'espace
- Cube
- Tétraèdre

Exercice 4 (S spécifique)
- Fonction exponentielle
- Sens de variation
- Limite

Exercice 4 (S spécialité)
- Chiffrement
- Congruence
- Analyse fréquencielle

Exercice 1 1 h 10 6 pts

La société Fibration fournit des abonnements Internet et des abonnements de téléphone mobile. Un client de la société Fibration souscrit soit un abonnement Internet, soit un abonnement de téléphone mobile, il ne cumule pas les deux. En cas de difficulté, la société Fibration propose à ses clients une ligne d'assistance téléphonique : le client doit d'abord signaler s'il est client Internet ou s'il est client mobile, puis son appel est mis en attente de réponse par un opérateur.

Les parties A, B et C sont indépendantes.
Si nécessaire, les résultats seront arrondis à 10^{-3}.

Partie A Durée d'attente

1 Dans cette question, on s'intéresse à la durée d'attente d'un client Internet lorsqu'il contacte l'assistance téléphonique avant de joindre un opérateur. Une étude permet de modéliser cette durée d'attente en minutes par la variable aléatoire D_1 qui suit la loi exponentielle de paramètre 0,6.

a. Quelle est la durée d'attente moyenne que peut espérer un client Internet qui appelle cette ligne d'assistance? **0,75 pt**

b. Calculer la probabilité que la durée d'attente d'un client Internet choisi au hasard soit inférieure à 5 minutes. **0,75 pt**

2 Dans cette question, on s'intéresse à la durée d'attente d'un client mobile lorsqu'il contacte l'assistance téléphonique avant de joindre un opérateur.

On modélise cette durée d'attente en minutes par la variable aléatoire D_2 qui suit une loi exponentielle de paramètre λ, λ étant un réel strictement positif.

a. Sachant que $P(D_2 \leqslant 4) = 0{,}798$, déterminer la valeur de λ. **0,75 pt**

b. En prenant $\lambda = 0{,}4$, peut-on considérer que moins de 10 % des clients mobile choisis au hasard attendent plus de 5 minutes avant de joindre un opérateur ? **0,75 pt**

Partie B Obtention d'un opérateur

Si la durée d'attente avant l'obtention d'un opérateur dépasse 5 minutes, l'appel prend automatiquement fin. Sinon, l'appelant obtient un opérateur.
On choisit au hasard un client qui appelle la ligne d'assistance.
On admet que la probabilité que l'appel émane d'un client Internet est 0,7.
De plus, d'après la partie A, on prend les données suivantes :

- si l'appel provient d'un client Internet, alors la probabilité d'obtenir un opérateur est égale à 0,95 ;
- si l'appel provient d'un client mobile, alors la probabilité d'obtenir un opérateur est égale à 0,87.

1 Déterminer la probabilité que le client joigne un opérateur. **1 pt**

2 Un client se plaint que son appel a pris fin après 5 minutes d'attente sans avoir obtenu d'opérateur. Est-il plus probable que ce soit un client Internet ou un client mobile? **1 pt**

Partie C Enquête de satisfaction

La société annonce un taux de satisfaction de 85 % pour ses clients ayant appelé et obtenu un opérateur.
Une association de consommateurs souhaite vérifier ce taux et interroge 1 303 personnes. Parmi celles-ci, 1 150 se disent satisfaites. Que pensez-vous du taux de satisfaction annoncé par la société ? **1 pt**

Exercice 2 1 heure 5 pts

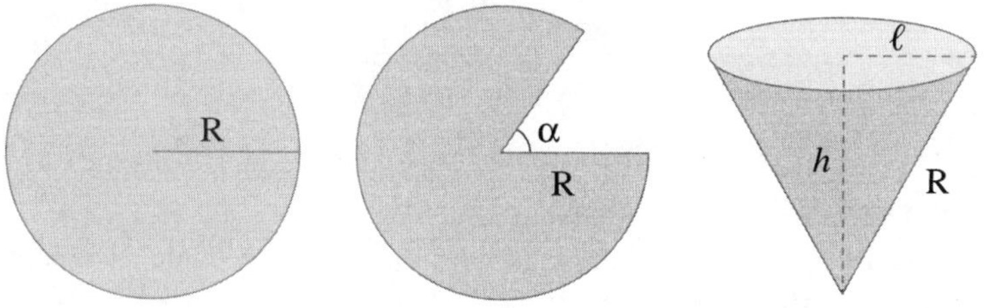

Dans un disque en carton de rayon R, on découpe un secteur angulaire correspondant à un angle de mesure α radians. On superpose les bords afin de créer un cône de révolution. On souhaite choisir l'angle α pour obtenir un cône de volume maximal.
On appelle ℓ le rayon de la base circulaire de ce cône et h sa hauteur.
On rappelle que :

- le volume d'un cône de révolution de base un disque d'aire $\mathcal{A}$ et de hauteur h est $\frac{1}{3}\mathcal{A}h$.
- la longueur d'un arc de cercle de rayon r et d'angle θ, exprimé en radians, est $r\theta$.

On choisit $R = 20\text{cm}$.

1 **a.** Montrer que le volume du cône, en fonction de sa hauteur h, est :

$$V(h)=\frac{1}{3}\pi\left(400-h^2\right)h.$$ **1,25 pt**

b. Justifier qu'il existe une valeur de h qui rend le volume de cône maximum. Donner cette valeur. **1,25 pt**
c. Comment découper le disque en carton pour avoir un volume maximum ? Donner un arrondi de α au degré près. **1,25 pt**

2 L'angle α dépend-il du rayon R du disque en carton ? **1,25 pt**

Exercice 3 50 min **4 pts**

Les interactions électriques conduisent à modéliser la molécule de méthane CH_4 de la façon suivante :

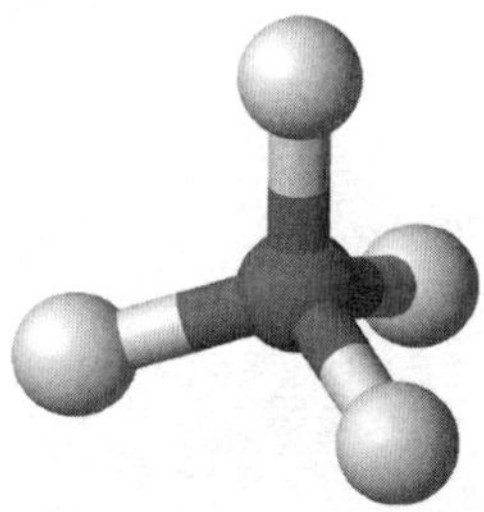

- Les noyaux d'atomes d'hydrogène occupent les positions des quatre sommets d'un tétraèdre régulier.
- Le noyau de carbone au centre de la molécule est à égale distance des quatre atomes d'hydrogène.

L'objectif est de déterminer une mesure de l'angle entre deux liaisons carbone-hydrogène.

Un tétraèdre régulier est un polyèdre dont les quatre faces sont des triangles équilatéraux.

1 Justifier qu'on peut inscrire ce tétraèdre dans un cube ABCDEFGH en positionnant deux atomes d'hydrogène sur les sommets A et C du cube et les deux autres atomes d'hydrogène sur deux autres sommets du cube
Représenter la molécule dans le cube donné ci-après. **1,5 pt**

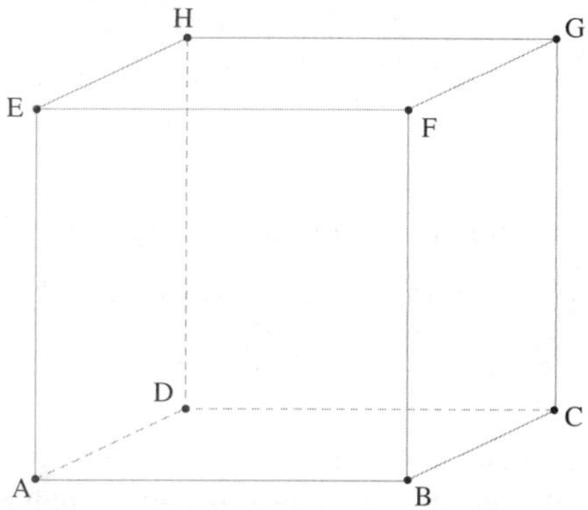

Dans la suite de l'exercice, on pourra travailler dans le repère :

$$\left(A\,;\overrightarrow{AB}, \overrightarrow{AD}, \overrightarrow{AE}\right).$$

2 Démontrer que l'atome de carbone est au centre Ω du cube. **1,25 pt**

3 Déterminer l'arrondi au dixième de degré de la mesure de l'angle que forment entre elles les liaisons carbone-hydrogène, c'est-à-dire l'angle $\widehat{A\Omega C}$. **1,25 pt**

Exercice 4 (spécifique) 1 heure 5 pts

On s'intéresse à la chute d'une goutte d'eau qui se détache d'un nuage sans vitesse initiale. Un modèle très simplifié permet d'établir que la vitesse instantanée verticale, exprimée en $m.s^{-1}$, de chute de la goutte en fonction de la durée de chute t est donnée par la fonction v définie pour tout réel positif ou nul t, par :

$$v(t) = 9{,}81\frac{m}{k}\left(1 - e^{-\frac{k}{m}t}\right);$$

la constante m est la masse de la goutte en milligramme et la constante k est un coefficient strictement positif lié au frottement de l'air.

On rappelle que la vitesse instantanée est la dérivée de la position.
Les parties A et B sont indépendantes.

Partie A Cas général

1 Déterminer les variations de la vitesse de la goutte d'eau. **0,75 pt**

2 La goutte ralentit-elle au cours de sa chute ? **0,75 pt**

3 Montrer que $\lim\limits_{t \to +\infty} v(t) = 9{,}81\dfrac{m}{k}$. Cette limite s'appelle vitesse limite de la goutte. **0,75 pt**

4 Un scientifique affirme qu'au bout d'une durée de chute égale à $\dfrac{5m}{k}$, la vitesse de la goutte dépasse 99 % de sa vitesse limite. Cette affirmation est-elle correcte ? **0,75 pt**

Partie B

Dans cette partie, on prend $m = 6$ et $k = 3{,}9$.
À un instant donné, la vitesse instantanée de cette goutte est 15 m.s^{-1}.

1 Depuis combien de temps la goutte s'est-elle détachée de son nuage ? Arrondir la réponse au dixième de seconde. **1 pt**

2 En déduire la vitesse moyenne de cette goutte entre le moment où elle s'est détachée du nuage et l'instant où on a mesuré sa vitesse. Arrondir la réponse au dixième de m.s^{-1}. **1 pt**

Exercice 4 (spécialité) 1 heure 5 pts

Les parties A et B sont indépendantes.

Une personne a mis au point le procédé de cryptage suivant :

- À chaque lettre de l'alphabet, on associe un entier n comme indiqué ci-dessous :

A	B	C	D	E	F	G	H	I	J	K	L	M
0	1	2	3	4	5	6	7	8	9	10	11	12
N	O	P	Q	R	S	T	U	V	W	X	Y	Z
13	14	15	16	17	18	19	20	21	22	23	24	25

- On choisit deux entiers a et b compris entre 0 et 25.

• Tout nombre entier n compris entre 0 et 25 est codé par le reste de la division euclidienne de $an + b$ par 26.

Le tableau suivant donne les fréquences f en pourcentage des lettres utilisées dans un texte écrit en français.

Lettre	A	B	C	D	E	F	G	H	I	J	K	L	M
f	9,42	1,02	2,64	3,38	15,87	0,94	1,04	0,77	8,41	0,89	0,00	5,33	3,23
Lettre	N	O	P	Q	R	S	T	U	V	W	X	Y	Z
f	7,14	5,13	2,86	1,06	6,46	7,90	7,26	6,24	2,15	0,00	0,30	0,24	0,32

Partie A

Un texte écrit en français et suffisamment long a été codé selon ce procédé. L'analyse fréquentielle du texte codé a montré qu'il contient 15,9 % de O et 9,4 % de E.

On souhaite déterminer les nombres a et b qui ont permis le codage.

1 Quelles lettres ont été codées par les lettres O et E ? **0,5 pt**

2 Montrer que les entiers a et b sont solutions du système :

$$\begin{cases} 4a+b \equiv 14(26) \\ b \equiv 4(26) \end{cases}$$ **0,75 pt**

3 Déterminer tous les couples d'entiers (a, b) ayant pu permettre le codage de ce texte. **0,75 pt**

Partie B

1 On choisit $a = 22$ et $b = 4$.

a. Coder les lettres K et X. **0,75 pt**

b. Ce codage est-il envisageable ? **0,75 pt**

2 On choisit $a = 9$ et $b = 4$.

a. Montrer que pour tous entiers naturels n et m, on a :

$$m \equiv 9n+4[26] \quad \Leftrightarrow \quad n \equiv 3m+14[26].$$ **0,75 pt**

b. Décoder le mot AQ. **0,75 pt**

Sujet 7 Inde, avril 2017

4 heures

LISTE DES NOTIONS

Exercice 1
- Probabilité
- Arbre
- Loi exponentielle
- Intervalle de confiance

Exercice 2
- Nombre complexe
- Équation
- Application à la géométrie

Exercice 3
- Fonction logarithme
- Calcul d'aire
- Algorithme
- Inéquation
- Intervalle de fluctuation

Exercice 4 (S spécifique)
- Suite
- Tableur
- Convergence

Exercice 4 (S spécialité)
- Suite
- Tableur
- Arithmétique
- Matrice
- Convergence

Exercice 5
- Géométrie dans l'espace
- Intersection d'un plan et d'un cube
- Construction géométrique

Exercice 1 1 heure 5 pts

Les parties A, B et C peuvent être traitées de façon indépendante.
Dans tout l'exercice, les résultats seront arrondis, si nécessaire, au millième.
La chocolaterie « Choc'o » fabrique des tablettes de chocolat noir, de 100 grammes, dont la teneur en cacao annoncée est de 85 %.

Partie A

À l'issue de la fabrication, la chocolaterie considère que certaines tablettes ne sont pas commercialisables : tablettes cassées, mal emballées, mal calibrées, etc.
La chocolaterie dispose de deux chaînes de fabrication :

- la chaîne A, lente, pour laquelle la probabilité qu'une tablette de chocolat soit commercialisable est égale à 0,98.
- la chaîne B, rapide, pour laquelle la probabilité qu'une tablette de chocolat soit commercialisable est 0,95.

À la fin d'une journée de fabrication, on prélève au hasard une tablette et on note :
A l'événement « la tablette de chocolat provient de la chaîne de fabrication A » ;
C l'événement « la tablette de chocolat est commercialisable ».
On note x la probabilité qu'une tablette de chocolat provienne de la chaîne A.

1 Montrer que $P(C) = 0{,}03x + 0{,}95$. **0,5 pt**

2 À l'issue de la production, on constate que 96 % des tablettes sont commercialisables et on retient cette valeur pour modéliser la probabilité qu'une tablette soit commercialisable.
Justifier que la probabilité que la tablette provienne de la chaîne B est deux fois égale à celle que la tablette provienne de la chaîne A. **0,75 pt**

Partie B

Une machine électronique mesure la teneur en cacao d'une tablette de chocolat. Sa durée de vie, en années, peut être modélisée par une variable aléatoire Z suivant une loi exponentielle de paramètre λ.

1 La durée de vie moyenne de ce type de machine est de 5 ans.
Déterminer le paramètre λ de la loi exponentielle. **0,5 pt**

2 Calculer $P(Z > 2)$. **0,5 pt**

3 Sachant que la machine de l'atelier a déjà fonctionné pendant 3 ans, quelle est la probabilité que sa durée de vie dépasse 5 ans. **0,75 pt**

Partie C

On note X la variable aléatoire donnant la teneur en cacao, exprimée en pourcentage, d'une tablette de 100 g de chocolat commercialisable. On admet que X suit la loi normale d'espérance $\mu = 85$ et d'écart type $\sigma = 2$.

1 Calculer $P(83 < X < 87)$.
Quelle est la probabilité que la teneur en cacao soit différente de plus de 2 % du pourcentage annoncé sur l'emballage ? **0,5 pt**

2 Déterminer une valeur approchée au centième du réel a tel que :

$$P(85 - a < X < 85 + a) = 0{,}9.$$

Interpréter le résultat dans le contexte de l'exercice. **0,75 pt**

3 La chocolaterie vend un lot de 10 000 tablettes de chocolat à une enseigne de la grande distribution. Elle affirme au responsable achat de l'enseigne que, dans ce lot, 90 % des tablettes ont un pourcentage de cacao appartenant à l'intervalle [81,7 ; 88,3].

Afin de vérifier si cette affirmation n'est pas mensongère, le responsable achat fait prélever 550 tablettes au hasard dans le lot et constate que, sur cet échantillon, 80 ne répondent pas au critère.
Au vu de l'échantillon prélevé, que peut-on conclure quant à l'affirmation de la chocolaterie ? **0,75 pt**

Exercice 2 — 35 min — 3 pts

On munit le plan complexe d'un repère orthonormé direct $\left(O\,;\vec{u},\vec{v}\right)$.

1 On considère l'équation

$$(E)\quad z^2-6z+c=0$$

où c est un réel strictement supérieur à 9.

a. Justifier que (E) admet deux solutions complexes non réelles. **0,75 pt**

b. Justifier que les solutions de (E) sont :

$$z_A=3+i\sqrt{c-9} \text{ et } z_B=3-i\sqrt{c-9}.$$ **0,75 pt**

2 On note A et B les points d'affixes respectives z_A et z_B.
Justifier que le triangle OAB est isocèle en O. **0,75 pt**

3 Démontrer qu'il existe une valeur du réel c pour laquelle le triangle OAB est rectangle et déterminer cette valeur. **0,75 pt**

Exercice 3 — 50 min — 4 pts

Une entreprise spécialisée dans les travaux de construction a été mandatée pour percer un tunnel à flanc de montagne.
Après étude géologique, l'entreprise représente dans le plan la situation de la façon suivante : dans un repère orthonormal, d'unité 2 m, la zone de creusement est la surface délimitée par l'axe des abscisses et la courbe $\mathscr{C}$?

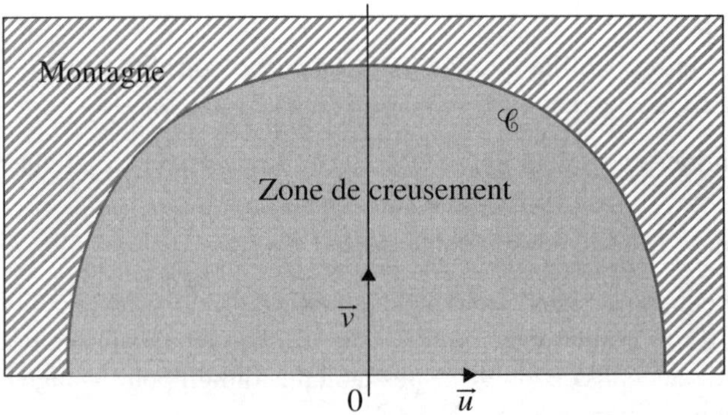

On admet que $\mathscr{C}$ est la courbe représentative de la fonction f définie sur l'intervalle [– 2,5 ; 2,5] par :

$$f(x)=\ln\left(-2x^2+13{,}5\right).$$

L'objectif est de déterminer une valeur approchée, au mètre carré près, de l'aire de la zone de creusement.

Partie A Étude de la fonction *f*

1 Calculer $f'(x)$ pour $x \in [-2{,}5\ ;\ 2{,}5]$. **0,75 pt**

2 Dresser, en justifiant, le tableau de variation de la fonction f sur $[-2{,}5\ ;\ 2{,}5]$. En déduire le signe de f sur $[-2{,}5\ ;\ 2{,}5]$. **0,75 pt**

Partie B Aire de la zone de creusement

On admet que la courbe $\mathscr{C}$ est symétrique par rapport à l'axe des ordonnées du repère.

1 La courbe $\mathscr{C}$ est-elle un arc de cercle de centre O ? Justifier la réponse. **0,5 pt**

2 Justifier que l'aire, en mètre carré, de la zone de creusement est :

$$\mathscr{A}=8\int_0^{2{,}5} f(x)\,\mathrm{d}x.$$ **0,75 pt**

3 L'algorithme ci-dessous permet de calculer une valeur approchée par défaut de $\mathrm{I}=\int_0^{2{,}5} f(x)\,\mathrm{d}x$, notée a.

Variables :	R et S sont des réels n et k est des entiers

Traitement :	S prend la valeur 0
	Demander la valeur de n
	Pour k variant de 1 à n faire
	    R prend la valeur $\dfrac{2{,}5}{n}\times f\left(\dfrac{2{,}5}{n}\times k\right)$
	    S prend la valeur S + R
	Fin Pour
	Afficher S

On admet que $a \leqslant \mathrm{I} \leqslant a+\dfrac{f(0)-f(2{,}5)}{n}\times 2{,}5.$

a. Le tableau ci-dessous donne différentes valeurs obtenues pour R et S lors de l'exécution de l'algorithme pour $n = 50$.

Initialisation	S = 0, $n = 50$		
Boucle Pour	Étape k	R	S
	1	…	…
	2	0,130 060	0,260 176
	3	0,129 968	0,390 144
	4	0,129 837	…
	⋮		⋮
	24	0,118 137	3,025 705
	25	0,116 970	3,142 675
	⋮		⋮
	49	0,020 106	5,197 538
	50	…	…
Affichage	S = …		

Compléter ce tableau en calculant les six valeurs manquantes. **0,75 pt**

b. En déduire une valeur approchée, au mètre carré près, de l'aire de la zone de creusement. **0,5 pt**

Exercice 4 (spécifique) 1 heure 5 pts

On considère deux suites (u_n) et (v_n) :

- la suite (u_n) définie par $u_0 = 1$ et pour tout entier naturel n :

$$u_{n+1} = 2u_n - n + 3 ;$$

- la suite (v_n) définie, pour tout entier naturel n, par $v_n = 2^n$.

Partie A Conjectures

Florent a calculé les premiers termes de ces deux suites à l'aide d'un tableur. Une copie d'écran est donnée ci-dessous.

	A	B	C
1	rang n	terme u_n	terme v_n
2	0	1	1
3	1	5	2
4	2	12	4
5	3	25	8
6	4	50	16

1 Quelles formules ont été entrées dans les cellules B3 et C3 pour obtenir par copie vers le bas les termes des deux suites ? **0,75 pt**

2 Pour les termes de rang 10, 11, 12 et 13, Florent obtient les résultats suivants :

12	10	3 080	1 024
13	11	6 153	2 048
14	12	12 298	4 096
15	13	24 587	8 192

Conjecturer les limites des suites (u_n) et $\left(\dfrac{u_n}{v_n}\right)$. **0,75 pt**

Partie B Étude de la suite (u_n)

1 Démontrer par récurrence que, pour tout entier naturel n, on a :

$$u_n = 3 \times 2^n + n - 2.$$ **0,75 pt**

2 Déterminer la limite de la suite (u_n). **0,5 pt**

3 Déterminer le rang du premier terme de la suite supérieur à 1 million. **0,75 pt**

Partie C Étude de la suite $\left(\dfrac{u_n}{v_n}\right)$

1 Démontrer que la suite $\left(\dfrac{u_n}{v_n}\right)$ est décroissante à partir du rang 3. **0,75 pt**

2 On admet que, pour tout entier n supérieur ou égal à 4, on a :

$$0 < \frac{n}{2^n} \leqslant \frac{1}{n}.$$

Déterminer la limite de la suite $\left(\dfrac{u_n}{v_n}\right)$. **0,75 pt**

Exercice 4 (spécialité) 1 heure 5 pts

On définit les suites (u_n) et (v_n) par $u_0 = v_0 = 1$ et, pour tout entier naturel n :

$$u_{n+1} = 2u_n + 3v_n \quad \text{et} \quad v_{n+1} = 2u_n + v_n.$$

On admettra que les termes de ces suites sont des entiers naturels non nuls.

Partie A Conjectures

Flore a calculé les premiers termes des suites à l'aide d'un tableur.
Une copie d'écran est donnée ci-dessous.

	A	B	C
1	rang n	terme u_n	terme v_n
2	0	1	1
3	1	5	3
4	2	19	13
5	3	77	51
6	4	307	205

1 Quelles formules ont été entrées dans les cellules B3 et C3 pour obtenir par copie vers le bas les termes des suites ? **0,5 pt**

2 Soit n un entier naturel.
Conjecturer la valeur de PGCD(u_n ; v_n). Aucune justification n'est demandée. **0,5 pt**

3 Pour les termes de rang 10, 11, 12 et 13, Flore obtient les résultats suivants :

12	10	1 258 291	838 861
13	11	5 033 165	3 355 443
14	12	20 132 659	13 421 773
15	13	80 530 637	53 687 091

Elle émet la conjecture « la suite $\left(\dfrac{u_n}{v_n}\right)$ converge ».
Qu'en penser ? **0,5 pt**

Partie B Étude arithmétique

1 Démontrer par récurrence que, pout tout entier naturel n, on a :

$$2u_n - 3v_n = (-1)^{n+1}.$$ **0,75 pt**

3 Soit n un entier naturel.
Déduire de la question précédente la valeur de PGCD(u_n ; v_n). **0,5 pt**

Partie C Étude matricielle

Pour tout entier naturel n, on définit :

- la matrice colonne $X_n = \begin{pmatrix} u_n \\ v_n \end{pmatrix}$,

- les matrices carrées $P = \begin{pmatrix} 1 & 3 \\ -1 & 2 \end{pmatrix}$ et $Q_n = \begin{pmatrix} (-1)^n & 3\times 2^{2n} \\ (-1)^{n+1} & 2^{2n+1} \end{pmatrix}$.

1 **a.** Montrer que la matrice $\frac{1}{5}\begin{pmatrix} 2 & -3 \\ 1 & 1 \end{pmatrix}$ est l'inverse de P. **0,5 pt**

b. On admet que, pour tout entier naturel n, on a $X_n = Q_n P^{-1} X_0$.
Démontrer que, pout tout entier naturel n, on a :

$$\begin{cases} u_n = \dfrac{(-1)^{n+1} + 3\times 2^{2n+1}}{5} \\[2ex] v_n = \dfrac{(-1)^n + 2^{2n+2}}{5} \end{cases}$$ **0,5 pt**

2 **a.** Vérifier que, pout tout entier nautrel n, on a :

$$\frac{u_n}{v_n} = \frac{\dfrac{(-1)^{n+1}}{2^{2n+1}} + 3}{\dfrac{(-1)^n}{2^{2n+1}} + 2}.$$ **0,5 pt**

b. En déduire la limite de la suite $\left(\dfrac{u_n}{v_n}\right)$. **0,75 pt**

Exercice 5 35 min 3 pts

On considère un cube ABCDEFGH.
L'espace est rapporté au repère $\left(A\,;\, \overrightarrow{AB}, \overrightarrow{AD}, \overrightarrow{AE}\right)$.
On note $\mathcal{P}$ le plan d'équation $x + \frac{1}{2}y + \frac{1}{3}z - 1 = 0$.
Construire, sur la figure, la section du cube par le plan $\mathcal{P}$.
La construction devra être justifiée par des calculs ou des arguments géométriques. **3 pts**

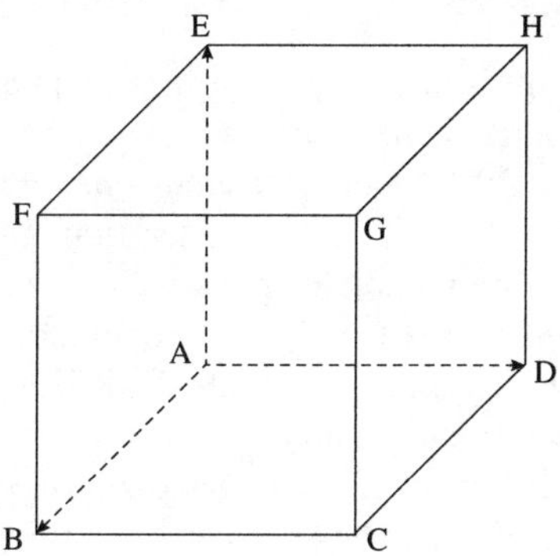

Sujet 8 France métropolitaine La Réunion, septembre 2016

4 heures

LISTE DES NOTIONS

Exercice 1
- Arbre pondéré
- Probabilité conditionnelle
- Loi normale
- Intervalle de confiance
- Taille d'un échantillon

Exercice 2
- Nombres complexes
- Suite
- Conjecture

Exercice 3 (S spécifique)
- Algorithme
- Simulation
- Arbre de probabilité
- Suites

Exercice 3 (S spécialité)
- Algorithme
- Simulation
- Arbre de probabilité
- Suite
- Matrice

Exercice 4
- Fonction exponentielle
- Résolution d'une équation
- Primitive
- Calcul d'un encadrement

Exercice 1 1 h 10 6 pts

Les trois parties sont indépendantes. Les résultats des probabilités seront arrondis à 10^{-3} près.

Partie A

On estime qu'en 2013, la population mondiale est composée de 4,6 milliards de personnes âgées de 20 à 79 ans et que 46,1 % des personnes âgées de 20 à 79 ans vivent en zone rurale et 53,9 % en zone urbaine.

En 2013, d'après la fédération internationale du diabète, 9,9 % de la population mondiale âgée de 20 à 79 ans vivant en zone urbaine est atteinte de diabète et 6,4 % de la population mondiale âgée de 20 à 79 ans vivant en zone rurale est atteinte de diabète.

On interroge au hasard une personne âgée de 20 à 79 ans. On note :
R l'événement « la personne choisie habite en zone rurale »,
D l'événement « la personne choisie est atteinte de diabète ».

1 Traduire cette situation à l'aide d'un arbre de probabilité. **0,5 pt**

2 **a.** Calculer la probabilité que la personne interrogée soit diabétique. **0,75 pt**

b. La personne choisie est diabétique. Quelle est la probabilité qu'elle habite en zone rurale? **0,75 pt**

Partie B

Une personne est dite en hypoglycémie si sa glycémie à jeun est inférieure à 60 mg.dl^{-1} et elle est en hyperglycémie si sa glycémie à jeun est supérieure à 110 mg. dl^{-1}. La glycémie à jeun est considérée comme « normale » si elle est comprise entre 70 mg.dL^{-1} et 110 mg.dL^{-1}. Les personnes ayant un taux de glycémie compris entre 60 et 70 mg.dL^{-1} ne font pas l'objet d'un suivi particulier.

On choisit au hasard un adulte dans cette population. Une étude a permis d'établir que la probabilité qu'il soit en hyperglycémie est 0,052 à 10^{-3} près. Dans la suite, on admettra que cette probabilité est égale à 0,052.

On modélise la glycémie à jeun, exprimée en mg.dL^{-1}, d'un adulte d'une population donnée, par une variable aléatoire X qui suit une loi normale d'espérance μ et d'écart-type σ.

On donne ci-dessous la représentation graphique de la densité de probabilité de la variable aléatoire X.

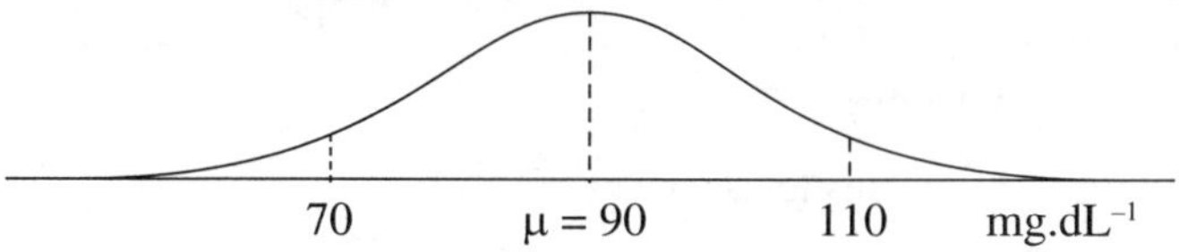

1 Quelle est la probabilité que la personne choisie ait une glycémie à jeun « normale » ? **0,75 pt**

2 Déterminer la valeur de σ arrondie au dixième. **1 pt**

3 Dans cette question, on prend $\sigma = 12$. Calculer la probabilité que la personne choisie soit en hypoglycémie. **0,75 pt**

Partie C

Afin d'estimer la proportion, pour l'année 2013, de personnes diagnostiquées diabétiques dans la population française âgée de 20 à 79 ans, on interroge au hasard 10 000 personnes.

Dans l'échantillon étudié, 716 personnes ont été diagnostiquées diabétiques.

1 À l'aide d'un intervalle de confiance au niveau de confiance 95 %, estimer la proportion de personnes diagnostiquées diabétiques dans la population française âgée de 20 à 79 ans. **0,75 pt**

2 Quel doit être le nombre minimal de personnes à interroger si l'on veut obtenir un intervalle de confiance d'amplitude inférieure ou égale à 0,01 ? **0,75 pt**

Exercice 2 50 min **4 pts**

On considère les nombres complexes z_n définis pour tout entier $n \geqslant 0$ par la donnée de z_0, où z_0 est différent de 0 et de 1, et la relation de récurrence :

$$z_{n+1} = 1 - \frac{1}{z_n}.$$

1 **a.** Dans cette question, on suppose que $z_0 = 2$. Déterminer les nombres z_1, z_2, z_3, z_4, z_5 et z_6. **0,5 pt**

b. Dans cette question, on suppose que $z_0 = \mathrm{i}$. Déterminer la forme algébrique des nombres complexes z_1, z_2, z_3, z_4, z_5 et z_6. **0,5 pt**

c. Dans cette question on revient au cas général où z_0 est un complexe donné.
Que peut-on conjecturer pour les valeurs prises par z_{3n} selon les valeurs de l'entier naturel n ?
Prouver cette conjecture. **1 pt**

2 Déterminer z_{2016} dans le cas où $z_0 = 1 + \mathrm{i}$. **1 pt**

3 Existe-t-il des valeurs de z_0 tel que $z_0 = z_1$? Que peut-on dire de la suite (z_n) dans ce cas ? **1 pt**

Exercice 3 (spécifique) 1 heure **5 pts**

On dispose d'un dé équilibré à 6 faces numérotées de 1 à 6 et de 2 pièces A et B ayant chacune un côté pile et un côté face. Un jeu consiste à lancer une ou plusieurs fois le dé.
Après chaque lancer de dé, si l'on obtient 1 ou 2, alors on retourne la pièce A, si l'on obtient 3 ou 4, alors on retourne la pièce B et si l'on obtient 5 ou 6, alors on ne retourne aucune des deux pièces.
Au début du jeu, les 2 pièces sont du côté face.

1 Dans l'algorithme ci-dessous, 0 code le côté face d'une pièce et 1 code le côté pile. Si a code le côté de la pièce A à un instant donné, alors $1 - a$ code le côté de la pièce A après l'avoir retournée.

```
Variables :        a, b, d, s sont des entiers
                   i, n sont des entiers supérieurs ou égaux à 1
Initialisation :   a prend la valeur 0
                   b prend la valeur 0
                   Saisir n
Traitement :       Pour i allant de 1 à n faire
                   |  d prend la valeur d'un entier aléatoire compris
                   |  entre 1 et 6
                   |  Si d ≤ 2
                   |     | alors a prend la valeur 1 – a
                   |     | sinon Si d ≤ 4
                   |     |        | alors b prend la valeur 1 – b
                   |     |   FinSi
                   |  FinSi
                   |  s prend la valeur a + b
                   FinPour
Sortie :           Afficher s
```

a. On exécute cet algorithme en saisissant $n = 3$ et en supposant que les valeurs aléatoires générées successivement pour d sont 1 ; 6 et 4. Recopier et compléter le tableau donné ci-dessous contenant l'état des variables au cours de l'exécution de l'algorithme :

Variables	i	d	a	b	s
Initialisation	X	X			X
1er passage boucle Pour					
2e passage boucle Pour					
3e passage boucle Pour					

0,75 pt

b. Cet algorithme permet-il de décider si à la fin les deux pièces sont du côté pile ? **0,75 pt**

2 Pour tout entier naturel n, on note :

• X_n l'événement « À l'issue de n lancers de dés, les deux pièces sont du côté face »

• Y_n l'événement « À l'issue de n lancers de dés, une pièce est du côté pile et l'autre est du côté face »

• Z_n l'événement « À l'issue de n lancers de dés, les deux pièces sont du côté pile ».

De plus on note, $x_n = P(X_n)$; $y_n = P(Y_n)$; $z_n = P(Z_n)$ les probabilités respectives des événements X_n, Y_n et Z_n.

a. Donner les probabilités x_0, y_0 et z_0 respectives qu'au début du jeu il y ait 0, 1 ou 2 pièces du côté pile. **0,5 pt**

b. Justifier que $P_{X_n}(X_{n+1}) = \frac{1}{3}$. **0,5 pt**

c. Recopier l'arbre ci-dessous et compléter les probabilités sur ses branches, certaines pouvant être nulles : **0,5 pt**

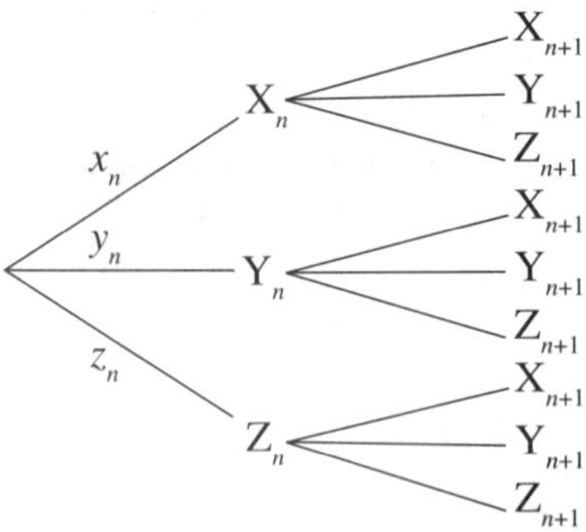

d. Pour tout entier naturel n, exprimer z_n en fonction de x_n et y_n. **0,5 pt**

e. En déduire que, pour tout entier naturel n :

$$y_{n+1} = -\frac{1}{3}y_n + \frac{2}{3}.$$ **0,5 pt**

f. On pose, pour tout entier naturel n, $b_n = y_n - \frac{1}{2}$.

Montrer que la suite (b_n) est géométrique.

En déduire que, pour tout entier naturel n :

$$y_n = \frac{1}{2} - \frac{1}{2} \times \left(-\frac{1}{3}\right)^n.$$ **0,5 pt**

g. Calculer $\lim_{n \to \infty} y_n$.

Interpréter le résultat. **0,5 pt**

Exercice 3 (spécialité) 1 heure 5 pts

On dispose d'un dé équilibré à 6 faces numérotées de 1 à 6 et de 3 pièces A, B et C ayant chacune un côté pile et un côté face.

Un jeu consiste à lancer une ou plusieurs fois le dé.

Après chaque lancer de dé, si l'on obtient 1 ou 2, alors on retourne la pièce A, si l'on obtient 3 ou 4, alors on retourne la pièce B et si l'on obtient 5 ou 6, alors on retourne la pièce C.

Au début du jeu, les 3 pièces sont toutes du côté face.

1 Dans l'algorithme ci-dessous, 0 code le côté face et 1 code le côté pile. Si a code un côté de la pièce A, alors $1 - a$ code l'autre côté de la pièce A.

Variables :	a, b, c, d, s sont des entiers naturels i, n sont des entiers supérieurs ou égaux à 1
Initialisation :	a prend la valeur 0 b prend la valeur 0 c prend la valeur 0 Saisir n

Traitement :	Pour i allant de 1 à n faire
	    d prend la valeur d'un entier aléatoire compris entre 1 et 6
	    Si $d \leqslant 2$
	        alors a prend la valeur $1 - a$
	        sinon Si $d \leqslant 4$
	            alors b prend la valeur $1 - b$
	            sinon c prend la valeur $1 - c$
	        FinSi
	    FinSi
	    s prend la valeur $a + b + c$
	FinPour

Sortie :	Afficher s

a. On exécute cet algorithme en saisissant $n = 3$ et en supposant que les valeurs aléatoires générées successivement pour d sont 1 ; 4 et 2. Recopier et compléter le tableau donné ci-dessous contenant l'état des variables au cours de l'exécution de l'algorithme :

Variables	i	d	a	b	c	s
Initialisation	X	X				X
1er passage boucle Pour						
2e passage boucle Pour						
3e passage boucle Pour						

0,5 pt

b. Cet algorithme permet-il de savoir si, après une exécution de n tirages, les trois pièces sont du côté pile ? **0,5 pt**

2 Pour tout entier naturel n, on note :

• X_n l'événement « À l'issue de n lancers de dés, les trois pièces sont du côté face »

• Y_n l'événement « À l'issue de n lancers de dés, une seule pièce est du côté pile et les autres sont du côté face »

• Z_n l'événement « À l'issue de n lancers de dés, exactement deux pièces sont du côté pile et l'autre est du côté face »

• T_n l'événement « À l'issue de n lancers de dés, les trois pièces sont du côté pile ».

De plus on note, $x_n = p(X_n)$; $y_n = p(Y_n)$; $z_n = p(Z_n)$ et $t_n = p(T_n)$ les probabilités respectives des événements X_n, Y_n, Z_n et T_n.

a. Donner les probabilités x_0, y_0, z_0 et t_0 respectives qu'au début du jeu, il y ait 0, 1, 2 ou 3 pièces du côté pile. **0,5 pt**

b. Recopier l'arbre ci-dessous et compléter les probabilités sur ses branches : **0,5 pt**

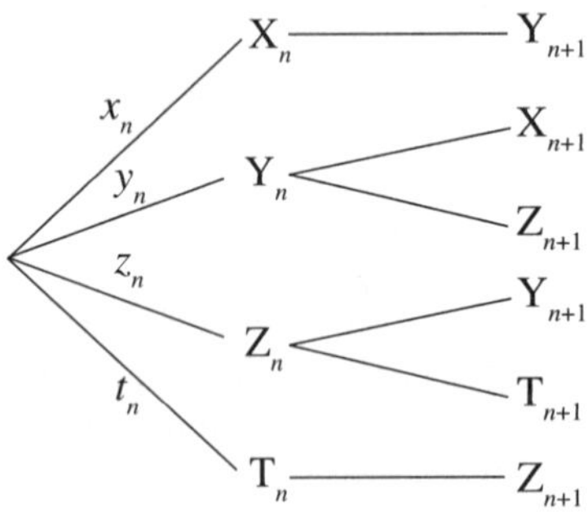

3 Pour tout entier naturel n, on note U_n la matrice ligne $(x_n \; y_n \; z_n \; t_n)$.

a. Donner la matrice U_0. **0,5 pt**

b. À l'aide de l'arbre précédemment rempli, déterminer la matrice carrée M telle que, pour tout entier naturel n, $U_{n+1} = U_n \times M$. **0,5 pt**

4 Démontrer que, pour tout entier naturel n, $U_n = U_0 \times M^n$. **0,75 pt**

5 On admet que, pour tout entier $n \geqslant 1$:

$$x_n = \frac{(-1)^n + 3\times\left(-\dfrac{1}{3}\right)^n + 3\times\left(\dfrac{1}{3}\right)^n + 1}{8} \; ;$$

$$y_n = \frac{-3\times\left(-\dfrac{1}{3}\right)^n + 3\times\left(\dfrac{1}{3}\right)^n - (-1)^n\times 3 + 3}{8} \; ;$$

$$z_n = \frac{-3\times\left(-\frac{1}{3}\right)^n - 3\times\left(\frac{1}{3}\right)^n + (-1)^n \times 3 + 3}{8} \;;$$

$$t_n = \frac{-(-1)^n + 3\times\left(-\frac{1}{3}\right)^n - 3\times\left(\frac{1}{3}\right)^n + 1}{8}.$$

a. Calculer la probabilité, arrondie à 10^{-3} près, qu'au bout de 5 lancers de dés, une seule des trois pièces soit du côté pile. **0,5 pt**

b. Préciser si les affirmations suivantes sont vraies ou fausses. Une réponse non justifiée n'est pas prise en compte

- **Première affirmation**

« À l'issue d'un nombre pair de lancers de dés, les pièces peuvent être toutes les trois du côté pile ».

- **Deuxième affirmation**

« Au cours du jeu, la probabilité que les pièces soient toutes les trois du côté pile peut être supérieure ou égale à $\frac{1}{4}$ ».

- **Troisième affirmation**

« Au cours du jeu, la probabilité que les pièces soient toutes les trois du côté pile peut être supérieure ou égale à 0,249 ». **0,75 pt**

Exercice 4 — 1 heure — 5 pts

Un hélicoptère est en vol stationnaire au-dessus d'une plaine. Un passager lâche verticalement un colis muni d'un parachute.

Partie A

Soit v_1 la fonction définie sur $[0\,;+\infty[$ par :

$$v_1(t) = 5\times\frac{e^{0,3t}-1}{e^{0,3t}+1}.$$

1 Déterminer le sens de variation de la fonction v_1. **0,75 pt**

2 On suppose, dans cette question, que le parachute fonctionne correctement. On admet que t secondes après qu'il a été lâché, la vitesse du colis (exprimée en $m.s^{-1}$) est égale, avant d'atteindre le sol, à $v_1(t)$.
On considère que le colis arrive en bon état sur le sol si sa vitesse à l'arrivée n'excède pas 6 $m.s^{-1}$.

Le colis risque-t-il d'être endommagé lorsque le parachute s'ouvre correctement ? Justifier. **1 pt**

Partie B

On suppose, dans cette partie, que le parachute ne s'ouvre pas.
On admet que, dans ce cas, avant que le colis atteigne le sol, sa vitesse (exprimée en $m.s^{-1}$), t secondes après avoir été lâché par le passager, est donnée par :

$$v_2(t) = 32,7\left(1 - e^{-0,3t}\right).$$

1 Quelle est la vitesse, exprimée en $m.s^{-1}$, atteinte par le colis au bout de 10 secondes ? Arrondir à 0,1 $m.s^{-1}$. **0,75 pt**

2 Résoudre l'équation $v_2(t) = 30\ m.s^{-1}$. Donner une interprétation concrète de la solution de cette équation dans le cadre de cet exercice. **0,75 pt**

3 On sait que la chute du colis dure 20 secondes.
On admet que la distance, en mètres, qui sépare l'hélicoptère du colis, T secondes après avoir été lâché par le passager, est donnée par :

$$d(T) = \int_0^T v_2(t)\,dt.$$

a. Montrer que, pour tout réel T de l'intervalle [0 ; 20] :

$$d(T) = 109\left(e^{-0,3T} + 0,3T - 1\right).$$ **0,75 pt**

b. Déterminer une valeur approchée à 1 m près de la distance parcourue par le colis lorsqu'il atteint le sol. **0,5 pt**

4 Déterminer un encadrement d'amplitude 0,1 s du temps mis par le colis pour atteindre le sol si on l'avait lâché d'une hauteur de 700 mètres. **0,5 pt**

Sujet 9 Amérique du Sud, novembre 2016

4 heures

LISTE DES NOTIONS

Exercice 1
- Lecture graphique
- Fonction exponentielle
- Primitive
- Fonction de densité
- Construction graphique

Exercice 2
- Vrai-Faux
- Nombres complexes
- Ensemble de points
- Équation
- Application géométrique

Exercice 3
- Suite récurrente
- Conjecture
- Algorithme

Exercice 4
- Géométrie dans l'espace
- Pyramide
- Équation d'un plan
- Représentation paramétrique d'une droite
- Partage d'une pyramide

Exercice 5 (S spécifique)
- Probabilité
- Loi normale
- Loi exponentielle
- Loi sans vieillissement

Exercice 5 (S spécialité)
- Arithmétique
- Nombres ne s'écrivant qu'avec des 1
- Congruence
- Divisibilité

Exercice 1 1 heure 5 pts

Les courbes $\mathscr{C}_f$ et $\mathscr{C}_g$ ci-après sont les représentations graphiques dans un repère orthonormé $\left(O, \vec{i}, \vec{j}\right)$, de deux fonctions f et g définies sur $[0\ ;\ +\infty[$.
On considère les points A (0,5 ; 1) et B(0 ; – 1) dans le repère $\left(O, \vec{i}, \vec{j}\right)$.
On sait que O appartient à $\mathscr{C}_f$ et que la droite (OA) est tangente à $\mathscr{C}_f$ au point O.

1 On suppose que la fonction f s'écrit sous la forme $f(x) = (ax+b)\mathrm{e}^{-x^2}$ où a et b sont des réels. Déterminer les valeurs exactes des réels a et b, en détaillant la démarche. **0,5 pt**

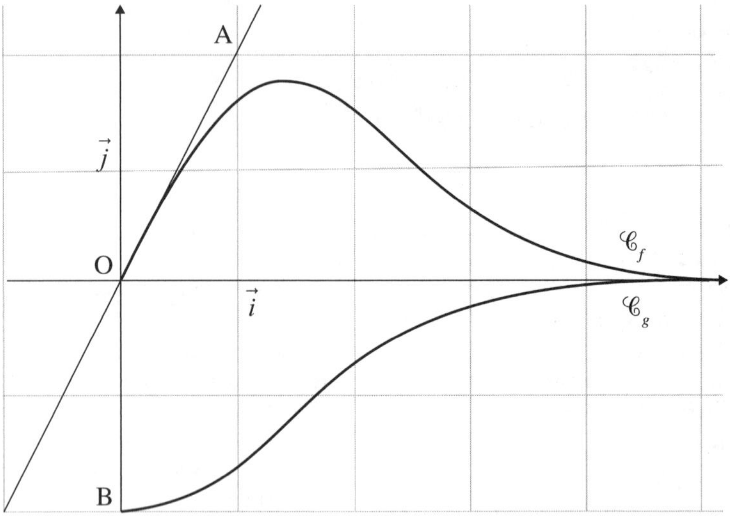

Désormais, on considère que $f(x) = 2x\mathrm{e}^{-x^2}$ pour tout x appartenant à $[0\ ;\ +\infty[$

2 **a.** On admettra que, pour tout réel x strictement positif, $f(x) = \dfrac{2}{x} \times \dfrac{x^2}{\mathrm{e}^{x^2}}$.

Calculer $\lim\limits_{x \to +\infty} f(x)$. **0,5 pt**

b. Dresser, en le justifiant, le tableau de variation de la fonction f sur $[0\ ;\ +\infty[$. **0,5 pt**

3 La fonction g dont la courbe représentative $\mathscr{C}_g$ passe par le point B(0 ; – 1) est une primitive de la fonction f sur $[0\ ;\ +\infty[$.

a. Déterminer l'expression de $g(x)$. **0,5 pt**

b. Soit m un réel strictement positif. Calculer $\mathrm{I}_m = \int_0^m f(t)\,\mathrm{d}t$ en fonction de m. **0,5 pt**

c. Déterminer $\lim\limits_{m \to +\infty} \mathrm{I}_m$. **0,5 pt**

4 **a.** Justifier que f est une fonction densité de probabilité sur $[0\ ;\ +\infty[$. **0,5 pt**

b. Soit X une variable aléatoire continue qui admet la fonction f comme densité de probabilité. Justifier que, pour tout réel x de $[0\ ;\ +\infty[$:

$$\mathrm{P}(\mathrm{X} \leqslant x) = g(x) + 1.$$ **0,5 pt**

c. En déduire la valeur exacte du réel α tel que $\mathrm{P}(\mathrm{X} \leqslant \alpha) = 0,5$. **0,5 pt**

d. Sans utiliser une valeur approchée de α, construire dans le repère ci-avant le point de coordonnées $(\alpha\ ;\ 0)$ en laissant apparents les traits de construction.
Hachurer ensuite la région du plan correspondant à $P(X \leqslant \alpha)$. **0,5 pt**

Exercice 2 35 min 3 pts

Pour chacune des trois propositions suivantes, indiquer si elle est vraie ou fausse et justifier la réponse choisie.
Il est attribué un point par réponse exacte correctement justifiée. Une réponse non justifiée n'est pas prise en compte.

On munit le plan complexe d'un repère orthonormé direct $\left(O, \vec{u}, \vec{v}\right)$.

Proposition 1
L'ensemble des points du plan d'affixe z tels que $|z-4| = |z+2\mathrm{i}|$ est une droite qui passe par le point A d'affixe 3i. **1 pt**

Proposition 2
Soit (E) l'équation $(z-1)\left(z^2-8z+25\right)=0$, où z appartient à l'ensemble $\mathbb{C}$ des nombres complexes.
Les points du plan dont les affixes sont les solutions dans $\mathbb{C}$ de l'équation (E) sont les sommets d'un triangle rectangle. **1 pt**

Proposition 3
$\dfrac{\pi}{3}$ est un argument du nombre complexe $\left(-\sqrt{3}+\mathrm{i}\right)^8$. **1 pt**

Exercice 3 35 min 3 pts

La suite (u_n) est définie par $u_0 = 0$ et, pour tout entier naturel n :

$$u_{n+1} = \frac{1}{2-u_n}.$$

1 **a.** À l'aide du calcul des premiers termes de la suite (u_n), conjecturer la forme explicite de u_n en fonction de n. Démontrer cette conjecture.
b. En déduire la valeur de la limite ℓ de la suite (u_n). **1 pt**

2 Compléter l'algorithme ci-après permettant de déterminer la valeur du plus petit entier n tel que $|u_{n+1}-u_n| \leqslant 10^{-3}$. **1 pt**

Variables :	n, a et b sont des nombres.
Initialisation :	n prend la valeur 0 a prend la valeur 0 b prend la valeur 0,5.
Traitement :	Tant que $\lvert b-a \rvert$ .... n prend la valeur................. a prend la valeur................. b prend la valeur................. Fin Tant que
Sortie :	Afficher.................

1 pt

Exercice 4 50 min **4 pts**

Partie A Un calcul de volume sans repère

On considère une pyramide équilatère SABCD (pyramide à base carrée dont toutes les faces latérales sont des triangles équilatéraux) représentée ci-dessous.
Les diagonales du carré ABCD mesurent 24 cm. On note O le centre du carré ABCD.
On admettra que OS = OA.

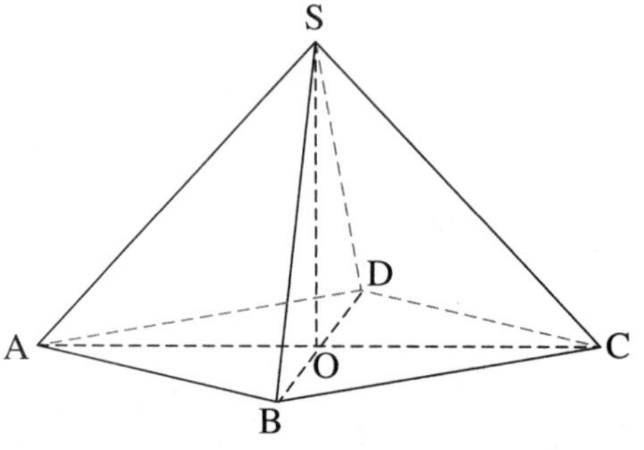

1 Sans utiliser de repère, démontrer que la droite (SO) est orthogonale au plan (ABC). **0,5 pt**

2 En déduire le volume, en cm^3, de la pyramide SABCD. **0,5 pt**

Partie B Dans un repère

On considère le repère orthonormé $\left(O\ ;\ \overrightarrow{OA}, \overrightarrow{OB}, \overrightarrow{OS}\right)$.

1 On note P et Q les milieux respectifs des segments [AB] et [BS].

a. Justifier que $\vec{n}(1\ ;1\ ;\ -3)$ est un vecteur normal au plan (PQC). **0,5 pt**

b. En déduire une équation cartésienne du plan (PQC). **0,25 pt**

2 Soit H le point du plan (PQC) tel que la droite (SH) est orthogonale au plan (PQC).

a. Donner une représentation paramétrique de la droite (SH). **0,5 pt**

b. Calculer les coordonnées du point H. **0,5 pt**

c. Montrer alors que la longueur SH, en unité de longueur, est :

$$\frac{2\sqrt{11}}{11}.$$ **0,25 pt**

3 On admettra que l'aire du quadrilatère PQCD, en unité d'aire, est égale à $\frac{3\sqrt{11}}{8}$.

Calculer le volume de la pyramide SPQCD, en unité de volume. **0,25 pt**

Partie C Partage équitable

Pour l'anniversaire de ses deux jumelles, Anne et Fanny, Madame Nova a confectionné un joli gâteau en forme de pyramide équilatère dont les diagonales du carré de base mesurent 24 cm.
Elle s'apprête à le partager en deux, équitablement, en plaçant son couteau sur le sommet. C'est alors qu'Anne arrête son geste et lui propose une découpe plus originale :

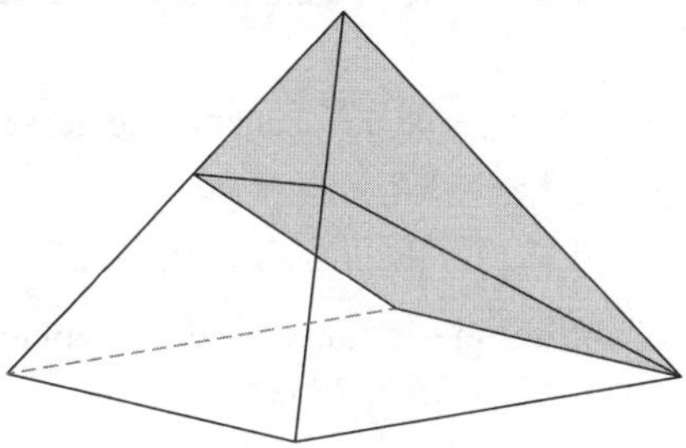

« Place la lame sur le milieu d'une arête, parallèlement à un côté de la base, puis coupe en te dirigeant vers le côté opposé ».
Fanny a des doutes, les parts ne lui semblent pas équitables.
Est-ce le cas ? Justifier la réponse. **0,75 pt**

Exercice 5 (spécifique) 1 heure 5 pts

Dans cet exercice, toutes les probabilités demandées seront arrondies à 10^{-4}.

On étudie un modèle de climatiseur d'automobile composé d'un module mécanique et d'un module électronique.
Si un module subit une panne, il est changé.

Partie A Étude des pannes du module mécanique

Une enseigne d'entretien automobile a constaté, au moyen d'une étude statistique, que la durée de fonctionnement (en mois) du module mécanique peut être modélisée par une variable aléatoire D qui suit une loi normale d'espérance $\mu = 50$ et d'écart-type σ :

1 Déterminer l'arrondi à 10^{-4} de σ sachant que le service statistique indique que $P(D \geqslant 48) = 0,7977$. **0,5 pt**

Pour la suite de cet exercice, on prendra $\sigma = 2,4$.

2 Déterminer la probabilité que la durée de fonctionnement du module mécanique soit comprise entre 45 et 52 mois. **0,5 pt**

3 Déterminer la probabilité que le module mécanique d'un climatiseur ayant fonctionné depuis 48 mois fonctionne encore au moins 6 mois. **0,5 pt**

Partie B Étude des pannes d'origine électronique

Sur le même modèle de climatiseur, l'enseigne d'entretien automobile a constaté que la durée de fonctionnement (en mois) du module électronique peut être modélisée par une variable aléatoire T qui suit une loi exponentielle de paramètre λ.

1 Déterminer la valeur exacte de λ, sachant que le service statistique indique que $P(0 \leqslant T \leqslant 24) = 0,03$. **0,5 pt**

Pour la suite de cet exercice, on prendra $\lambda = 0,00127$.

2 Déterminer la probabilité que la durée de fonctionnement du module électronique soit comprise entre 24 et 48 mois. **0,5 pt**

3 **a.** Démontrer que, pour tous réels t et h positifs, on a :

$$P_{T \geqslant t}(T \geqslant t + h) = P(T \geqslant h),$$

c'est-à-dire que la variable aléatoire T est sans vieillissement. **0,5 pt**

b. Le module électronique du climatiseur fonctionne depuis 36 mois. Déterminer la probabilité qu'il fonctionne encore les 12 mois suivants. **0,5 pt**

Partie C Pannes d'origine mécanique et électronique

On admet que les événements $(D \geqslant 48)$ et $(T \geqslant 48)$ sont indépendants. Déterminer la probabilité que le climatiseur ne subisse aucune panne avant 48 mois. **0,75 pt**

Partie D Cas particulier d'un garage de l'enseigne

Un garage de l'enseigne a étudié les fiches d'entretien de 300 climatiseurs de plus de 4 ans. Il constate que 246 d'entre eux ont leur module mécanique en état de fonctionnement depuis 4 ans.
Ce bilan doit-il remettre en cause le résultat donné par le service statistique de l'enseigne, à savoir que $P(D \geqslant 48) = 0,7977$?
Justifier la réponse. **0,75 pt**

Exercice 5 (spécialité) 1 heure 5 pts

Les entiers naturels 1, 11, 111, 1111, … sont des rep-units. On appelle ainsi les entiers naturels ne s'écrivant qu'avec des 1.
Pour tout entier naturel p non nul, on note N_p le rep-unit s'écrivant avec p fois le chiffre 1 :

$$N_p = \underbrace{11\ldots1}_{\substack{p \text{ répétitions} \\ \text{du chiffre } 1}} = \sum_{k=0}^{k=p-1} 10^k.$$

Dans tout l'exercice, p désigne un entier naturel non nul.
L'objet de cet exercice est d'étudier quelques propriétés des rep-units.

Partie A Divisibilité des rep-units dans quelques cas particuliers

1 Montrer que N_p n'est pas divisible ni par 2 ni par 5. **0,25 pt**

2 Dans cette question, on étudie la divisibilité de N_p par 3.
a. Prouver que, pour tout entier naturel j, $10^j \equiv 1 \bmod 3$. **0,25 pt**
b. En déduire que $N_p \equiv p \bmod 3$. **0,25 pt**
c. Déterminer une condition nécessaire et suffisante pour que le rep-unit N_p soit divisible par 3. **0,25 pt**

3 Dans cette question, on étudie la divisibilité de N_p par 7.
a. Recopier et compléter le tableau de congruences ci-après, où a est l'unique entier relatif appartenant à $\{-3 ; -2 ; -1 ; 0 ; 1 ; 2 ; 3\}$ tel que :

$$10^m \equiv a \bmod 7.$$

On ne demande pas de justification.

m	0	1	2	3	4	5	6
a							

0,25 pt

b. Soit p un entier naturel non nul.
Montrer que $10^p \equiv 1 \bmod 7$ si et seulement si p est un multiple de 6.
On pourra utiliser la division euclidienne de p par 6. **0,5 pt**

c. Justifier que, pour tout entier naturel p non nul, $N_p = \dfrac{10^p - 1}{9}$. **0,25 pt**

d. Démontrer que « 7 divise N_p » est équivalent à « 7 divise $9N_p$ ». **0,25 pt**

e. En déduire que N_p est divisible par 7 si et seulement si p est un multiple de 6. **0,25 pt**

Partie B Un rep-unit strictement supérieur à 1 n'est jamais un carré parfait

1 Soit n un entier naturel supérieur ou égal à 2.

a. Recopier et compléter le tableau de congruences ci-dessous.

$n \equiv \ldots\ [10]$	0	1	2	3	4	5	6	7	8	9
$n^2 \equiv \ldots\ [10]$										

0,5 pt

On suppose que l'écriture décimale de n^2 se termine par le chiffre 1, c'est-à-dire $n^2 \equiv 1 \bmod 10$.

b. En déduire qu'il existe un entier naturel m tel que :

$$n = 10m + 1 \quad \text{ou} \quad n = 10m - 1.$$ **0,5 pt**

c. Conclure que $n^2 \equiv 1 \bmod 20$. **0,5 pt**

2 Soit p un entier naturel supérieur ou égal à 2.
Quel est le reste de la division euclidienne de N_p par 20 ? **0,5 pt**

3 En déduire que, pour p entier naturel supérieur ou égal à 2, le rep-unit N_p n'est pas le carré d'un entier. **0,5 pt**

Sujet 10 Antilles-Guyane septembre 2016

4 heures

LISTE DES NOTIONS

Exercice 1
- Suite de fonctions
- Fonction exponentielle
- Suite d'intégrales
- Lecture graphique
- Étude théorique
- Algorithme

Exercice 2
- Géométrie dans l'espace
- Représentation paramétrique d'une droite
- Équation d'un plan
- Intersection droite et plan

Exercice 3
- QCM
- Nombres complexes
- Équation du second degré
- Fonction exponentielle
- Fonction sinus
- Loi exponentielle

Exercice 4 (S spécialité)
- Graphe pondéré
- Matrice de transition
- Suite

Exercice 1 1 h 10 6 pts

Le plan est muni d'un repère orthonormal $\left(O, \vec{i}, \vec{j}\right)$.

Pour tout entier naturel n, on considère la fonction f_n définie et dérivable sur l'ensemble des nombres réels $\mathbb{R}$ par :

$$f_n(x) = \frac{e^{-(n-1)x}}{1+e^x}.$$

On désigne par $\mathscr{C}_n$ la courbe représentative de f_n dans le repère $\left(O, \vec{i}, \vec{j}\right)$.
On a représenté ci-après les courbes $\mathscr{C}_n$ pour différentes valeurs de n.
Soit la suite (u_n) définie pour tout entier naturel n par :

$$u_n = \int_0^1 f_n(x)\,dx.$$

Partie A Étude graphique

1 Donner une interprétation graphique de u_n. **0,5 pt**

2 Quelles conjectures peut-on faire concernant les variations et la convergence de la suite (u_n) ? **0,5 pt**

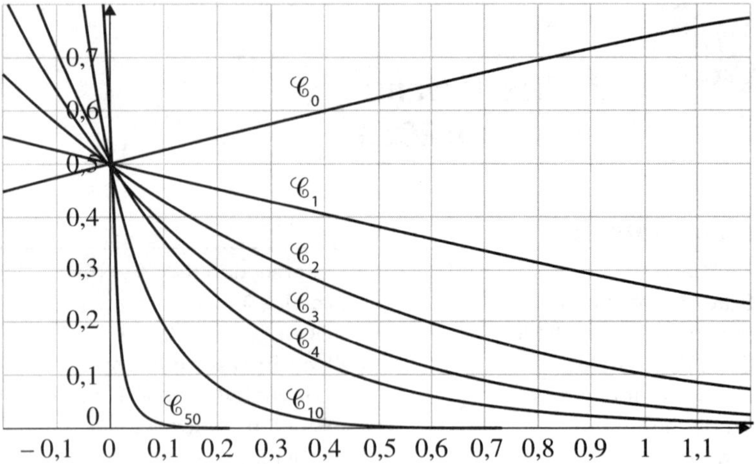

3 Proposer, à l'aide du graphique et en expliquant la démarche, un encadrement de u_4 d'amplitude 0,05.

Partie B Étude théorique

1 Montrer que $u_0 = \ln\left(\dfrac{1+\mathrm{e}}{2}\right)$. **0,5 pt**

2 Montrer que $u_0 + u_1 = 1$ puis en déduire u_1. **0,5 pt**

3 Montrer que, pour tout entier naturel n, $u_n \geqslant 0$. **0,5 pt**

4 On pose pour tout entier naturel n et pour tout x réel :

$$d_n(x) = f_{n+1}(x) - f_n(x).$$ **0,5 pt**

a. Montrer que, pour tout nombre réel x, $d_n(x) = \mathrm{e}^{-nx}\dfrac{1-\mathrm{e}^x}{1+\mathrm{e}^x}$. **0,5 pt**

b. Étudier le signe de la fonction d_n sur l'intervalle [0 ; 1]. **0,5 pt**

5 En déduire que la suite (u_n) est convergente. **0,5 pt**

6 On note ℓ la limite de la suite (u_n).

a. Montrer que, pour tout entier n supérieur ou égal à 1, on a :

$$u_n + u_{n+1} = \frac{1-\mathrm{e}^{-n}}{n}.$$ **0,5 pt**

b. En déduire la valeur de ℓ. **0,5 pt**

c. On souhaite construire un algorithme qui affiche la valeur de u_{N} pour un entier naturel N non nul donné. **0,5 pt**

Recopier et compléter les quatre lignes de la partie **Traitement** de l'algorithme suivant.

Entrée :	N est un entier naturel non nul
Variables :	U est un nombre réel K est un entier naturel
Initialisation :	Affecter 1 à K Affecter $1-\ln\left(\dfrac{1+e}{2}\right)$ à U Demander à l'utilisateur la valeur de N
Traitement :	Tant que K < N Affecter................. à U Affecter................. à K Fin Tant que
Sortie :	Afficher U

0,5 pt

Exercice 2 1 heure **5 pts**

On considère un cube ABCDEFGH de côté 1.

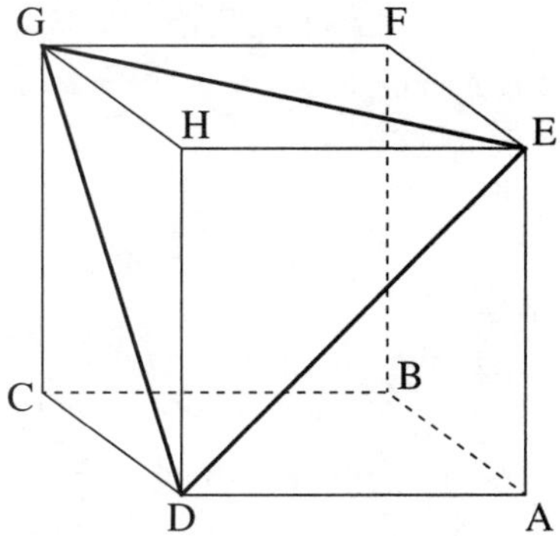

On se place dans le repère orthonormé $\left(B ; \overrightarrow{BA}, \overrightarrow{BC}, \overrightarrow{BF}\right)$.

1 Déterminer une représentation paramétrique de la droite (BH). **1 pt**

2 Démontrer que la droite (BH) est perpendiculaire au plan (DEG). **1 pt**

3 Déterminer une équation cartésienne du plan (DEG). **1 pt**

4 On note P le point d'intersection du plan (DEG) et de la droite (BH). Déduire des questions précédentes les coordonnées du point P. **1 pt**

5 Que représente le point P pour le triangle DEG ? Justifier la réponse. **1 pt**

Exercice 3 50 min 4 pts

Pour chacune des quatre questions, une seule des quatre propositions est exacte. Le candidat indiquera sur la copie le numéro de la question et recopiera la réponse choisie. Aucune justification n'est demandée. Il sera attribué un point si la réponse est exacte, zéro sinon.

1 On note $\mathbb{C}$ l'ensemble des nombres complexes et (E) l'équation d'inconnue complexe z

$$\text{(E)}\ z^2 + 2az + a^2 + 1 = 0$$

où a désigne un nombre réel quelconque.

a. Pour toute valeur de a, (E) n'a pas de solution dans $\mathbb{C}$.

b. Pour toute valeur de a, les solutions de (E) dans $\mathbb{C}$ ne sont pas réelles et leurs modules sont distincts.

c. Pour toute valeur de a, les solutions de (E) dans $\mathbb{C}$ ne sont pas réelles et leurs modules sont égaux.

d. Il existe une valeur de a pour laquelle (E) admet au moins une solution réelle. **1 pt**

2 Soit θ un nombre réel dans l'intervalle $]0\ ;\ \pi[$ et z le nombre complexe :

$$z = 1 + e^{i\theta}.$$

Pour tout réel θ dans l'intervalle $]0\ ;\ \pi[$:

a. Le nombre z est un réel positif.

b. Le nombre z est égal à 1.

c. Un argument de z est θ.

d. Un argument de z est $\dfrac{\theta}{2}$. **1 pt**

3 Soit la fonction f définie et dérivable pour tout nombre réel x par :

$$f(x) = e^{-x} \sin x.$$

a. La fonction f est décroissante sur l'intervalle $\left]\dfrac{\pi}{4}\ ;\ +\infty\right[$.

b. Soit f' la fonction dérivée de f. On a $f'\left(\dfrac{\pi}{4}\right) = 0$.

c. La fonction f est positive sur l'intervalle $]0\ ;\ +\infty[$.

d. Soit F la fonction définie, pour tout réel x, par :

$$F(x) = e^{-x}(\cos x - \sin x).$$

La fonction F est une primitive de la fonction f. **1 pt**

4 Soit X une variable aléatoire suivant la loi exponentielle de paramètre 0,02.
0,45 est une valeur approchée à 10^{-2} près de :
a. $P(X=30)$
b. $P(X \leqslant 60)$
c. $P(X \leqslant 30)$
d. $P(30 \leqslant X \leqslant 40)$ **1 pt**

Exercice 4 (spécialité) 1 heure 5 pts

Parmi les ordinateurs d'un parc informatique, 60 % présentent des failles de sécurité. Afin de pallier ce problème, on demande à un technicien d'intervenir chaque jour pour traiter les défaillances.
On estime que chaque jour, il remet en état 7 % des ordinateurs défaillants, tandis que de nouvelles failles apparaissent chez 3 % des ordinateurs sains.
On suppose de plus que le nombre d'ordinateurs est constant sur la période étudiée.
Pour tout entier naturel n, on note a_n la proportion d'ordinateurs sains de ce parc informatique au bout de n jours d'intervention, et b_n la proportion d'ordinateurs défaillants au bout de n jours.
Ainsi $a_0 = 0,4$ et $b_0 = 0,6$.

Partie A

1 Décrire la situation précédente à l'aide d'un graphe ou d'un arbre pondéré. **0,5 pt**

2 Déterminer a_1 et b_1. **0,25 pt**

3 Pour tout entier naturel, exprimer a_{n+1} et b_{n+1} en fonction de a_n et b_n. **0,5 pt**

4 Soit la matrice $A = \begin{pmatrix} 0,97 & 0,07 \\ 0,03 & 0,93 \end{pmatrix}$. On pose $X_n = \begin{pmatrix} a_n \\ b_n \end{pmatrix}$.

a. Justifier que pour tout entier naturel n, $X_{n+1} = AX_n$. **0,25 pt**

b. Montrer, par récurrence, que pour tout entier naturel n :

$$X_n = A^n X_0.$$ **0,25 pt**

c. Calculer, à l'aide de la calculatrice, X_{30}. En donner une interprétation concrète (les coefficients seront arrondis au millième). **0,5 pt**

SUJETS COMPLETS

Partie B

1 On pose $D = \begin{pmatrix} 0,9 & 0 \\ 0 & 0,09 \end{pmatrix}$ et $B = \begin{pmatrix} 0,07 \\ 0,03 \end{pmatrix}$.

a. Justifier que, pour tout entier naturel n, $a_{n+1} + b_{n+1} = 1$. **0,5 pt**

b. Montrer que, pour tout entier naturel n,

$$X_{n+1} = DX_n + B.$$ **0,5 pt**

2 On pose, pour tout entier naturel n, $Y_n = X_n - 10B$.

a. Montrer que pour tout entier naturel n, $Y_{n+1} = DY_n$. **0,25 pt**

b. On admet que pour tout entier naturel n, $Y_n = D^n Y_0$.
En déduire que pour tout entier naturel n :

$$X_n = D^n (X_0 - 10B) + 10B.$$ **0,5 pt**

c. Donner l'expression de D^n puis en déduire a_{n+1} et b_{n+1} en fonction de n. **0,5 pt**

3 Selon cette étude, que peut-on dire de la proportion d'ordinateurs défaillants sur le long terme ? **0,5 pt**

Sujet 11 Nouvelle-Calédonie novembre 2016

4 heures

SUJETS COMPLETS

LISTE DES NOTIONS

Exercice 1
- Fonction exponentielle
- Équation
- Primitive
- Calcul d'aire

Exercice 2
- Loi normale
- Intervalle de confiance

Exercice 3
- Nombres complexes
- Application géométrique
- Ensemble de points

Exercice 4
- Géométrie dans l'espace
- Section d'un cube

Exercice 5 (S spécifique)
- Suite arithmético-géométrique
- Suite géométrique

Exercice 5 (S spécialité)
- Suite
- Matrice
- Puissance d'une matrice

Exercice 1 50 min 4 pts

On considère la fonction *f* définie et dérivable sur l'intervalle [0 ; + ∞[par :

$$f(x) = xe^{-x} - 0,1.$$

1 Déterminer la limite de *f* en + ∞. **0,5 pt**

2 Étudier les variations de *f* sur [0 ; + ∞[et dresser le tableau de variation. **0,75 pt**

3 Démontrer que l'équation $f(x) = 0$ admet une unique solution notée α sur l'intervalle [0 ; 1]. **0,75 pt**

On admet l'existence du nombre réel strictement positif β tel que α < β et :

$$f(\beta) = 0.$$

On note $\mathscr{C}$ la courbe représentative de la fonction *f* sur l'intervalle [α ; β] dans un repère orthogonal et $\mathscr{C}'$ la courbe symétrique de $\mathscr{C}$ par rapport à l'axe des abscisses (voir figure ci-après).
L'unité sur chaque axe représente 5 mètres.
Ces courbes sont utilisées pour délimiter un massif floral en forme de flamme de bougie sur lequel seront plantées des tulipes.

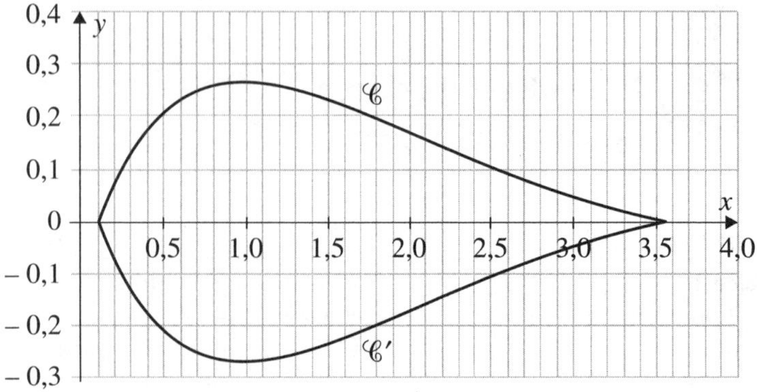

4 Démontrer que la fonction F, définie sur l'intervalle [α ; β] par :

$$F(x) = -(x+1)e^{-x} - 0{,}1x$$

est une primitive de la fonction f sur l'intervalle [α ; β]. **0,5 pt**

5 Calculer, en unités d'aire, une valeur arrondie à 0,01 près de l'aire du domaine compris entre les courbes 𝒞 et 𝒞′.
On utilisera les valeurs arrondies à 0,001 près suivantes :

$$\alpha = 0{,}112 \text{ et } \beta = 3{,}577.$$ **0,75 pt**

6 Sachant que l'on peut disposer 36 plants de tulipes par mètre carré, calculer le nombre de plants de tulipes nécessaire à la réalisation de ce massif. **0,75 pt**

Exercice 2 50 min 4 pts

La société « Bonne Mamie » utilise une machine pour remplir à la chaîne des pots de confiture. On note X la variable aléatoire qui, à chaque pot de confiture produit, associe la masse de confiture qu'il contient, exprimée en grammes.
Dans le cas où la machine est correctement réglée, on admet que X suit une loi normale de moyenne μ = 125 et d'écart-type σ.

1 **a.** Pour tout nombre réel t positif, déterminer une relation entre :

$$P(X \leqslant 125-t) \text{ et } P(X \geqslant 125+t).$$ **0,75 pt**

b. On sait que 2,3 % des pots de confiture contiennent moins de 121 grammes de confiture. En utilisant la relation précédente, déterminer :

$$P(121 \leqslant X \leqslant 129).$$ **0,75 pt**

2 Déterminer une valeur arrondie à l'unité près de σ telle que :

$$P(123 \leqslant X \leqslant 127) = 0{,}68.$$ **0,75 pt**

Dans la suite de l'exercice, on suppose que $\sigma = 2$.

3 On estime qu'un pot de confiture est conforme lorsque la masse de confiture qu'il contient est comprise entre 120 et 130 grammes.
a. On choisit au hasard un pot de confiture de la production. Déterminer la probabilité que ce pot soit conforme. On donnera le résultat arrondi à 10^{-4} près. **0,5 pt**
b. On choisit au hasard un pot parmi ceux qui ont une masse de confiture inférieure à 130 grammes. Quelle est la probabilité que ce pot ne soit pas conforme ? On donnera le résultat arrondi à 10^{-4} près. **0,5 pt**

4 On admet que la probabilité, arrondie à 10^{-3} près, qu'un pot de confiture soit conforme est 0,988.
On choisit au hasard 900 pots dans la production. On constate que 871 de ces pots sont conformes. Au seuil de 95 % peut-on rejeter l'hypothèse suivante « La machine est bien réglée » ? **0,75 pt**

Exercice 3 50 min 4 pts

On se place dans le plan complexe rapporté au repère $\left(\text{O}, \vec{u}, \vec{v}\right)$.
Soit f la transformation qui, à tout nombre complexe z non nul, associe le nombre complexe $f(z)$ défini par :

$$f(z) = z + \frac{1}{z}.$$

On note M le point d'affixe z et M′ le point d'affixe $f(z)$.

1 On appelle A le point d'affixe $a = -\frac{\sqrt{2}}{2} + \text{i}\frac{\sqrt{2}}{2}$.

a. Déterminer la forme exponentielle de a. **0,5 pt**
b. Déterminer la forme algébrique de $f(a)$. **0,5 pt**

2 Résoudre, dans l'ensemble des nombres complexes, l'équation :

$$f(z) = 1.$$ **0,75 pt**

3 Soit M un point d'affixe z du cercle $\mathscr{C}$ de centre O et de rayon 1.

a. Justifier que l'affixe z peut s'écrire sous la forme $z = \text{e}^{\text{i}\theta}$ avec θ un nombre réel. **0,75 pt**
b. Montrer que $f(z)$ est un nombre réel. **0,75 pt**

4 Décrire et représenter l'ensemble des points M d'affixe z tels que $f(z)$ soit un nombre réel. **0,75 pt**

Exercice 4 — 35 min — 3 pts

On considère le cube ABCDEFGH représenté ci-dessous.
On définit les points I et J respectivement par :

$$\overrightarrow{HI} = \frac{3}{4}\overrightarrow{HG} \quad \text{et} \quad \overrightarrow{JG} = \frac{1}{4}\overrightarrow{CG}.$$

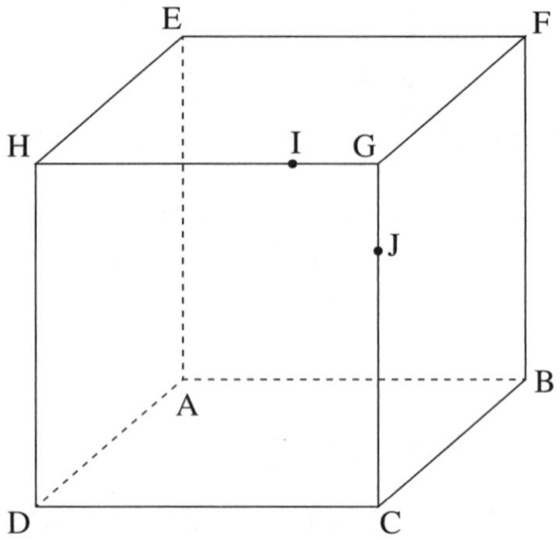

1 pt

1 Tracer, sans justifier, la section du cube par le plan (IJK) où K est un point du segment [BF].

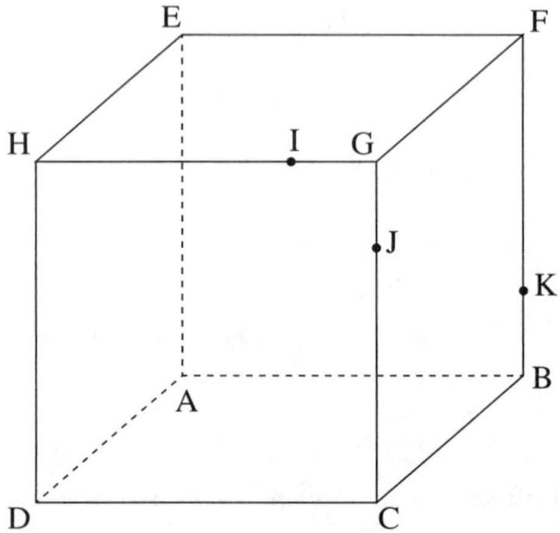

1 pt

2 Tracer, sans justifier, la section du cube par le plan (IJL), où L est un point de la droite (BF).

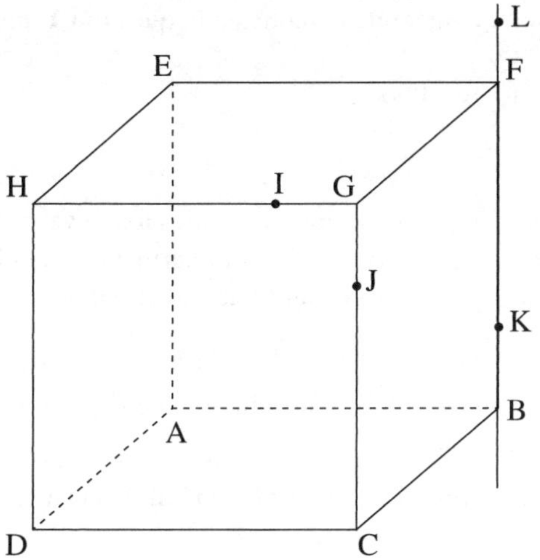

1 pt

3 Existe-t-il un point P de la droite (BF) tel que la section du cube par le plan (IJP) soit un triangle équilatéral ? Justifier votre réponse.

Exercice 5 (spécifique) 1 heure 5 pts

Un apiculteur étudie l'évolution de sa population d'abeilles. Au début de son étude, il évalue à 10 000 le nombre de ses abeilles.

Chaque année, l'apiculteur observe qu'il perd 20 % des abeilles de l'année précédente.

Il achète un nombre identique de nouvelles abeilles chaque année. On notera c ce nombre exprimé en dizaines de milliers.

On note u_0 le nombre d'abeilles, en dizaines de milliers, de cet apiculteur au début de l'étude.

Pour tout entier naturel n non nul, u_n désigne le nombre d'abeilles, en dizaines de milliers, au bout de la n-ième année. Ainsi, on a $u_0 = 1$ et, pour tout entier naturel n :

$$u_{n+1} = 0{,}8u_n + c.$$

Partie A

On suppose, dans cette partie seulement, que $c = 1$.

1 Conjecturer la monotonie et la limite de la suite (u_n). **0,75 pt**

2 Démontrer par récurrence que, pour tout entier naturel n :

$$u_n = 5 - 4 \times 0{,}8^n.$$ **0,75 pt**

3 Vérifier les deux conjectures établies à la question **1.** en justifiant votre réponse.
Interpréter ces deux résultats. **1 pt**

Partie B

L'apiculteur souhaite que le nombre d'abeilles tende vers 100 000.
On cherche à déterminer la valeur de c qui permet d'atteindre cet objectif.
On définit la suite (v_n) par, pour tout entier naturel n :

$$v_n = u_n - 5c.$$

1 Montrer que la suite (v_n) est une suite géométrique dont on précisera la raison et le premier terme. **0,75 pt**

2 En déduire une expression du terme général de la suite (v_n) en fonction de n. **0,75 pt**

3 Déterminer la valeur de c pour que l'apiculteur atteigne son objectif. **1 pt**

Exercice 5 (spécialité) 1 heure 5 pts

On observe la taille d'une colonie de fourmis tous les jours.
Pour tout entier naturel n non nul, on note u_n le nombre de fourmis, exprimé en milliers, dans cette population au bout du n-ième jour.
Au début de l'étude, la colonie compte 5 000 fourmis et, au bout d'un jour, elle compte 5 100 fourmis. Ainsi, on a $u_0 = 5$ et $u_1 = 5{,}1$.
On suppose que l'accroissement de la taille de la colonie d'un jour sur l'autre diminue de 10 % chaque jour.
En d'autres termes, pour tout entier naturel n :

$$u_{n+2} - u_{n+1} = 0{,}9\left(u_{n+1} - u_n\right).$$

1 Démontrer, dans ces conditions, que $u_2 = 5{,}19$. **0,75 pt**

2 Pour tout entier naturel n, on pose $V_n = \begin{pmatrix} u_{n+1} \\ u_n \end{pmatrix}$ et $A = \begin{pmatrix} 1{,}9 & -0{,}9 \\ 1 & 0 \end{pmatrix}$.

a. Démontrer que, pour tout entier naturel n, on a $V_{n+1} = AV_n$.
On admet alors que, pour tout entier naturel n, $V_n = A^n V_0$. **0,75 pt**

b. On pose $P = \begin{pmatrix} 0{,}9 & 1 \\ 1 & 1 \end{pmatrix}$. On admet que la matrice P est inversible.
À l'aide de la calculatrice, déterminer la matrice P^{-1}.
En détaillant les calculs, déterminer la matrice D définie par :

$$D = P^{-1}AP.$$ **0,75 pt**

c. Démontrer par récurrence que, pour tout entier naturel n, on a :

$$A^n = PD^nP^{-1}.$$

Pour tout entier naturel n, on admet que :

$$A^n = \begin{pmatrix} -10\times0,9^{n+1}+10 & 10\times0,9^{n+1}-9 \\ -10\times0,9^n+10 & 10\times0,9^n-9 \end{pmatrix}.$$ **0,75 pt**

d. En déduire que, pour tout entier naturel n, $u_n = 6 - 0,9^n$. **0,75 pt**

3 Calculer la taille de la colonie au bout du 10e jour. On arrondira le résultat à une fourmi près. **0,5 pt**

4 Calculer la limite de la suite (u_n). Interpréter ce résultat dans le contexte. **0,75 pt**

Sujet 12 Concours général, mars 2017

5 heures

Problème I Parties de $\mathbb{C}$ de type S

Une partie $\mathscr{A}$ non vide de $\mathbb{C}$ (ensemble des nombres complexes) est dite de type S, si pour tout $z_1 \in \mathscr{A}$ et $z_2 \in \mathscr{A}$, le produit z_1z_2 et la somme $z_1^2 + z_2^2$ sont encore dans $\mathscr{A}$.
Dans tout le problème, $\mathscr{A}$ désigne une partie de $\mathbb{C}$ de type S.
On note $b(\mathscr{A})$ le nombre de nombres complexes z de $\mathscr{A}$ dont le module $|z|$ est inférieur ou égal à 1.
On note $b(\mathscr{A}) = \infty$ si ce nombre est infini.

Partie A Quelques exemples simples

1 Les ensembles suivants sont des parties de $\mathbb{C}$ de type S (on ne demande pas de le vérifier), préciser pour chacun d'eux la valeur de $b(\mathscr{A})$:
a. $\mathscr{A} = \{0\}$; **b.** $\mathscr{A} = \mathbb{C}$; **c.** $\mathscr{A} = \mathbb{N}$; **d.** $\mathscr{A} = \mathbb{N}^*$.

2 **a.** Donner une partie $\mathscr{A}$ de type S telle que $b(\mathscr{A}) = 0$.
b. Donner une partie $\mathscr{A}$ de type S telle que $b(\mathscr{A}) = 3$.

3 On note $\overline{\mathscr{A}} = \{\bar{z},\ z \in \mathscr{A}\}$, c'est-à-dire la partie de $\mathbb{C}$ constituée des nombres complexes conjugués des éléments de $\mathscr{A}$. Montrer que $\overline{\mathscr{A}}$ est de type S et préciser $b(\overline{\mathscr{A}})$.

Partie B Deux exemples de parties de $\mathbb{C}$ de type S

1 On définit le complexe j par $\mathrm{j} = \mathrm{e}^{2\mathrm{i}\pi/3} = -\frac{1}{2} + \frac{1}{2}\mathrm{i}\sqrt{3}$ et on note $\mathbb{Z}[\mathrm{j}] = \{a + b\mathrm{j},\ (a, b) \in \mathbb{Z}^2\}$, c'est-à-dire la partie de $\mathbb{C}$ constituée de tous les nombres complexes de la forme $a + b\mathrm{j}$, avec $a \in \mathbb{Z}$ et $b \in \mathbb{Z}$.
a. Calculer $1 + \mathrm{j} + \mathrm{j}^2$.
b. Justifier que $\mathbb{Z}[\mathrm{j}]$ est du type S.
c. Montrer que $b(\mathbb{Z}[\mathrm{j}]) = 7$.
d. On note $\mathbb{Z}[\mathrm{j}]^* = \mathbb{Z}[\mathrm{j}] \setminus \{0\}$ (les éléments non nuls de $\mathbb{Z}[\mathrm{j}]$). Justifier que $\mathbb{Z}[\mathrm{j}]^*$ est de type S et déterminer $b(\mathbb{Z}[\mathrm{j}]^*)$.

2 On définit la partie $\mathcal{R}$ de $\mathbb{C}$ par $\mathcal{R} = \left\{z \in \mathbb{C}, z^2 \in \mathbb{Z}[j]\right\}$.
Ainsi un nombre complexe z est dans $\mathcal{R}$ si et seulement si son carré est dans $\mathbb{Z}[j]$.
a. Montrer que $\mathcal{R}$ est de type S.
b. Déterminer $b(\mathcal{R})$.

Partie C À la recherche des valeurs possibles de $b[\mathcal{A}]$

1 On suppose qu'il existe $a \in \mathcal{A}$ tel que $0 < |a| < 1$. Montrer que $b(\mathcal{A}) = \infty$.

2 On considère, dans cette question, un nombre complexe a de module 1. On note Arg(a) l'unique argument de a inclus dans l'intervalle $]-\pi\,;\,\pi]$. On suppose de plus que Arg(a) n'est ni un multiple de $\frac{\pi}{6}$, ni un multiple de $\frac{\pi}{4}$.
a. Montrer que si $\operatorname{Arg}(a) \in \left]\frac{\pi}{6}, \frac{2\pi}{3}\right[$, alors l'un des deux nombres complexes $a^2 + a^4$ ou $a^4 + a^8$ possède un module non nul et strictement inférieur à 1.
b. De même, montrer que si $\operatorname{Arg}(a) \in \left]0, \frac{\pi}{6}\right[$, il existe $n \in \mathbb{N}^*$ tel que :

$$0 < \left|a^{2n} + a^{4n}\right| < 1.$$

c. Montrer que si $\operatorname{Arg}(a) \in \left]-\frac{2\pi}{3}, 0\right[$, alors il existe $n \in \mathbb{N}^*$ tel que :

$$0 < \left|a^{2n} + a^{4n}\right| < 1.$$

d. Conclure qu'il existe toujours $n \in \mathbb{N}^*$ tel que :

$$0 < \left|a^{2n} + a^{4n}\right| < 1.$$

3 On suppose, dans cette question, que $b(\mathcal{A})$ est fini et supérieur ou égal à 2.
a. Montrer qu'il existe $a \in \mathcal{A}$ tel que $|a| = 1$.
b. Quelles sont alors les valeurs possibles pour $\operatorname{Arg}(a)$?
c. En déduire que $b(\mathcal{A}) \leqslant 17$.

4 Donner une partie $\mathcal{A}$ de type S telle que $b(\mathcal{A}) = 5$.

5 Donner une partie $\mathcal{A}$ de type S telle que $b(\mathcal{A}) = 9$.

6 Quelles sont les valeurs possibles de $b(\mathcal{A})$?

Problème II C'est probablement bon

Partie A Franck passe un premier examen.

Franck doit réussir un examen qui consiste en un Q.C.M. (questionnaire à choix multiples) de dix questions numérotées de 1 à 10. Il doit répondre à ces questions dans l'ordre et s'il ne répond pas à une question, on ne prendra pas en compte les réponses qu'il pourrait apporter aux questions suivantes.
Chaque bonne réponse rapporte un point, chaque mauvaise réponse fait perdre un point et ne pas répondre à une question ne rapporte aucun point.
Franck réussira son premier examen si sa note finale est d'au moins sept points.
Franck connaît les bonnes réponses des six premières questions. Par contre, pour chacune des quatre questions suivantes, il a une probabilité p de trouver la bonne réponse, avec $0 < p < 1$.

1 Prouver que si Franck ne répond pas à la question numérotée 9, il a intérêt à ne pas répondre à la question numérotée 8 pour réussir son examen.

2 Franck a-t-il intérêt à répondre à la question numérotée 10 ?

3 Déterminer, selon la valeur de p, quelle est la meilleure stratégie pour Franck.

Partie B Franck passe un second examen.

Franck passe maintenant un second examen, consistant encore en un Q.C.M., formé cette fois de 50 questions. Les modalités de cet examen sont les mêmes que celles du précédent. Ainsi Franck doit répondre à ces questions dans l'ordre et s'il ne répond pas à une question, on ne prendra pas en compte les réponses qu'il pourrait apporter aux questions suivantes.
Chaque bonne réponse rapporte un point, chaque mauvaise réponse fait perdre un point et ne pas répondre à une question ne rapporte aucun point.
Cependant, pour réussir cette fois, Franck doit obtenir une note finale d'au moins 25 points. Franck connaît les réponses aux 24 premières questions. Par contre, pour chacune des 26 questions suivantes, il a une probabilité p de trouver la bonne réponse, avec $0 < p < 1$.
Pour tout entier k vérifiant $1 \leqslant k \leqslant 26$, on note P_k la probabilité que Franck réussisse son examen en ne répondant qu'aux seules $24 + k$ premières questions.

1 Prouver que, pour tout entier k vérifiant $1 \leqslant k \leqslant 13$, on a :

$$P_{2k-1} > P_{2k}.$$

2 Prouver que, pour tout entier k vérifiant $0 \leqslant k \leqslant 12$, on a :

$$P_{2k+1} = \sum_{i=k+1}^{2k+1} \binom{2k+1}{i} p^i (1-p)^{2k+1-i}.$$

3 Démontrer que, pour tout entier k vérifiant $0 \leqslant k \leqslant 11$, on a :

$$P_{2k+3} - P_{2k+1} = \binom{2k+1}{k+1} p^{k+1} (1-p)^{k+1} (2p-1).$$

On pourra utiliser librement la formule de Pascal pour $0 < m < n$:

$$\binom{n}{m} = \binom{n-1}{m-1} + \binom{n-1}{m}.$$

4 Déterminer, selon la valeur de p, quelle est la meilleure stratégie pour Franck.

Problème III Dans l'espace tout entier

On rappelle qu'un nombre rationnel est un nombre qui peut s'écrire sous la forme $\frac{a}{b}$, où a et b sont des entiers, avec $b \neq 0$. En particulier, la somme, la différence, le produit et le quotient de deux nombres rationnels est un nombre rationnel.

L'espace usuel $\mathscr{E}$ est rapporté à un repère orthonormé $\left(O ; \vec{i}, \vec{j}, \vec{k}\right)$. Un point $M(x ; y ; z)$ de $\mathscr{E}$ est dit entier lorsque ses trois coordonnées, x, y et z sont des entiers.

De même, un point $M(x ; y)$ du plan $\mathscr{P}$ rapporté au repère $\left(O ; \vec{i}, \vec{j}\right)$ sera dit entier lorsque ses deux coordonnées x et y sont des entiers.

Dans tout le problème, les triangles seront supposés non aplatis.

Partie A Quelques résultats préliminaires

1 Soit ABC un triangle du plan $\mathscr{P}$ rapporté au repère $\left(O ; \vec{i}, \vec{j}\right)$, et H le pied de sa hauteur issue de A (c'est-à-dire H est le point d'intersection entre la droite (BC) avec la perpendiculaire passant par A).

a. Prouver que :

$$\overrightarrow{AH} = \overrightarrow{AB} + \frac{\overrightarrow{BA} \cdot \overrightarrow{BC}}{BC^2} \times \overrightarrow{BC}.$$

b. En déduire que si A, B et C sont des points entiers du plan $\mathscr{P}$, alors les coordonnées de H sont des nombres rationnels.

c. Si ABC est un triangle de l'espace $\mathscr{E}$, les résultats établis aux questions **a.** et **b.** ci-dessus sont-ils encore valables ?

2 Existe-t-il un triangle équilatéral dont les sommets sont trois points entiers du plan P rapporté au repère $\left(O ; \vec{i}, \vec{j}\right)$?

3 Soit n un entier naturel. Prouver que si $\sqrt{n}$ est un nombre rationnel, alors il existe un entier m tel que $n = m^2$.

4 **a.** Prouver que si x est un entier, alors il existe un entier t tel que x^2 soit égale à $8t$ ou à $8t + 1$ ou à $8t + 4$.

b. Prouver que si a, b, c et d sont des entiers tels que $7a^2 = b^2 + c^2 + d^2$, alors $a = b = c = d = 0$.

Partie B Étude des triangles de l'espace $\mathscr{E}$ à sommet entiers

On rappelle que si θ est la mesure en radian d'un angle non droit d'un triangle (non aplati), on a :

$$\tan(\theta) = \frac{\sin(\theta)}{\cos(\theta)}.$$

Un entier $k \geqslant 1$ est dit **sans facteur carré**, si $k = 1$ ou s'il peut se décomposer en un produit de nombres premiers deux à deux distincts.

1 Donner un triangle équilatéral dont les sommets sont trois points entiers de l'espace $\mathscr{E}$.

2 Soit T un triangle dont les trois sommets sont des points entiers de l'espace $\mathscr{E}$.

a. Prouver que, pour tout angle θ non droit de T, le nombre $\tan^2(\theta)$ est rationnel.

b. Prouver qu'il existe un unique entier $k \geqslant 1$, sans facteur carré, tel que pour tout angle θ non droit de T, le nombre $\tan(\theta)$ puisse s'écrire sous la forme $r\sqrt{k}$, où r est un nombre rationnel non nul.

c. En utilisant la question de la **partie A**, prouver qu'il existe des entiers a_1, a_2, a_3, u_1, u_2 et u_3 non tous nuls vérifiant le système :

$$E(3, k)\begin{cases} k\left(a_1^2 + a_2^2 + a_3^2\right) = u_1^2 + u_2^2 + u_3^2 \\ a_1u_1 + a_2u_2 + a_3u_3 = 0 \end{cases}$$

*(Remarque : L'entier k est celui trouvé à la question **2.b.**)*

3 Soit k un entier strictement positif et sans facteur carré. On suppose qu'il existe des entiers a_1, a_2, a_3, u_1, u_2 et u_3 non tous nuls vérifiant le système $E(3, k)$.

Soit T un triangle de l'espace $\mathscr{E}$. On suppose que, pour tout angle θ non droit de T, le nombre $\tan(\theta)$ peut s'écrire sous la forme $r\sqrt{k}$, où r est un nombre rationnel non nul.
Montrer qu'il existe un triangle dont les trois sommets sont entiers et ayant les mêmes angles que T.

4 **a.** Soit T un triangle isocèle de l'espace $\mathscr{E}$ dont les côtés sont de longueurs 3, 3 et 2.
Existe-t-il un triangle de l'espace $\mathscr{E}$ dont les trois sommets sont entiers et ayant les mêmes angles que T ?
b. Soit T un triangle isocèle de l'espace $\mathscr{E}$ dont les côtés sont de longueurs 2, 2 et 3.
Existe-t-il un triangle de l'espace $\mathscr{E}$ dont les trois sommets sont entiers et ayant les mêmes angles que T ?
Remarque : On pourra librement utiliser l'identité suivante, valable pour tous réels a, b, c, d, e et f :

$$\left(a^2+b^2+c^2\right)\left(d^2+e^2+f^2\right)-(ad+be+cf)^2 = (ae-bd)^2+(af-cd)^2+(bf-ce)^2.$$

Sujet 13 Concours Geipi-Polytech, mai 2017

1 h 30

CONCOURS Geipi Polytech

L'usage de la calculatrice est autorisé.

Vous ne devez traiter que trois exercices sur les quatre proposés. Si vous traitez les quatre exercices, seules sont retenues les trois meilleures notes.

Exercice 1

Le plan $\mathcal{P}$ est rapporté à un repère orthonormé $\left(\mathrm{O}; \vec{i}, \vec{j}\right)$.

Partie A

On considère la fonction f définie pour tout réel $x \geqslant 0$, par :

$$f(x) = \ln(x+1) - \frac{x}{x+1}.$$

On note $\mathcal{C}_f$ la courbe représentative de f dans le plan $\mathcal{P}$.

1 Déterminer $\lim\limits_{x \to +\infty} f(x)$. Justifier la réponse.

2 f' désigne la dérivée de f.

Pour tout $x \geqslant 0$, $f'(x)$ s'écrit sous la forme :

$$f'(x) = \frac{h(x)}{(x+1)^2}.$$

Déterminer l'expression de $h(x)$. Détailler le calcul.

3 Dresser le tableau des variations de f.

4 Soient B, C et D les points de $\mathcal{C}_f$ d'abscisses respectives 0 ; 5 et 10.

On note y_B, y_C et y_D leurs ordonnées.

Donner la valeur de y_B et une valeur décimale approchée à 10^{-1} près de y_C et y_D.

Partie B

On considère la fonction g définie pour tout réel $x > 0$, par :

$$g(x) = -1 + \ln x.$$

On note $\mathcal{C}_g$ la courbe représentative de g dans le plan $\mathcal{P}$.

1 Montrer que, pour tout réel $x > 0$:

$$f(x)-g(x)=\ln\left(1+\frac{a}{x}\right)+\frac{b}{x+1}$$

où a et b sont des réels à déterminer.

2 **a.** Pour $x > 0$, quel est le signe de $f(x)-g(x)$? Justifier la réponse.
b. En déduire la position relative des courbes $\mathcal{C}_f$ et $\mathcal{C}_g$.

3 Soit $x > 0$. On considère les points $\mathrm{M}(x\,;f(x))$ et $\mathrm{N}(x\,;g(x))$.
a. Exprimer la longueur MN en fonction de x.
b. Donner la limite de MN lorsque x tend vers $+\infty$.

4 Sur la figure est tracée la courbe $\mathcal{C}_g$. Placer les points B, C et D. Tracer la tangente à la courbe $\mathcal{C}_f$ au point B.
Puis tracer la courbe $\mathcal{C}_f$ en utilisant les résultats des questions **2 b.** et **3 b.**

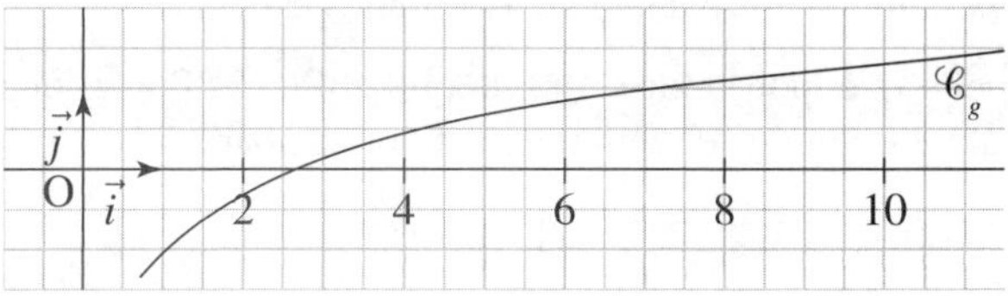

Partie C

On considère la fonction H définie pour tout réel $x > 0$, par :

$$\mathrm{H}(x)=(x+2)\ln(x+1)-x\ln x.$$

1 Montrer que H est une primitive de $f - g$ sur $]0\,;+\infty[$.
2 Soit $\mathcal{D}$ le domaine du plan situé entre les courbes $\mathcal{C}_f$ et $\mathcal{C}_g$ et les droites d'équation $x = 1$ et $x = 3$. On note $\mathcal{A}$ son aire, exprimée en unités d'aires.
a. Hachurer $\mathcal{D}$ sur la figure ci-dessus.
b. Calculer $\mathcal{A}$. Le résultat sera écrit sous la forme $\mathcal{A}=\alpha\ln 2+\beta\ln 3$, où α et β sont des entiers relatifs à déterminer.

Exercice 2

Dans cet exercice, pour chaque probabilité demandée, on donnera sa valeur exacte sous la forme d'une fraction irréductible.

Partie A

1 Donner l'ensemble F_1 des solutions de l'équation (E_1) d'inconnue réelle x :

$$(E_1) \quad 4x^2 - 4x + 1 = 0.$$

2 En déduire l'ensemble F_2 des solutions de l'équation (E_2) d'inconnue réelle λ :

$$(E_2) \quad 4e^{-2\lambda} - 4e^{-\lambda} + 1 = 0.$$

Justifier la réponse

Partie B

À une sortie d'autoroute, il y a une seule barrière de péage et une étude a montré que le temps d'attente d'un véhicule arrivant à la barrière avant le franchissement du péage, exprimé en minutes, peut être représenté par une variable aléatoire T suivant une loi exponentielle de paramètre λ, avec $\lambda \in \mathbb{R}$.

L'étude a montré par ailleurs que la probabilité que le temps d'attente d'un véhicule soit compris entre une et deux minutes est égale à $\frac{1}{4}$.

1 On rappelle que, pour tout $t \geqslant 0$, la probabilité $P(T \leqslant t)$ que l'attente d'un véhicule dure moins de t minutes est donnée par :

$$P(T \leqslant t) = 1 - e^{-\lambda t}.$$

a. Écrire $P(1 \leqslant T \leqslant 2)$ en fonction de λ.

b. En utilisant la question de la **partie A 2**, montrer que $\lambda = \ln 2$.

On a donc, pour tout $t \geqslant 0$, $P(T \leqslant t) = 1 - e^{-(\ln 2)t}$.

2 Un véhicule arrive au péage.

a. Déterminer la probabilité P_1 qu'il attende au plus une minute. Détailler le calcul.

b. Déterminer la probabilité P_2 qu'il attende au moins deux minutes. Détailler le calcul.

c. Déterminer la probabilité P_3 qu'il attende au moins trois minutes, sachant qu'il a attendu au moins deux minutes. Justifier soigneusement la réponse.

Partie C

Le trafic augmentant, la société d'autoroute a installé une deuxième barrière de péage.

Le passage d'un véhicule au péage sera dit « rapide » lorsque son temps d'attente est inférieur ou égal à une minute et « lent » dans le cas contraire.

La probabilité que le véhicule choisisse la première barrière est égale à $\frac{2}{3}$ et, dans ce cas, la probabilité que son passage soit rapide est égale à $\frac{1}{2}$.

Lorsque le véhicule choisit la deuxième barrière, plus moderne, la probabilité que son passage soit rapide est égale à $\frac{3}{5}$.

Un véhicule arrive au péage. On considère les événements :

B_1 « le véhicule choisit la première barrière »

B_2 « le véhicule choisit la deuxième barrière »

R « le passage au péage est rapide »

L « le passage au péage est lent »

1 Compléter l'arbre ci-dessous avec les probabilités correspondantes.

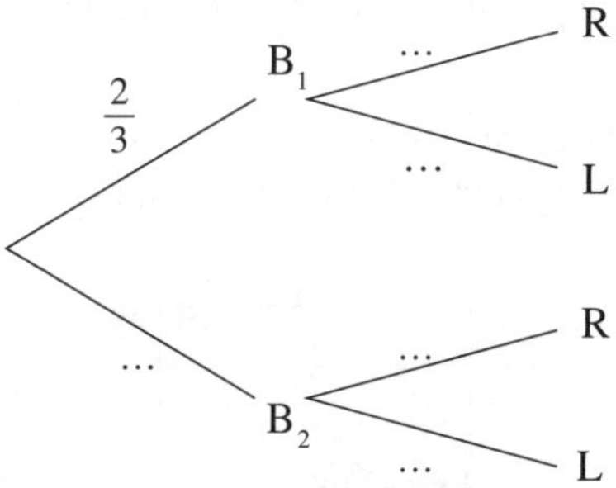

2 Déterminer la probabilité P_4 que le passage du véhicule au péage soit rapide. Détailler le calcul.

3 Déterminer la probabilité P_5 que le véhicule ait choisi la deuxième barrière, sachant que son passage a été lent. Justifier soigneusement le résultat.

Exercice 3

Dans cet exercice, n désigne un entier naturel non nul.

Partie A

1 On considère la suite géométrique $(v_n)_{n \geqslant 1}$ de raison $q = \frac{3}{4}$ et de premier terme $v_1 = 1$.

a. Donner les valeurs exactes de v_2 et v_3.

b. Donner, pour tout $n \geqslant 1$, l'expression de v_n en fonction de n.

2 On pose, pour tout $n \geqslant 1$, $A_n = \sum_{k=1}^{n} v_k = v_1 + \ldots + v_n$.

a. Donner les valeurs exactes de A_1, A_2 et A_3.

b. Montrer que, pour tout $n \geqslant 1$, $A_n = 4\left(1-\left(\dfrac{3}{4}\right)^n\right)$.

c. La suite $(A_n)_{n\geqslant 1}$ est convergente. Déterminer $\lim\limits_{n\to+\infty} A_n$. Justifier la réponse.

d. Déterminer le plus petit entier n tel que $A_n \geqslant 3$. on le notera n_0. Justifier soigneusement la réponse.

Partie B

On effectue le coloriage d'un carré de côté 2 unités de longueur avec les consignes suivantes :

Étape 1 : partager le carré initial en quatre carrés identiques de côté de longueur c_1 et colorier le carré situé en bas à gauche comme indiqué sur la figure ci-dessous.

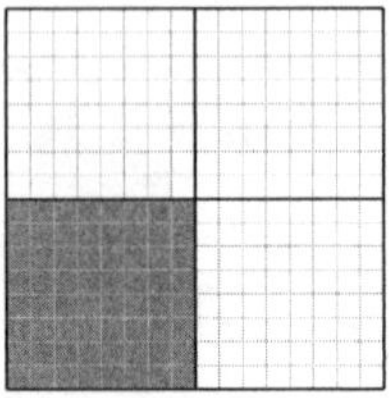

Étape 1

Étape 2 : pour chacun des carrés non encore coloriés, faire un partage en quatre carrés identiques de côté de longueur c_2 et colorier le carré situé en bas à gauche comme indiqué sur la figure ci-dessous.

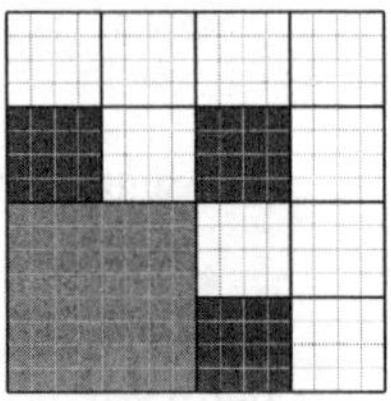

Étape 2

On poursuit le coloriage du carré selon le même procédé à chaque étape. Autrement dit, pour tout $n \geqslant 1$:

Étape *n* : pour chacun des k_n carrés non encore coloriés, faire un partage en quatre carrés identiques de côté de longueur c_n et colorier le carré situé en bas à gauche. On colorie k_n carrés à l'étape n.
On remarque que $k_1 = 1$, $k_2 = 3$.

1 Faire le coloriage de l'étape 3.

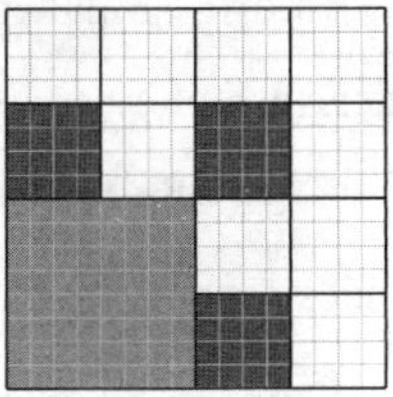

Étape 3

2 **a.** Donner la valeur de k_3.
b. Donner, pour tout $n \geqslant 1$, l'expression de $k_n + 1$ en fonction de k_n.
c. En déduire, pour tout $n \geqslant 1$, l'expression de k_n en fonction de n.

3 **a.** Donner les valeurs de c_1, c_2 et c_3.
b. Justifier que, pour tout $n \geqslant 1$, $c_n = \dfrac{1}{2^{n-1}}$.

4 Justifier que l'aire, en unités d'aire (u.a.), de la surface qui est coloriée lors de l'étape n est égale au terme v_n de la suite définie dans la question **1** de la **partie A**.
5 **a.** Que vaut l'aire, en u.a. de la surface totale coloriés à l'issue de l'étape n ?
b. Déterminer le nombre d'étapes minimal nécessaire pour colorier au moins les trois quarts du carré initial. Justifier la réponse.

Exercice 4

Dans l'espace muni d'un repère orthonormé $\left(O ; \vec{i}, \vec{j}, \vec{k}\right)$, on considère :

- les points A, B, C, D et E de coordonnées respectives :

$$A(0;4;1);\ B(-2;4;-5);\ C(1;1;-5);\ D(1;0;-4);\ E(-1;2;-3);$$

- la droite $\mathscr{D}$ définie par le système d'équation paramétriques :

$$\begin{cases} x = -3 + k \\ y = k \\ z = -5 + k \end{cases}, \text{ avec } k \in \mathbb{R}\,;$$

- le plan $\mathscr{P}_1$ d'équation cartésienne $x + 2z + 7 = 0$.

1 **a.** Donner les coordonnées d'un vecteur normal $\overrightarrow{n_1}$ au plan $\mathscr{P}_1$.

b. Soit I le milieu du segment [AB]. Montrer que I appartient au plan $\mathcal{P}_1$.
c. Montrer que la droite (AB) est orthogonale au plan $\mathcal{P}_1$.

2 Soit $\mathcal{P}_2$ le plan d'équation cartésienne $x - y + d = 0$, où d désigne un réel.
a. Donner les coordonnées d'un vecteur normal $\overrightarrow{n_2}$ au plan $\mathcal{P}_2$.
b. Soit J le point de coordonnées $\left(-\frac{1}{2}\,;\frac{5}{2}\,;-5\right)$.

Déterminer d pour que J appartienne au plan $\mathcal{P}_2$. Justifier la réponse.

3 **a.** Donner les coordonnées du vecteur $\overrightarrow{CD}$.
b. Calculer les coordonnées du milieu K du segment [CD].
c. Soit $\mathcal{P}_3$ le plan passant par K et orthogonal à la droite (CD). Déterminer une équation cartésienne du plan $\mathcal{P}_3$. Justifier la réponse.

4 Le but de cette question est de prouver que les plans $\mathcal{P}_1$, $\mathcal{P}_2$ et $\mathcal{P}_3$ ont comme seul point commun, le point E.
a. Justifier que les plans $\mathcal{P}_2$ et $\mathcal{P}_3$ sont sécants et que leur droite d'intersection est la droite $\mathcal{D}$.
b. Montrer que la droite $\mathcal{D}$ coupe le plan $\mathcal{P}_1$ au point E.

5 **a.** Donner les coordonnées des vecteurs $\overrightarrow{EA}$, $\overrightarrow{EB}$, $\overrightarrow{EC}$ et $\overrightarrow{ED}$.
b. Donner les distances EA, EB, EC et ED. Détailler le calcul pour ED.
c. On en déduit que A, B, C et D appartiennent à une sphère S dont on précisera le centre et le rayon R. Justifier la réponse.
d. Donner une équation cartésienne de la sphère S.

Sujet 14 Concours Alpha, mai 2017

2 heures

CONCOURS ALPHA

Le QCM comporte 60 questions. Le candidat devra répondre à 50 questions pour obtenir la note maximale, les 10 questions de la partie 1, 20 questions sur 30 de la partie 2 et les 20 dernières questions après avoir effectué la lecture du mini cours. Chaque question ne comporte qu'une seule réponse juste. Toute bonne réponse vaut 2 points, toute réponse inexacte vaut – 1 point, toute non réponse vaut 0 point.
On ne trouvera ci-après que les QCM de logique et de mathématiques (soit les 40 questions des parties 1 et 2).
Calculatrice non autorisée.

CONCOURS

Questions du programme de Terminale et questions de logique

40 questions numérotées de 1 à 40 :

- soit relatives au programme de Terminale (30 questions),
- soit faisant appel à un raisonnement logique (10 questions repérées par l'indication « logique » figurant sous le numéro de la question).

Dérivation

1 La dérivée de la fonction *f*, telle que $f(x)=\dfrac{1}{\sqrt{1-x^2}}$ est, pour tout $x \in]-1\,;1[$:

a. $f'(x)=\dfrac{-2x}{(1-x^2)\sqrt{1-x^2}}$;

b. $f'(x)=\dfrac{2x}{(1-x^2)\sqrt{1-x^2}}$;

c. $f'(x)=\dfrac{x}{(1-x^2)\sqrt{1-x^2}}$;

d. $f'(x)=\dfrac{-x}{(1-x^2)\sqrt{1-x^2}}$.

2 La fonction racine carrée n'est pas dérivable en 0 parce que :

a. Si $x>0$, $\left(\sqrt{x}\right)'=\dfrac{1}{2\sqrt{x}}$ et $\lim\limits_{x\to 0^+}\dfrac{1}{2\sqrt{x}}=+\infty$.

b. Si $x<0$, $\sqrt{x}$ n'existe pas et $\lim\limits_{x\to 0^-} \frac{\sqrt{x}}{x}$ n'existe pas.

c. Si $x>0$, $\lim\limits_{x\to 0^+} \frac{\sqrt{x}}{x}$ n'est pas finie.

d. Si $x>0$, $\lim\limits_{x\to 0^+} \frac{\sqrt{x}}{x}$ n'existe pas.

3 Soit f une fonction dérivable sur]0, 1[.
Il existe $a \in]0, 1[$ tel que $f'(a)=0$.
On suppose que pour tout $x \in]0, a[$, $f'(x)<0$.
$\mathscr{C}_f$ est la courbe représentative de f dans un repère. Alors :
a. La fonction f admet en a un extremum.
b. La fonction f change de signe en a.
c. La fonction f est décroissante strictement sur]0, a[, puis croissante strictement sur]a, 1[.
d. La tangente en le point d'abscisse a à $\mathscr{C}_f$ a pour équation $y = m$, où $m \in \mathbb{R}$.

4 L'expression de la dérivée n-ième de la fonction cosinus, pour n entier naturel, est :

a. $\cos\left(x-n\frac{\pi}{2}\right)$; **b.** $\sin\left(x+(n+1)\frac{\pi}{2}\right)$;

c. $(-1)^n \cos\left(x+n\frac{\pi}{2}\right)$; **d.** $(-1)^{n+1} \cos\left(x+n\frac{\pi}{2}\right)$.

5 (Logique) La croissance d'un pin est régulière, de 40 cm par an. On suppose qu'un pin d'âge 28 ans a une hauteur de 25 m. Sa hauteur lorsqu'il avait 18 ans était :
a. 24 m ; **b.** 21 m ; **c.** 18 m ; **d.** 15 m.

6 (Logique) Une quantité évolue successivement de + 10 %, puis double, puis évolue de – 20 %. Alors cette quantité a évolué globalement de :
a. 0 % ; **b.** + 76 % ; **c.** + 24 % ; **d.** – 24 %.

Intégration

7 Soit, pour tout réel x, $\mathrm{F}(x)=\int_0^x t\mathrm{e}^{-t}\mathrm{d}t$. Alors :
a. $\mathrm{F}(1)>1$; **b.** $\mathrm{F}'(x)=\mathrm{e}^{-x}(1-x)$, pour tout réel x ;
c. $\mathrm{F}(x)\geqslant 0$, pour tout réel x ; **d.** $\mathrm{F}(x)=\mathrm{e}^{-x}(1+x)$, pour tout réel x.

8 Une portion du graphe d'une fonction f définie sur $\mathbb{R}$ est représentée ci-dessous.

On pose $F(x)=\int_0^x f(t)\,dt$, pour tout x dans $\mathbb{R}$.

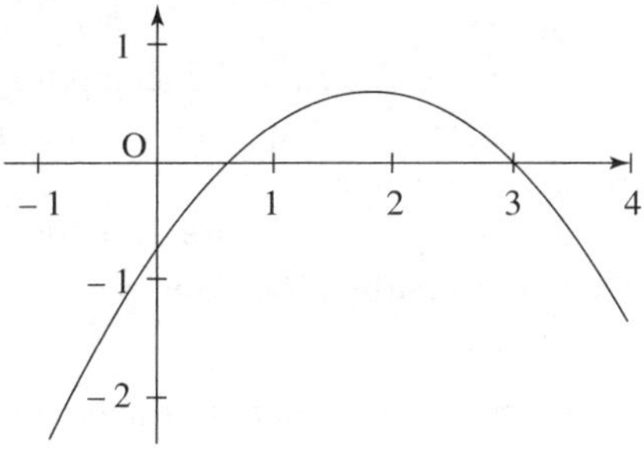

a. $F(3)<0$.
b. F est croissante sur [– 1 ; 3].
c. F admet un minimum approximativement en 0,58 sur [– 1 ; 3].
d. La valeur moyenne de f sur [– 1 ; 3] est positive.

9 Pour tout réel x, on pose $I(x)=\int_0^x \cos^2 t\,dt$ et $J(x)=\int_0^x \sin^2 t\,dt$. Alors :

a. $I(x)-J(x)=\frac{1}{2}\sin(2x)$;

b. $I(x)=x$;

c. $I(x)+J(x)=\frac{1}{2}\cos(2x)$;

d. $I(x)=\sin^3 x$.

10

Variables : I, N entiers ; A, B, P réels ; f fonction
Entrées et initialisation
Lire A, B, N

$$\frac{B-A}{N}\rightarrow P$$

$$0\rightarrow S$$

Traitement
Pour I de 1 à N faire

$$S+\frac{\left[f(A)+f(A+P)\right]\times P}{2}\rightarrow S$$

$$A+P\rightarrow A$$

Fin
Sortie : afficher S

Cet algorithme a pour fonction de :

a. Calculer la valeur exacte de l'intégrale d'une fonction *f*, entre A et B.

b. Calculer une valeur approchée de l'aire comprise entre les droites d'équation x = A, x = B, la courbe d'équation $y = f(x)$ et l'axe des abscisses, à l'aide de rectangles.

c. Calculer une valeur approchée de l'aire comprise entre les droites d'équation x = A, x = B, la courbe d'équation $y = f(x)$ et l'axe des abscisses, à l'aide de triangles rectangles.

d. Calculer une valeur approchée de l'aire comprise entre les droites d'équation x = A et x = B, la courbe d'équation $y = f(x)$ et l'axe des abscisses, à l'aide de trapèzes.

11 Soit *f* une fonction définie et continue sur l'intervalle [– 1, 1], telle que $\int_{-1}^{1} f(t)\mathrm{d}t = 0.$ Alors :

a. *f* n'est pas nécessairement nulle sur [– 1, 1].

b. *f* est nécessairement nulle sur [– 1, 1].

c. La valeur moyenne de *f* sur [– 1, 1] n'est pas nécessairement nulle.

d. *f* a une courbe symétrique par rapport à l'origine du repère orthonormé dans lequel on la représente.

12 **(Logique)** Un verre à pied en forme de cône représenté ci-contre est rempli à ras bord. On boit son contenant jusqu'à la moitié de la hauteur de la partie conique. Le volume restant représente :

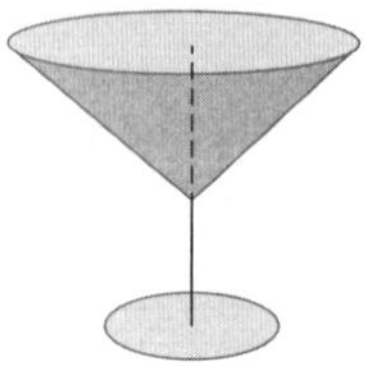

a. La moitié du volume.

b. Le quart du volume.

c. Le huitième du volume.

d. Sans donnée numérique, impossible de conclure.

13 **(Logique)** Pendant la période estivale, un particulier dépose les déchets de la tonte de son terrain dans un bac à compost (initialement vide) : chaque début de semaine, il y déverse 120 litres d'herbe. Au bout de chaque semaine écoulée, le total du volume de l'herbe déposée et de celui de l'herbe présente la semaine d'avant diminue de moitié. Quel volume minimal doit contenir le bac pour qu'à la fin de la 4e semaine de tonte, il reste au moins 75 litres disponibles dans le bac ?

a. 180 ; **b.** 210 ; **c.** 225 ; **d.** 300.

Nombres complexes

Dans les questions suivantes concernant les nombres complexes, on travaille dans le plan complexe, muni d'un repère orthonormé $\left(O, \vec{u}, \vec{v}\right)$.

14 L'ensemble E des points M d'affixe z, tels que :

$$|2z-3| = |-2+6i+2z|$$

est :

a. La médiatrice du segment [AB], où A(3/2) et B(1 – 3i).
b. La médiatrice du segment [AB], où A(– 3) et B(– 2 + 6i).
c. La médiatrice du segment [AB], où A(3) et B(2 – 6i).
d. La médiatrice du segment [AB], où A(– 3/2) et B(– 1 + 3i).

15 Dans ℂ, l'équation $z^2 + z + 1 = 0$ admet deux solutions :

a. $\dfrac{1+i\sqrt{3}}{2}$ et $e^{i\frac{2\pi}{3}}$;

b. $\dfrac{-1-i\sqrt{3}}{2}$ et $e^{i\frac{2\pi}{3}}$;

c. $\dfrac{1-i\sqrt{3}}{2}$ et $e^{i\frac{2\pi}{3}}$;

d. $\dfrac{1+i\sqrt{3}}{2}$ et $e^{-i\frac{2\pi}{3}}$.

16 Pour θ nombre réel, on considère $z = 1 - e^{-i\theta}$. Alors :

a. Le conjugué de z est $1 + e^{-i\theta}$.
b. Le module de z est $\sqrt{2}\sqrt{1-\cos(\theta)}$.
c. Un argument de z est θ.
d. Un argument de z est – θ.

17 Soit $z \in \mathbb{C}$ tel que $|z| = 1$. Alors, nécessairement :

a. $z = 1$ ou $z = -1$ ou $z = i$ ou $z = -i$.
b. Si M est le point d'affixe z, alors M est sur le carré dont les sommets sont A(1 + i), B(– 1 + i), C(– 1 – i) et D(1 – i).
c. Si M est le point d'affixe z, alors M est sur le losange de sommets A(1), B(i), C(– 1) et D(– i).
d. z est une exponentielle complexe.

18 Si z et z' sont deux nombres complexes non nuls, alors :

a. $(z+z')\left(\overline{z+z'}\right) = |z|^2 + |z'|^2$;

b. $|z+z'| = |z| + |z'|$;

c. $|z-z'| = |z| + |z'|$;

d. $\big||z|-|z'|\big| \leqslant |z-z'| \leqslant |z|+|z'|$.

CONCOURS

19 On considère les nombres complexes :

$$z = 1 - i\sqrt{3} \text{ et } z' = z - 2.$$

a. Un argument de z' est $5\pi/3$.

b. $|z'| = |z| + 2$.

c. Un argument de z/z' est $\pi/6$.

d. $(z')^{12}$ est un réel positif.

20 **(Logique)** Une souris est à 20 pas de son trou. Un chat est à 5 bonds de la souris. Pendant que le chat fait un bond, la souris fait trois pas et un bon de chat a la même longueur que dix pas de souris. Sachant que le chat, la souris et son trou sont alignés dans cet ordre et que la souris démarre en premier :

a. Le chat rattrape la souris, à 8 pas de son trou.

b. Le chat rattrape la souris à 1 pas de son trou.

c. Le chat ne rattrape pas la souris : elle a franchi son trou avec 1 pas d'avance.

d. Le chat ne rattrape pas la souris, il est à 11 pas du trou de la souris.

21 **(Logique)** Que vaut la proportion de l'aire du domaine en gris ?

a. 7/8 ; **b.** 7/16 ; **c.** 11/16 ; **d.** 21/32.

Limites, exponentielles, logarithmes, suites

22 Pour tout réel, on a :

a. $\ln e^x = x$;

b. $e^{\ln x} = x$;

c. $\ln(x^2) = 2\ln x$;

d. $\ln\sqrt{x} = \frac{1}{2}\ln x$.

23 Pour tout réel, on a :

a. $e^{\ln x} = x$; **b.** $e^{x} = \left(e^{\frac{x}{2}}\right)^2$;

c. $(\ln x)^2 = 2\ln x$; **d.** $\ln\left[\frac{1}{\sqrt{x}}\right] = \frac{1}{2}\ln x$.

24 Pour tous x, y réels, on a :

a. $e^{(x^2)} = (e^{x})^2$; **b.** $e^{xy} = e^{x}e^{y}$;

c. $e^{x+y} = e^{x} + e^{y}$; **d.** $e^{2x} = (e^{x})^2$.

25 Soit (u_n) la suite numérique telle que $u_n = \ln\left(1 - \frac{1}{n}\right)$ pour $n \geqslant 2$. Alors :

a. $u_2 + u_3 + \ldots + u_n = \ln n$;
b. $u_2 + u_3 + \ldots + u_n = \ln(n^{n-1})$;
c. $u_2 + u_3 + \ldots + u_n = -\ln n$;
d. $u_2 + u_3 + \ldots + u_n = \ln(u_2 + u_3 + \ldots + u_n - (n-1)/n)$.

26 Soit (v_n) une suite géométrique de premier terme $v_0 = 1{,}2$, de raison 0,5.

On pose $w_n = \ln v_n$ pour $n \in \mathbb{N}$. On pose $S_n = \sum_{k=0}^{n} w_k$. Alors :

a. $S_n = 2{,}4 \times \left(1 - 0{,}5^{n+1}\right)$;

b. $S_n = \ln\left(1{,}2^{n+1} \times 0{,}5^{1+2+\ldots+n}\right)$;

c. $S_n = \ln\left(1{,}2^{n} \times 0{,}5^{n}\right)$;

d. $S_n = \ln\left(1{,}2^{n-1} \times 0{,}5^{2n}\right)$.

27 Parmi les quatre égalités proposées, laquelle est fausse :

a. $1 + x + x^2 = \frac{1 - x^3}{1 - x}$ pour $x \neq 1$.

b. $a^3 - b^3 = (a - b)(a^2 - ab + b^2)$ pour a, b réels.

c. $\sqrt{x+1} + \sqrt{x} = -\frac{1}{\sqrt{x} - \sqrt{x+1}}$ pour $x \geqslant 0$.

d. $\frac{\sqrt{5} - 1}{2} = \frac{2}{1 + \sqrt{5}}$.

28 **(Logique)** De combien de façons différentes peut-on inscrire un triangle d'aire maximale dans un rectangle de côtés 1 et 0,5 ?

a. 2 ; **b.** 4 ; **c.** 6 ; **d.** une infinité.

29 **(Logique)** Les concombres sont composés de 99 % d'eau. On laisse reposer 500 kg de concombres pendant une nuit. Le lendemain, les concombres ne contiennent plus que 98 % d'eau. Quelle est la masse de concombres restante ?
a. 250 kg ; **b.** 350 kg ; **c.** 450 kg ; **d.** 490 kg.

Géométrie dans le plan et l'espace

30 Le triangle ABC est isocèle de sommet principal A et on donne :

$$AB = 3 \;;\quad BC = 5.$$

Le produit scalaire $\overrightarrow{AB} \cdot \overrightarrow{BC}$ est égal à :
a. – 12,5 ; **b.** 12,5 ; **c.** – 15 ; **d.** 15.

31 ABCD est un losange de centre I et tel que $\widehat{ABC} = 120°$; $\widehat{BCD} = 60°$.
Alors le produit scalaire $\overrightarrow{IA} \cdot \overrightarrow{DC}$ est égal à :

a. $-\dfrac{AC^2}{2}$; **b.** $\dfrac{AC^2}{2}$; **c.** $-\dfrac{AC^2}{4}$; **d.** $-\dfrac{3}{4}BC^2$.

32 ABC est un triangle tel que AB = 4, BC = 7, AC = 5.
Alors le produit scalaire $\overrightarrow{AB} \cdot \overrightarrow{AC}$ est égal à :
a. 8 ; **b.** 20 ; **c.** – 4 ; **d.** 4.

33 Dans l'espace muni d'un repère orthonormé, on considère P un plan de représentation paramétrique $\begin{cases} x = 2 + t + 4t' \\ y = 1 + 2t \\ z = 3t + 4t' \end{cases}$, où t et t' réels ; ainsi qu'une droite d, de représentation paramétrique $\begin{cases} x = 5 + k \\ y = k \\ z = 1 - k \end{cases}$, où k est réel. Alors :

a. d est strictement parallèle à P.
b. d est incluse dans P.
c. d est sécante à P.
d. d est perpendiculaire à P.

34 **(Logique)** On considère trois carrés de même côté disposés comme sur la figure.

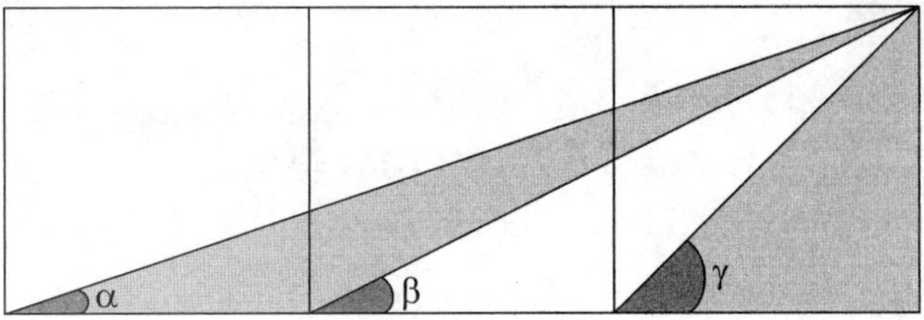

La somme des mesures des angles α, β et γ, en radians, vaut :

a. π ; **b.** $\pi/2$; **c.** $\pi/3$; **d.** $\pi/4$.

35 **(Logique)** Pour la suite de nombre 21, 1211, 111221, 312211… quel est le terme suivant :

a. 31112212 ; **b.** 13112221 ; **c.** 3121221 ; **d.** 13111221.

Probabilités

36 On suppose que le temps d'attente T à un arrêt de bus, exprimé en minutes, suit la loi uniforme sur l'intervalle [0 ; 30]. Alors, la probabilité que la durée d'attente d'une personne prise au hasard soit comprise entre 15 et 25 minutes est :

a. 1/6 ; **b.** 1/4 ; **c.** 1/3 ; **d.** 1/2.

37 On choisit un réel au hasard dans l'intervalle [– 3 ; 2]. La probabilité qu'il appartienne à l'intervalle [– 1 ; 2] est :

a. 3/7 ; **b.** 3/5 ; **c.** 2/3 . **d.** 2/5.

38 Soit X une variable aléatoire qui suit la loi normale de moyenne 2 et d'écart-type σ. On suppose $P(-2 \leqslant X \leqslant 6) \approx 0{,}95$. Alors :

a. $\sigma = 1$; **b.** $\sigma = 2$; **c.** $\sigma = 3$; **d.** $\sigma = 4$.

39 X est une variable aléatoire qui suit une loi binomiale de paramètres $n = 10$ et $p = 0{,}25$. Alors :

a. $P(X \leqslant 3) = 0{,}25 + 2 \times 0{,}25^2 + 3 \times 0{,}25^3$. **b.** $P(X = 3) = 0{,}25^3 \times 0{,}75^7$.

c. $P(X = 3) = \binom{10}{7} 0{,}25^3 \times 0{,}75^7$. **d.** $P(X = 3) = \binom{10}{3} 0{,}25^7 \times 0{,}75^3$.

40 X est une variable aléatoire qui suit une loi normale centrée réduite.

On a $P\left(X \leqslant \frac{3}{2}\right) \approx 0{,}933$, alors :

a. $P(0 \leqslant X \leqslant 3/2) \approx 0{,}866$; **b.** $P(0 \leqslant X \leqslant 3/2) \approx 0{,}067$;

c. $P(0 \leqslant X \leqslant 3/2) \approx 0{,}433$; **d.** $P(0 \leqslant X \leqslant 3/2) \approx 0{,}217$.

Sujet 15 Concours Avenir, mai 2017

1 h 30

Lire attentivement les consignes afin de vous placer dans les meilleures conditions de réussite de cette épreuve.
Cette épreuve comporte volontairement plus d'exercices que vous ne pouvez en traiter dans le temps imparti. La raison en est que votre enseignant n'a pas forcément traité l'ensemble du programme de Terminale S.
Vous devez répondre à 45 questions au choix parmi les 60 proposées pour obtenir la note maximale.
Si vous traitez plus de 45 questions, seules les 45 premières seront prises en compte.
***Barème :** Une seule réponse exacte par question. Afin d'éliminer les stratégies de réponses au hasard, chaque réponse exacte est gratifiée de 3 points, tandis que chaque réponse fausse est pénalisée par le retrait d'1 point.*

Raisonnement

Pour les questions **1** à **5**, on considère une opération notée $\oplus$ et définie pour tous réels a et b par :

$$a \oplus b = a + 2 \times a \times b + b$$

où + et × désignent respectivement l'addition et la multiplication dans $\mathbb{R}$.

1 $(-2) \oplus \left(5 \oplus \frac{1}{2}\right) =$

a. $\frac{-59}{2}$; **b.** $\frac{109}{2}$; **c.** $\frac{-67}{2}$; **d.** $\frac{101}{2}$.

2 Parmi les 4 propositions suivantes, laquelle est vraie ?

a. Si $a > -1$ alors $a \oplus a \geqslant 0$. **b.** Si $a < -1$ alors $a \oplus a \geqslant 0$.

c. Si $a < 0$ alors $a \oplus a \leqslant 0$. **d.** Si $a < 0$ alors $a \oplus a \geqslant 0$.

3 On dit que l'opération $\oplus$ admet pour élément neutre le nombre réel noté n_e si pour tout réel a, on a $a \oplus n_e = n_e \oplus a = a$. Alors :

a. $n_e = 0$; **b.** $n_e = 1$; **c.** $n_e = -1$; **d.** n_e est égal à une autre valeur que les trois proposées aux réponses précédentes.

4 On dit qu'un nombre réel a admet pour symétrique pour l'opération $\oplus$ le nombre noté ã si $a \oplus \tilde{a} = \tilde{a} \oplus a = n_e$, où n_e est le nombre défini à la question **3**. S'il existe, alors $\tilde{a} =$

a. $(-1) \times a$; **b.** $\dfrac{2a-1}{a}$; **c.** $\dfrac{-1}{a}$; **d.** $\dfrac{-a}{1+2a}$.

5 Dans $\mathbb{R}$, l'équation $a \oplus 1 = a \times a$ admet :
a. aucune solution ;
b. exactement une solution ;
c. exactement deux solutions ;
d. un nombre de solutions qui dépend de la valeur de a.

Algorithme

Pour les questions **6** à **9**, on considère l'algorithme suivant :

```
Variables
I, N, U : nombres
Traitement
Saisir un entier N
Saisir un nombre U
Affecter à I la valeur 0
Tant que I < N faire
  | Affecter à I la valeur I + 1
  | Affecter à U la valeur U + (1/2)(I × U)
Fin du Tant que
Afficher U
```

6 Si on fait fonctionner l'algorithme avec N = 3 et U = 2, on obtient comme affichage
a. 15 ; **b.** 4 ; **c.** 6 ;
d. Aucune des réponses précédentes n'est exacte.

7 Si on désire remplacer la boucle « tant que » par une boucle « répéter » on doit écrire
a. Répéter
  Affecter à I la valeur I + 1
  Affecter à U la valeur $U + \frac{1}{2}(I \times U)$
Jusqu'à I < N

b. Répéter

Affecter à I la valeur I + 1

Affecter à U la valeur $U+\frac{1}{2}(I\times U)$

Jusqu'à I = N – 1

c. Répéter

Affecter à I la valeur I + 1

Affecter à U la valeur $U+\frac{1}{2}(I\times U)$

Jusqu'à I > N

d. Aucune des réponses précédentes n'est exacte.

8 Si on désire remplacer la boucle « tant que » par une boucle « pour » on doit écrire :

a. Pour I allant de 0 à N par pas de 1

Affecter à I la valeur I + 1

Affecter à U la valeur $U+\frac{1}{2}(I\times U)$

Fin du pour

b. Pour I allant de 0 à N – 1 par pas de 1

Affecter à I la valeur I + 1

Affecter à U la valeur $U+\frac{1}{2}(I\times U)$

Fin du pour

c. Pour I allant de 1 à N par pas de 1

Affecter à I la valeur I + 1

Affecter à U la valeur $U+\frac{1}{2}(I\times U)$

Fin du pour

d. Aucune des réponses précédentes n'est exacte.

9 La variable U contient les termes successifs de la suite (u_n) définie par :

a. $\begin{cases} u_0 = 2 \\ u_{n+1} = \dfrac{n\times u_n}{2} \text{ pour tout } n\in\mathbb{N} \end{cases}$

b. $\begin{cases} u_0 = 2 \\ u_{n+1} = u_n + \dfrac{n\times u_{n-1}}{2} \text{ pour tout } n\in\mathbb{N} \end{cases}$

c. $\begin{cases} u_0 = 2 \\ u_{n+1} = u_n + \dfrac{(n-1)\times u_{n-1}}{2} \text{ pour tout } n \in \mathbb{N} \end{cases}$

d. Aucune des réponses précédentes n'est exacte.

Suites

10 On considère la suite (u_n) définie par $u_0 = 5$ et, pour tout $n \in \mathbb{N}$:

$$u_{n+1} = u_n + 4$$

alors $u_{23} =$

a. 119 ; **b.** 85 ; **c.** 97 ; **d.** 111.

11 On considère la suite (u_n) définie par $u_n = \dfrac{(-1)^n \times \mathrm{E}\left(\dfrac{n}{3}\right)}{n^2+n+1}$ pour tout $n \in \mathbb{N}$, où E(x) désigne la partie entière de x, alors

a. (u_n) n'est ni minorée, ni majorée ;
b. (u_n) est minorée mais pas majorée ;
c. (u_n) est majorée mais pas minorée ;
d. (u_n) est bornée.

12 On considère une suite (u_n) arithmétique de raison 3 et une suite (v_n) arithmétique de raison 2, alors la suite (w_n) définie par $w_n = u_n + v_n$ pour tout $n \in \mathbb{N}$ est :

a. arithmétique de raison 6 ; **b.** géométrique de raison 5 ;
c. arithmétique de raison $\dfrac{5}{2}$; **d.** arithmétique de raison 5.

13 On considère une suite (u_n) géométrique de raison 3 et une suite (v_n) géométrique de raison 2, alors la suite (w_n) définie par $w_n = u_n \times v_n$ pour tout $n \in \mathbb{N}$ est

a. géométrique de raison 6 ; **b.** géométrique de raison 5 ;
c. géométrique de raison 9 ; **d.** géométrique de raison 8.

14 On considère une suite (u_n) géométrique de raison 3 et une suite (v_n) géométrique de raison 2, alors la suite (w_n) définie par $w_n = \dfrac{u_n + v_n}{2}$ pour tout $n \in \mathbb{N}$ est :

CONCOURS

a. géométrique de raison $\frac{5}{2}$; **b.** arithmétique de raison $\frac{5}{2}$;

c. arithmétique de raison $\frac{9}{2}$; **d.** ni arithmétique, ni géométrique.

Nombres complexes

15 On considère le nombre complexe $z = 3i$, alors $z^4 =$

a. $81i$; **b.** -81 ; **c.** $-81i$; **d.** 81.

16 Les nombres réels a et b tels que pour tout $z \in \mathbb{C}$:

$$z^3 + (2-i)\,z^2 + (1-2i)z - i = (z-i)\,(z^2 + az + b)$$

sont :

a. $a = -2$ et $b = 1$; **b.** $a = -2$ et $b = -1$;
c. $a = 2$ et $b = 1$; **d.** $a = 2$ et $b = -1$.

17 $\dfrac{e^{\frac{i\pi}{2}\left(6e^{i\pi}+2\right)}}{2i} =$

a. -2 ; **b.** $2 + i$; **c.** 0 ; **d.** 2.

18 On considère le nombre complexe $z = \dfrac{2+2i}{\sqrt{3}+i}$, alors un argument, à 2π près, de z est :

a. $\dfrac{-\pi}{12}$; **b.** $\dfrac{\pi}{12}$; **c.** $\dfrac{5\pi}{12}$; **d.** $\dfrac{-5\pi}{12}$.

19 On considère le nombre complexe de $z = \sqrt{5}e^{i\frac{3\pi}{4}}$, alors un argument, à 2π près de la moyenne arithmétique de z et de son conjugué est :

a. 0 ; **b.** $\dfrac{\pi}{2}$; **c.** π ; **d.** $\dfrac{3\pi}{2}$.

20 On se place dans le plan complexe muni d'un repère orthonormé $\left(O;\vec{u},\vec{v}\right)$, l'affixe du vecteur $\vec{w} = 5\vec{u} - 5\sqrt{3}\vec{v}$ est :

a. $10e^{\frac{i\pi}{3}}$; **b.** $5e^{\frac{-i\pi}{3}}$; **c.** $\sqrt{5}e^{\frac{-i\pi}{3}}$; **d.** $10e^{\frac{-i\pi}{3}}$.

21 On se place dans le plan complexe muni d'un repère orthonormé $\left(O ; \vec{u}, \vec{v}\right)$, les images des solutions de l'équation $z^4 = 6$ sont :

a. les sommets d'un triangle équilatéral ;
b. les sommets d'un carré ;
c. les sommets d'un pentagone régulier ;
d. les sommets d'un hexagone régulier.

Probabilités conditionnelles

Pour les questions **22** à **24**, on considère l'arbre pondéré suivant :

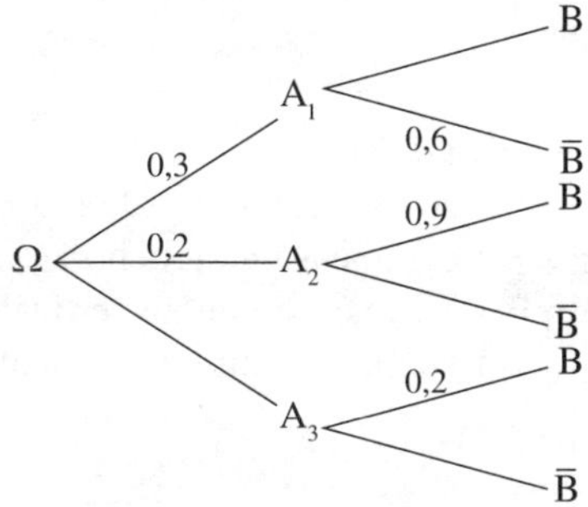

22 $P(A_3) =$

a. 0,1 ; **b.** 0,2 ; **c.** 0,5 ; **d.** 0,4.

23 $P(A_1 \cap B) =$

a. 0,1 ; **b.** 0,12 ; **c.** 0,18 ; **d.** 0,4.

24 Les événements A_1 et B sont

a. incompatibles ; **b.** certains ; **c.** dépendants ; **d.** indépendants.

Lectures graphiques

Pour les questions **25** à **28**, on se place dans le plan muni d'un repère orthonormé. On a tracé la courbe représentative d'une fonction f dérivable et strictement décroissante sur $\mathbb{R}$. Le point M est le point de la courbe d'abscisse 0. La droite (MC) avec $C\left(\frac{5}{2} ; 0\right)$ est la tangente à la courbe au point d'abscisse 0. Le point M et le point A(2 ; 1) sont situés sur le même cercle dont le centre est l'origine du repère.

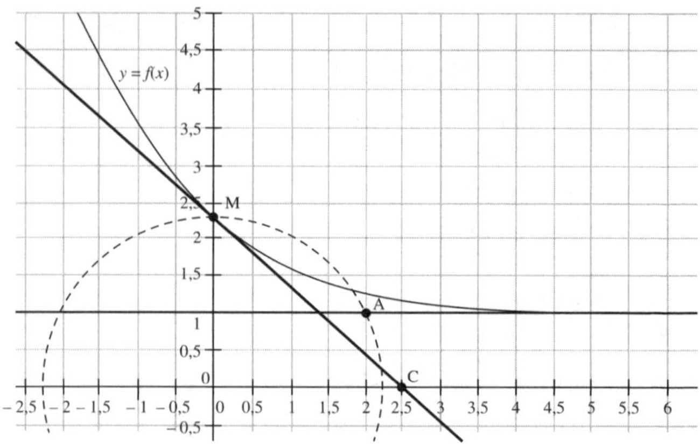

25 La courbe représentative de f admet :

a. la droite d'équation $x = 1$ comme asymptote horizontale en $+\infty$;
b. la droite d'équation $y = 1$ comme asymptote horizontale en $+\infty$;
c. la droite d'équation $x = 1$ comme asymptote verticale en $+\infty$;
d. la droite d'équation $y = 1$ comme asymptote verticale en $+\infty$.

26 La valeur exacte de $f(0)$ est :

a. $\dfrac{21}{10}$; **b.** e ; **c.** $\sqrt{5}$; **d.** $\dfrac{3\sqrt{3}}{2}$.

27 Un vecteur directeur de la droite (MC) est :

a. $\vec{u}\begin{pmatrix} -\sqrt{5} \\ 2 \end{pmatrix}$; **b.** $\vec{u}\begin{pmatrix} -\sqrt{5} \\ 2\sqrt{5} \end{pmatrix}$; **c.** $\vec{u}\begin{pmatrix} -5 \\ -2\sqrt{5} \end{pmatrix}$; **d.** $\vec{u}\begin{pmatrix} \dfrac{-5}{2\sqrt{5}} \end{pmatrix}$.

28 La fonction représentée est définie par $f(x) = \sqrt{1 + \alpha e^{-x}}$ avec $\alpha =$

a. $\sqrt{3}$; **b.** $\sqrt{5}$; **c.** 4 **d.** $\dfrac{3}{2}$.

Trigonométrie

Pour les questions **29** à **31**, on considère la fonction cotangente notée cotan(x) et définie par $\text{cotan}(x) = \dfrac{\cos(x)}{\sin(x)}$.

29 $\text{cotan}\left(\dfrac{\pi}{4}\right) =$

a. 1 ; **b.** 0 **c.** $\sqrt{2}$; **d.** $\sqrt{3}$.

30 La fonction cotangente n'est pas définie si :

a. $x = \frac{\pi}{2} + 2k\pi,$ où k est un nombre entier relatif ;

b. $x = \frac{\pi}{2} + k\pi,$ où k est un nombre entier relatif ;

c. $x = 2k\pi,$ où k est un nombre entier relatif ;

d. $x = k\pi,$ où k est un nombre entier relatif.

31 Pour tout x appartenant à son domaine de définition, la fonction cotangente est dérivable et admet pour fonction dérivée

a. $1 + (\text{cotan}(x))^2$;

b. $\frac{1}{(\sin(x))^2}$;

c. $\frac{-1}{(\sin(x))^2}$;

d. $(\text{cotan}(x))^2 - 1$.

Fonction exponentielle

32 $\frac{e^5 \times e^{-3}}{(e^3)^2} =$

a. e^{-3} ; **b.** $e^{-\frac{15}{6}}$; **c.** e^{-4} ; **d.** e^9.

33 Les solutions dans $\mathbb{R}$ de l'équation $e^{2x} + e^x - 2 = 0$ sont :

a. -2 et 1 ; **b.** 0 ; **c.** e^{-2} et e^1.

d. Aucune des réponses précédentes n'est juste

34 $\lim_{x \to +\infty} \left(e^{\sqrt{x^3 - 3x + 9}} \right) =$

a. $+\infty$; **b.** 0 ; **c.** $e^{\sqrt{x^3}}$; **d.** e^3.

35 Pour tout nombre réel non nul x, $\frac{e^x}{x^4} =$

a. $\frac{e^{4y}}{16y^4}$, avec $y = 4x$;

b. $\frac{1}{256} \times \left(\frac{e^y}{y} \right)^4$, avec $x = 4y$;

c. $\frac{e^{4y}}{16y^4}$, avec $x = 4y$;

d. $\frac{1}{64} \times \left(\frac{e^y}{y} \right)^4$, avec $x = 4y$.

36 On considère la fonction f définie sur $\mathbb{R}$ par $f(x)=\cos(3x)e^{-2x}$.
La fonction dérivée de f en $x \in \mathbb{R}$ est :

a. $f'(x)=-e^{-2x}(3\sin(3x)+2\cos(3x))$;

b. $f'(x)=-3e^{-2x}(\sin(3x)+\cos(3x))$;

c. $f'(x)=-2e^{-2x}(\sin(3x)+\cos(3x))$;

d. $f'(x)=-e^{-2x}(3\sin(3x)-2\cos(3x))$.

37 $\lim\limits_{x\to 0}\left(\dfrac{e^{3x+2}-e^2}{x}\right)=$

a. $+\infty$; **b.** 0 ; **c.** $\dfrac{e^2}{3}$; **d.** $3e^2$.

Fonction logarithme népérien

38 Dans $\mathbb{R}$, l'équation $\ln(x+3)+\ln(x+2)=0$ admet :
a. aucune solution ; **b.** une solution ; **c.** deux solutions.
d. Aucune des réponses précédentes n'est juste.

39 $\ln\left(8e^5\right)=$

a. $3\ln(2)+e^5$; **b.** $3\ln(2)+5e$; **c.** $15\ln(2e)$; **d.** $5+3\ln(2)$.

40 La fonction f définie sur $\mathbb{R}$ par $f(x)=\ln\left(\sqrt{1+3e^x}+e\right)$ est :

a. strictement croissante sur $\mathbb{R}$;

b. strictement décroissante sur $\mathbb{R}$;

c. croissante sur $]-\infty\,;0]$, puis décroissante sur $[0\,;+\infty[$;

d. décroissante sur $]-\infty\,;0]$, puis croissante sur $[0\,;+\infty[$.

41 $\lim\limits_{x\to 2^+}\left(\dfrac{\ln(x-2)}{6-x-x^2}\right)=$

a. $-\infty$; **b.** 0 ; **c.** $+\infty$.
d. Aucune des réponses précédentes n'est juste.

42 $\lim_{x\to+\infty}\left(\dfrac{1+\ln(x)}{4x}\right)=$

a. $-\infty$; **b.** 0 ; **c.** $+\infty$.

d. Aucune des réponses précédentes n'est juste.

43 Pour tout $x>0$, l'équation $\dfrac{\ln(x+2)+3}{x}=5$ est équivalente à :

a. $x=\dfrac{e^{5x+3}}{2}$; **b.** $x=e^{5x-5}$; **c.** $x=e^{5x-3}-2$.

d. Aucune des réponses précédentes n'est juste.

44 Soit n un nombre entier naturel, l'inéquation $5-\left(\dfrac{3}{4}\right)^n\geqslant 3$ est équivalente à :

a. $n\leqslant\dfrac{\ln(3)-\ln(5)}{\ln(3)-\ln(4)}$; **b.** $n\geqslant\dfrac{\ln(2)}{\ln(3)-2\ln(2)}$; **c.** $n\geqslant\dfrac{\ln(2)}{\ln(4)-\ln(3)}$.

d. Aucune des réponses précédentes n'est juste.

Intégration

45 On se place dans le plan muni d'un repère et on considère la fonction f positive de courbe représentative $\mathscr{C}$.

Alors, pour a et b réels tels que $a\leqslant b$, $\int_a^b f(x)\,\mathrm{d}x$ est :

a. l'aire de la surface délimitée par l'axe des abscisses, $\mathscr{C}$, les droites d'équations $y=a$ et $y=b$;
b. l'aire de la surface délimitée par l'axe des abscisses, $\mathscr{C}$, les droites d'équations $x=a$ et $y=b$;
c. l'aire de la surface délimitée par l'axe des abscisses, $\mathscr{C}$, les droites d'équations $y=a$ et $x=b$;
d. l'aire de la surface délimitée par l'axe des abscisses, $\mathscr{C}$, les droites d'équations $x=a$ et $x=b$.

46 $\int_0^2\left(3e^x\right)\mathrm{d}x=$

a. $3\left(e^2-1\right)$; **b.** $\dfrac{e^2-1}{3}$; **c.** $3\left(e^2+1\right)$; **d.** $\dfrac{e^2+1}{3}$.

47 Soit f une fonction continue sur $\mathbb{R}$, alors $\int_3^7 (2f(x)+5)\mathrm{d}x =$

a. $2\int_3^7 f(x)\mathrm{d}x+5$; **b.** $2\int_3^7 f(x)\mathrm{d}x+10$;

c. $2\int_3^7 f(x)\mathrm{d}x+40$. **d.** Aucune des réponses précédentes n'est juste.

48 $\int_0^2 \left(\mathrm{e}^{3x}\right)\mathrm{d}x =$

a. $3\left(\mathrm{e}^6-1\right)$; **b.** $\dfrac{\mathrm{e}^6-1}{3}$; **c.** $3\left(\mathrm{e}^6+1\right)$; **d.** $\dfrac{\mathrm{e}^6+1}{3}$.

Géométrie dans l'espace

Pour les questions **49** à **52**, on se place dans l'espace muni d'un repère orthonormé.

49 On considère la droite (d) passant par A(2 ; 3 ; – 1) et de vecteur directeur $\vec{n}\begin{pmatrix}2\\-1\\1\end{pmatrix}$, alors une représentation paramétrique de (d) est :

a. $\begin{cases}x=2-t\\y=3+2t\\z=-1+t\end{cases}$ où $t\in\mathbb{R}$; **b.** $\begin{cases}x=2+2t\\y=3-1t\\z=-1+t\end{cases}$ où $t\in\mathbb{R}$;

c. $\begin{cases}x=2+2t\\y=-1+3t\\z=1-t\end{cases}$ où $t\in\mathbb{R}$; **d.** $\begin{cases}x=4+2t\\y=6-1t\\z=-2+t\end{cases}$ où $t\in\mathbb{R}$.

50 On considère le plan P d'équation cartésienne $x-2y+z+1=0$, alors $\left(\mathrm{A} ; \vec{u}, \vec{v}\right)$ est un repère du plan P où :

a. A(1 ; 0 ; – 2) ; $\vec{u}\begin{pmatrix}1\\-2\\1\end{pmatrix}$; $\vec{v}\begin{pmatrix}3\\-6\\3\end{pmatrix}$; **b.** A(1 ; 0 ; – 2) ; $\vec{u}\begin{pmatrix}1\\1\\1\end{pmatrix}$; $\vec{v}\begin{pmatrix}3\\2\\1\end{pmatrix}$;

c. A(1 ; 1 ; – 2) ; $\vec{u}\begin{pmatrix}1\\1\\1\end{pmatrix}$; $\vec{v}\begin{pmatrix}3\\1\\-1\end{pmatrix}$.

d. Aucune des réponses précédentes n'est juste.

51 On considère le plan P d'équation cartésienne $2x+3y+z+2=0$ et la droite (d) de représentation paramétrique $\begin{cases} x=4-2t \\ y=1+t \\ z=2-t \end{cases}$ où $t \in \mathbb{R}$, alors :

a. le plan P contient la droite (d) ;
b. le plan P ne contient pas la droite (d) et la droite (d) est parallèle au plan P ;
c. le plan P et la droite (d) sont sécants et non perpendiculaires ;
d. le plan P et la droite (d) sont perpendiculaires.

52 On considère le plan P d'équation cartésienne $x+2y-z+4=0$ et la droite (d) de représentation paramétrique $\begin{cases} x=1-t \\ y=t \\ z=2 \end{cases}$ où $t \in \mathbb{R}$, alors (d) coupe P au point M de coordonnées :

a. (4 ; – 3 ; 1) ; **b.** (4 ; – 2 ; – 4) ; **c.** (1 ; – 3 ; 2) ; **d.** (4 ; – 3 ; 2).

Loi de probabilités

Pour les questions **53** à **55**, on considère une variable aléatoire continue X, à valeurs dans [– 2 ; 2] dont la densité de probabilité est représentée ci-après.

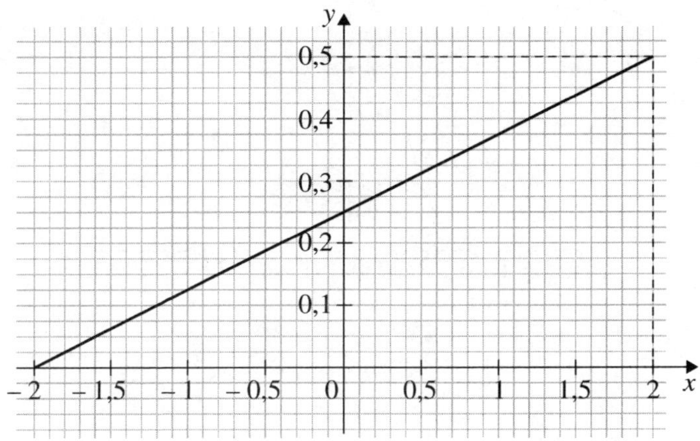

53 $P(X \leqslant 0) =$

a. 0 ; **b.** 0,25 ; **c.** 0,125 ; **d.** 0,5.

54 $P(-1{,}2 \leqslant X \leqslant 1{,}2) \approx$

a. 0,5 ; **b.** 0,6 ; **c.** 0,3 ; **d.** 0,9.

55 On a :

a. $E(X) = 0$;
b. $-2 \leqslant E(X) < 0$;
c. $0 < E(X) \leqslant 1{,}4$;
d. $1{,}4 \leqslant E(X) \leqslant 2$.

Loi normale

Pour les questions **56** à **57**, on considère une variable aléatoire $Y = 2X$ où X est une variable aléatoire qui suit une loi normale centrée réduite.

56 La variable Y :

a. est plus dispersée que X ;
b. est moins dispersée que X ;
c. a la même dispersion que X ;
d. on manque d'informations pour comparer les dispersions de X et Y.

57 Le graphique ci-dessous représente la densité d'une loi normale centrée réduite.

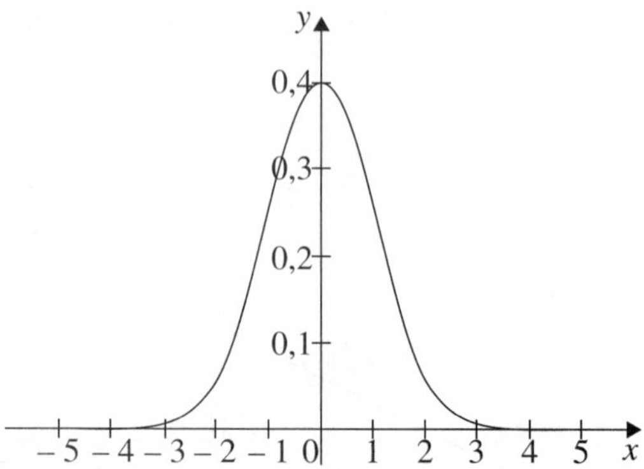

Alors, la densité de Y est :

a.

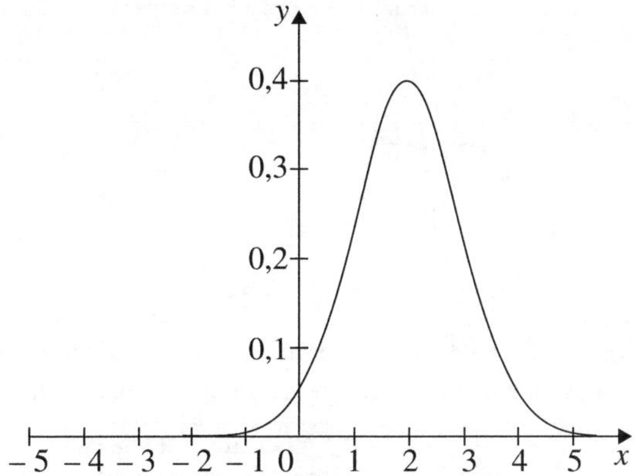

b.

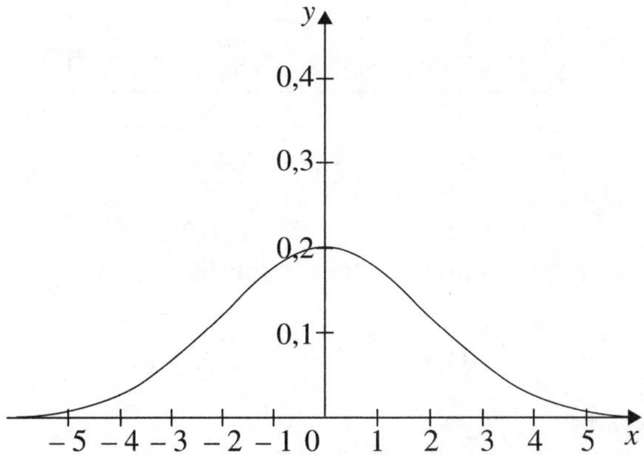

c.

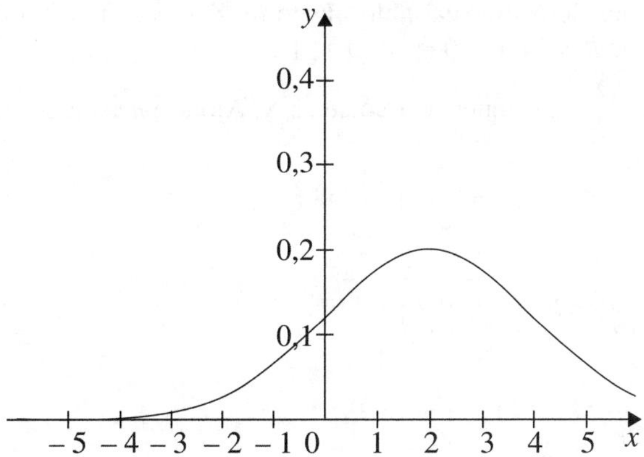

d.

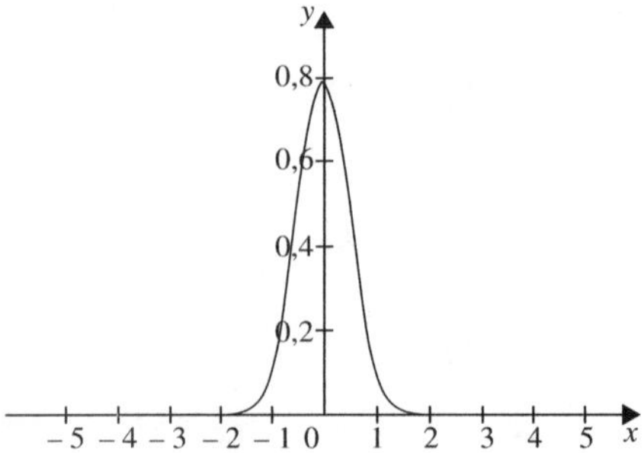

Pour les questions **58** à **59**, on considère une variable aléatoire Z qui suit une loi normale d'espérance 3 et d'écart type 2, on peut utiliser le tableau suivant :

k	P(X ⩽ k) où k suit une loi normale centrée réduite
0,25	0,60
0,5	0,69
0,75	0,77
1	0,84
1,25	0,89

58 $P(Z \leqslant 4) =$

a. 0,84 ; **b.** 0,69 ; **c.** 0,77.

d. Aucune des réponses précédentes n'est juste.

59 $P(2 < Z \leqslant 5) =$

a. 0,14 ; **b.** 0,29 ; **c.** 0,77 ; **d.** 0,53.

Statistiques

60 On considère une variable aléatoire X qui suit une loi binomiale $\mathcal{B}(n\ ;\ p)$ avec $n \in \mathbb{N}$, $n \neq 0$ et $p \in [0\ ;\ 1]$.

On note $f = \dfrac{X}{n}$ la fréquence associée à X. Alors si n est assez grand, on a :

a. $P\left(f - \dfrac{1}{\sqrt{n}} \leqslant p \leqslant f + \dfrac{1}{\sqrt{n}}\right) < 0,68$;

b. $P\left(f - \dfrac{1}{\sqrt{n}} \leqslant p \leqslant f + \dfrac{1}{\sqrt{n}}\right) < 0,95$;

c. $P\left(f - \dfrac{1}{\sqrt{n}} \leqslant p \leqslant f + \dfrac{1}{\sqrt{n}}\right) \geqslant 0,95$.

d. Aucune des réponses précédentes n'est juste.

Les exercices classés par thèmes

Fonctions

Polynésie, juin 2016 **7 pts** 1h25

1 Lecture graphique, Fonction exponentielle, Algorithme

Partie A

Voici deux courbes $\mathscr{C}_1$ et $\mathscr{C}_2$ qui donnent pour deux personnes P_1 et P_2 de corpulences différentes la concentration C d'alcool dans le sang (taux d'alcoolémie) en fonction du temps t après ingestion de la même quantité d'alcool. L'instant $t = 0$ correspond au moment où les deux individus ingèrent l'alcool.
C est exprimée en gramme par litre et t en heure.
Définition : La corpulence est le nom scientifique correspondant au volume du corps.

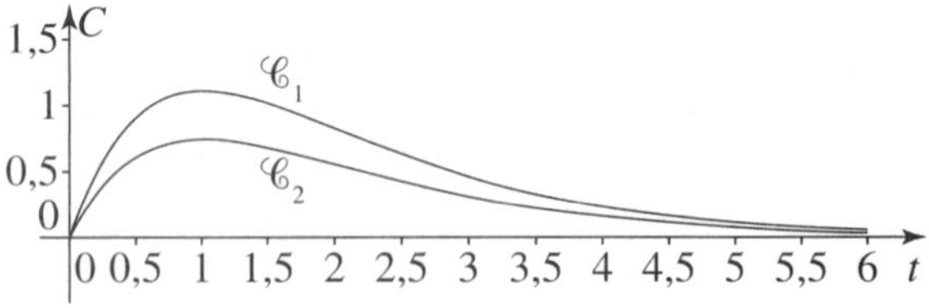

1 La fonction C est définie sur l'intervalle $[0 ; +\infty[$ et on note C' sa fonction dérivée. À un instant t positif ou nul, la vitesse d'apparition d'alcool dans le sang est donnée par $C'(t)$.
À quel instant cette vitesse est-elle maximale ?
On dit souvent qu'une personne de faible corpulence subit plus vite les effets de l'alcool.

2 Sur le graphique précédent, identifier la courbe correspondant à la personne la plus corpulente. Justifier le choix effectué.

3 Une personne à jeun absorbe de l'alcool. On admet que la concentration C d'alcool dans son sang peut être modélisée par la fonction f définie sur $[0 ; +\infty[$ par :

$$f(t) = \mathrm{A}\, t\, \mathrm{e}^{-t}$$

où A est une constante positive qui dépend de la corpulence et de la quantité d'alcool absorbée.

a. On note f' la fonction dérivée de la fonction f. Déterminer $f'(0)$.
b. L'affirmation suivante est-elle vraie ?
« À quantité d'alcool absorbée égale, plus A est grand, plus la personne est corpulente. »

Partie B Un cas particulier

Paul, étudiant de 19 ans de corpulence moyenne et jeune conducteur, boit deux verres de rhum. La concentration C d'alcool dans son sang est modélisée en fonction du temps t, exprimé en heure, par la fonction f définie sur $[0\,;+\infty[$ par :

$$f(t) = 2t\mathrm{e}^{-t}.$$

1 Étudier les variations de la fonction f sur l'intervalle $[0\,;+\infty[$.

2 À quel instant la concentration d'alcool dans le sang de Paul est-elle maximale ? Quelle est alors sa valeur ? Arrondir à 10^{-2} près.

3 Rappeler la limite de $\frac{\mathrm{e}^t}{t}$ lorsque t tend vers $+\infty$ et en déduire celle de $f(t)$ en $+\infty$. Interpréter le résultat dans le contexte de l'exercice.

4 Paul veut savoir au bout de combien de temps il peut prendre sa voiture. On rappelle que la législation autorise une concentration maximale d'alcool dans le sang de 0,2 g.L^{-1} pour un jeune conducteur.
a. Démontrer qu'il existe deux nombres réels t_1 et t_2 tels que :

$$f(t_1) = f(t_2) = 0{,}2.$$

b. Quelle durée minimale Paul doit-il attendre avant de pouvoir prendre le volant en toute légalité ?
Donner le résultat arrondi à la minute la plus proche.

5 La concentration minimale d'alcool détectable dans le sang est estimée à 5×10^{-3} g.L^{-1}.
a. Justifier qu'il existe un instant T à partir duquel la concentration d'alcool dans le sang n'est plus détectable.
b. On donne l'algorithme suivant où f est la fonction définie par :

$$f(t) = 2t\mathrm{e}^{-t}.$$

Initialisation :	t prend la valeur 3,5
	p prend la valeur 0,25
	C prend la valeur 0,21
Traitement :	Tant que $C > 5 \times 10^{-3}$ faire :
	| t prend la valeur $t + p$
	| C prend la valeur $f(t)$
	Fin Tant que
Sortie :	Afficher t

EXERCICES

Recopier et compléter le tableau de valeurs suivant en exécutant cet algorithme. Arrondir les valeurs à 10^{-2} près.

	Initialisation	Étape 1	Étape 2
p	0,25		
t	3,5		
C	0,21		

Que représente la valeur affichée par cet algorithme ?

France métropolitaine, La Réunion, juin 2016 **5 pts** 1 heure

2 Fonction tangente, Optimisation, Question avec prise d'initiative

Lors d'un match de rugby, un joueur doit transformer un essai qui a été marqué au point E (voir figure ci-dessous) situé à l'extérieur du segment [AB]. La transformation consiste à taper le ballon par un coup de pied depuis un point T que le joueur a le droit de choisir n'importe où sur le segment [EM] perpendiculaire à la droite (AB), sauf en E. La transformation est réussie si le ballon passe entre les poteaux repérés par les points A et B sur la figure.

Terrain vu de dessus

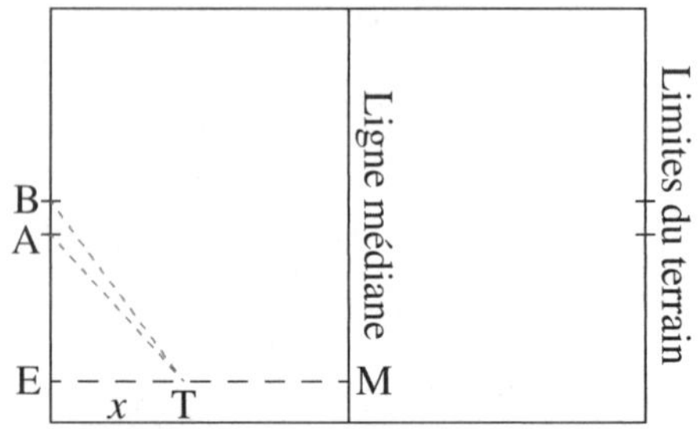

Pour maximiser ses chances de réussite, le joueur tente de déterminer la position du point T qui rend l'angle $\widehat{ATB}$ le plus grand possible.
Le but de cet exercice est donc de rechercher s'il existe une position du point T sur le segment [EM] pour laquelle l'angle $\widehat{ATB}$ est maximum et, si c'est le cas, de déterminer une valeur approchée de cet angle.
Dans toute la suite, on note x la longueur ET, qu'on cherche à déterminer.
Les dimensions du terrain sont les suivantes :

$$EM = 50 \text{ m}, EA = 25 \text{ m et } AB = 5{,}6 \text{ m}.$$

On note α la mesure en radian de l'angle $\widehat{ETA}$, β la mesure en radian de l'angle $\widehat{ETB}$ et γ la mesure en radian de l'angle $\widehat{ATB}$.

1 En utilisant les triangles rectangles ETA et ETB, ainsi que les longueurs fournies, exprimer tan α et tan β en fonction de x.

La fonction tangente est définie sur l'intervalle $\left]0\,;\,\frac{\pi}{2}\right[$ par :

$$\tan x = \frac{\sin x}{\cos x}.$$

2 Montrer que la fonction tan est strictement croissante sur l'intervalle $\left]0\,;\,\frac{\pi}{2}\right[$.

3 L'angle $\widehat{ATB}$ admet une mesure γ appartenant à l'intervalle $\left]0\,;\,\frac{\pi}{2}\right[$, résultat admis ici, que l'on peut observer sur la figure.

On admet que, pour tous réels a et b de l'intervalle $\left]0\,;\,\frac{\pi}{2}\right[$:

$$\tan(a-b) = \frac{\tan a - \tan b}{1 + \tan a \times \tan b}.$$

Montrer que $\tan\gamma = \dfrac{5{,}6x}{x^2 + 765}$.

4 L'angle $\widehat{ATB}$ est maximum lorsque sa mesure γ est maximale. Montrer que cela correspond à un minimum sur l'intervalle]0 ; 50] de la fonction f définie par :

$$f(x) = x + \frac{765}{x}.$$

Montrer qu'il existe une unique valeur de x pour laquelle l'angle $\widehat{ATB}$ est maximum et déterminer cette valeur de x au mètre près, ainsi qu'une mesure de l'angle $\widehat{ATB}$ à 0,01 radian près.

Remarque : sur un terrain, un joueur de rugby ne se soucie pas d'une telle précision.

D'après sujet de Bac — 6 pts — 1 h 10

3 Fonction trigonométrique, Encadrement

1 On désigne par g la fonction numérique définie sur [0 ; π] par :

$$g(x) = x\cos x - \sin x.$$

Étudier g et dresser son tableau de variation.
En déduire le signe de $g(x)$ sur [0 ; π].

2 Soit f la fonction numérique de la variable réelle x définie sur $[0\ ;\pi]$ par :

$$\text{si } x = 0, \text{ alors } f(0) = 1\ ;$$

$$\text{si } x \in \,]0\ ;\pi], \text{ alors } f(x) = \frac{\sin x}{x}.$$

On rappelle que $\lim\limits_{x \to 0} \dfrac{\sin x}{x} = 1$.

Étudier les variations de f sur $]0\ ;\pi]$.

3 Étude de *f* en 0

a. Prouver que, pour tout nombre réel $x \geq 0$:

$$0 \leq x - \sin x \leq \frac{x^3}{6}.$$

(Pour cela, on introduira la fonction φ définie sur $[0\ ;+\infty[$ par :

$$\varphi(x) = \sin x - x + \frac{x^3}{6}$$

on calculera les dérivées φ', φ'' et φ''' et on en déduira le signe de φ.)

b. Prouver que f est dérivable au point 0 et calculer $f'(0)$.

4 Construire la courbe représentative $(\mathscr{C})$ de la fonction f dans un repère orthonormé $(\mathrm{O}\ ;\vec{i}, \vec{j})$. (On prendra 3 cm pour unité.)

1 h 10

Amérique du Nord, juin 2008 **6 pts**

4 Fonction logarithme, Tangente, Équation, Lecture graphique

Soit f la fonction définie sur l'intervalle $]1\ ;+\infty[$ par :

$$f(x) = \ln x - \frac{1}{\ln x}.$$

On nomme $(\mathscr{C})$ la courbe représentative de f et Γ la courbe d'équation $y = \ln x$ dans un repère orthogonal $(\mathrm{O}\ ;\vec{i}, \vec{j})$.

1 Étudier les variations de la fonction f et préciser les limites en 1 et en $+\infty$.

2 a. Déterminer $\lim\limits_{x \to +\infty} [f(x) - \ln(x)]$.

Interpréter graphiquement cette limite.

b. Préciser les positions relatives de $(\mathscr{C})$ et de Γ.

3 On se propose de chercher les tangentes à la courbe ($\mathscr{C}$) passant par le point O.

a. Soit a un réel appartenant à l'intervalle $]1\,;+\infty[$.
Démontrer que la tangente $\mathscr{T}_a$ à ($\mathscr{C}$) au point d'abscisse a passe par l'origine du repère si, et seulement si :

$$f(a) - af'(a) = 0.$$

Soit g la fonction définie sur l'intervalle $]1\,;+\infty[$ par :

$$g(x) = f(x) - xf'(x).$$

b. Montrer que sur $]1\,;+\infty[$, les équations :

$$g(x) = 0 \quad \text{et} \quad (\ln x)^3 - (\ln x)^2 - \ln x - 1 = 0$$

ont les mêmes solutions.

c. Après avoir étudié les variations de la fonction u définie sur $\mathbb{R}$ par :

$$u(t) = t^3 - t^2 - t - 1,$$

montrer que la fonction u s'annule une fois et une seule sur $\mathbb{R}$.

d. En déduire l'existence d'une tangente unique à la courbe ($\mathscr{C}$) passant par le point O.
La courbe ($\mathscr{C}$) et la courbe Γ sont données ci-après.
Tracer cette tangente le plus précisément possible sur cette figure.

Représentations graphiques obtenues à l'aide d'un tableur

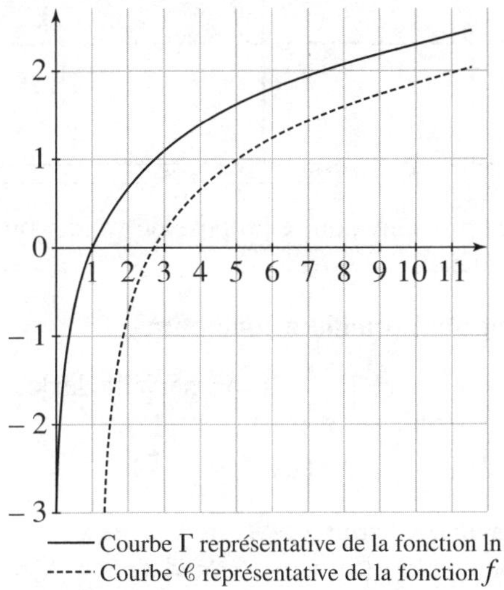

4 On considère un réel m et l'équation $f(x) = mx$ d'inconnue x.
Par lecture graphique et sans justification, donner, suivant les valeurs du réel m, le nombre de solutions de cette équation appartenant à l'intervalle $]1\,;10]$.

2h10

Inde, avril 2013 **11 pts**

5 Fonction exponentielle, Équation

On considère la fonction numérique f définie sur $\mathbb{R}$ par :

$$f(x) = x^2 e^{x-1} - \frac{x^2}{2}.$$

Le graphique ci-après est la courbe représentative de cette fonction telle que l'affiche une calculatrice dans un repère orthonormal.

À l'observation de cette courbe, quelles conjectures pensez-vous pouvoir faire concernant :

1 Le sens de variation de f sur $[-3; 2]$?

2 La position de la courbe par rapport à l'axe $(x'x)$?

Conjectures

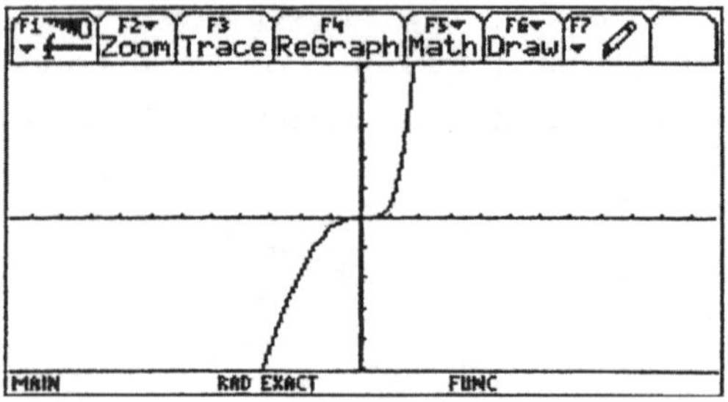

Dans la suite de ce problème, on se propose de valider ou non ces conjectures et de les compléter.

Partie A Contrôle de la première conjecture

1 Calculer $f'(x)$ pour tout réel x, et l'exprimer à l'aide de l'expression $g(x)$, où g est la fonction définie sur $\mathbb{R}$ par :

$$g(x) = (x + 2)e^{x-1} - 1.$$

2 Étude du signe de $g(x)$ pour x réel

a. Calculer les limites de $g(x)$ quand x tend vers $+\infty$, puis quand x tend vers $-\infty$.

b. Calculer $g'(x)$ et étudier son signe suivant les valeurs de x.

c. En déduire le sens de variation de la fonction g, puis dresser son tableau de variation.

d. Montrer que l'équation $g(x) = 0$ possède une unique solution dans $\mathbb{R}$.

On note α cette solution. Montrer que $0{,}20 < \alpha < 0{,}21$.
e. Déterminer le signe de $g(x)$ suivant les valeurs de x.

3 Sens de variation de la fonction f sur $\mathbb{R}$
a. Étudier, suivant les valeurs de x, le signe de $f'(x)$.
b. En déduire le sens de variation de la fonction f.
c. Que pensez-vous de votre première conjecture ?

Partie B Contrôle de la deuxième conjecture

On note $\mathscr{C}$ la courbe représentative de la fonction f dans un repère orthogonal $(O ; \vec{i}, \vec{j})$.

On se propose de contrôler la position de la courbe par rapport à l'axe $(x'x)$.

1 Montrer que $f(\alpha) = \dfrac{-\alpha^3}{2(\alpha + 2)}$.

2 On considère la fonction h définie sur l'intervalle $[0 ; 1]$ par :

$$h(x) = \frac{-x^3}{2(x+2)}.$$

a. Calculer $h'(x)$ pour $x \in [0 ; 1]$, puis déterminer le sens de variation de h sur $[0 ; 1]$.
b. En déduire un encadrement de $f(\alpha)$.

3 a. Déterminer les abscisses des points d'intersection de la courbe $\mathscr{C}$ avec l'axe $(x'x)$.
b. Préciser alors la position de la courbe $\mathscr{C}$ par rapport à l'axe des abscisses.
c. Que pensez-vous de votre deuxième conjecture ?

Partie C Tracé de la courbe

Compte tenu des résultats précédents, on se propose de tracer la partie Γ de $\mathscr{C}$ correspondant à l'intervalle $[-0{,}2 ; 0{,}4]$, dans le repère orthogonal $(O ; \vec{i}, \vec{j})$, avec les unités suivantes :
Sur l'axe $(x'x)$, 1 cm représentera 0,05.
Sur l'axe $(y'y)$, 1 cm représentera 0,001.

1 Recopier le tableau suivant et compléter celui-ci à l'aide de la calculatrice en indiquant les valeurs approchées sous la forme $n \cdot 10^{-4}$ (n entier relatif).

x	−0,20	−0,15	−0,10	−0,05	0,10	0,15	0,20	0,30	0,35	0,40
$f(x)$										

2 Tracer alors Γ dans le repère choisi.

EXERCICES

Antilles-Guyane, juin 2015 — 6 pts — 1 h 10

6 Lecture graphique, Fonction logarithme, Équation, Intersection de deux courbes

Soit f la fonction définie sur l'intervalle $]0\ ;+\infty[$ par $f(x) = \ln x$.

Pour tout réel a strictement positif, on définit sur $]0\ ;+\infty[$ la fonction g_a par :

$$g_a(x) = ax^2.$$

On note $\mathscr{C}$ la courbe représentative de la fonction f et Γ_a celle de la fonction g_a dans un repère du plan. Le but de l'exercice est d'étudier l'intersection des courbes $\mathscr{C}$ et Γ_a suivant les valeurs du réel strictement positif a.

Partie A

On a construit ci-dessous les courbes $\mathscr{C}$, $\Gamma_{0{,}05}$, $\Gamma_{0{,}1}$, $\Gamma_{0{,}19}$ et $\Gamma_{0{,}4}$.

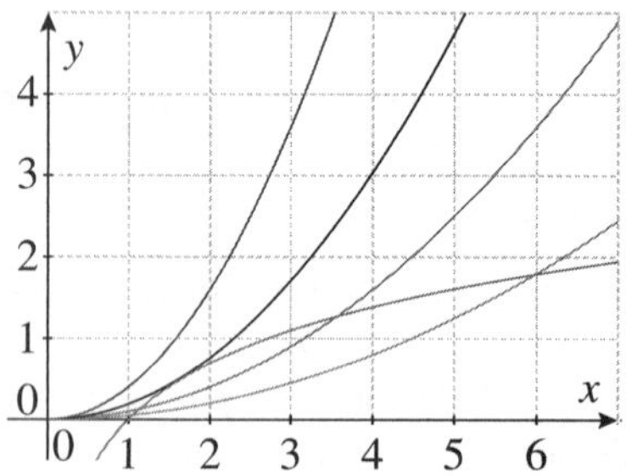

1 Nommer les différentes courbes sur le graphique. Aucune justification n'est demandée.

2 Utiliser le graphique pour émettre une conjecture sur le nombre de points d'intersection de $\mathscr{C}$ et Γ_a suivant les valeurs (à préciser) du réel a.

Partie B

Pour un réel a strictement positif, on considère la fonction h_a définie sur l'intervalle $]0\ ;+\infty[$ par :

$$h_a(x) = \ln x - ax^2.$$

1 Justifier que x est l'abscisse d'un point M appartenant à l'intersection de $\mathscr{C}$ et Γ_a si et seulement si $h_a(x) = 0$.

2 **a.** On admet que la fonction h_a est dérivable sur]0 ; +∞[, et on note h'_a la dérivée de la fonction h_a sur cet intervalle.
Le tableau de variation de la fonction h_a est donné ci-dessous.
Justifier, par le calcul, le signe de $h'_a(x)$ pour x appartenant à]0 ; +∞[.

x	0		$\frac{1}{\sqrt{2a}}$		$+\infty$
$h'_a(x)$	‖	+	0	−	
$h_a(x)$	‖ $-\infty$	↗	$\frac{-1-\ln(2a)}{2}$	↘	

b. Rappeler la limite de $\frac{\ln x}{x}$ en +∞. En déduire la limite de la fonction h_a en +∞. On ne demande pas de justifier la limite de h_a en 0.

3 Dans cette question et uniquement dans cette question, on suppose que $a = 0{,}1$.
a. Justifier que, dans l'intervalle $\left]0\ ;\ \frac{1}{\sqrt{0{,}2}}\right]$, l'équation $h_{0,1}(x) = 0$ admet une unique solution. On admet que cette équation a aussi une seule solution dans l'intervalle $\left]\frac{1}{\sqrt{0{,}2}}\ ;\ +\infty\right[$.
b. Quel est le nombre de points d'intersection de $\mathscr{C}$ et $\Gamma_{0,1}$?

4 Dans cette question et uniquement dans cette question, on suppose que $a = \frac{1}{2e}$.
a. Déterminer la valeur du maximum de $h_{\frac{1}{2e}}$.
b. En déduire le nombre de points d'intersection des courbes $\mathscr{C}$ et $\Gamma_{\frac{1}{2e}}$. Justifier.

5 Quelles sont les valeurs de a pour lesquelles $\mathscr{C}$ et Γ_a n'ont aucun point d'intersection? Justifier.

EXERCICES

Suites

Antilles-Guyane, septembre 2014 **6 pts** 1 h 10

7 Suite

Partie A

On considère la fonction f définie et dérivable sur l'intervalle $[0\,;+\infty[$ par :

$$f(x) = xe^{-x}.$$

1 Déterminer la limite de la fonction f en $+\infty$.

2 Déterminer la dérivée f' de la fonction f sur $[0\,;+\infty[$ et en déduire le tableau de variation de f sur $[0\,;+\infty[$.

On donne ci-après la courbe $\mathscr{C}_f$ représentative de la fonction f dans un repère du plan.

La droite Δ d'équation $y = x$ a aussi été tracée.

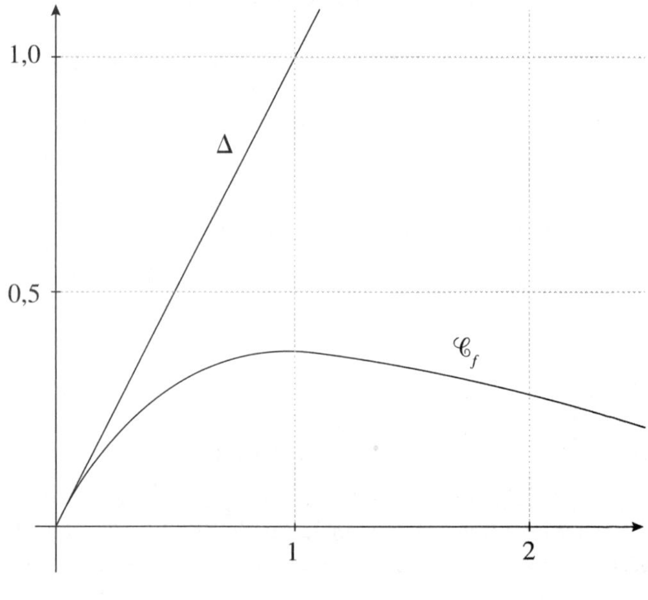

Partie B

Soit la suite (u_n) définie par $u_0 = 1$ et, pour tout entier naturel n :

$$u_{n+1} = f(u_n).$$

1 Placer sur le graphique donné ci-avant, en utilisant la courbe $\mathscr{C}_f$ et la droite Δ, les points A_0, A_1 et A_2 d'ordonnée nulle et d'abscisses respectives u_0, u_1 et u_2. Laisser les tracés explicatifs apparents.

2 Démontrer par récurrence que, pour tout entier naturel n, $u_n > 0$.

3 Montrer que la suite (u_n) est décroissante.

4 **a.** Montrer que la suite (u_n) est convergente.

b. On admet que la limite de la suite (u_n) est solution de l'équation $xe^{-x} = x$. Résoudre cette équation pour déterminer la valeur de cette limite.

Partie C

On considère la suite (S_n) définie pour tout entier naturel n par :

$$S_n = \sum_{k=0}^{k=n} u_k = u_0 + u_1 + \ldots + u_n.$$

Compléter l'algorithme donné ci-après afin qu'il calcule S_{100}.

Déclaration des variables :
  S et u sont des nombres réels
  k est un nombre entier
Initialisation :
  u prend la valeur ……
  S prend la valeur ……
Traitement :
  Pour k variant de 1 à…
    u prend la valeur $u \times e^{-u}$
    S prend la valeur…
  Fin Pour
  Afficher…

Amérique du Sud, novembre 2014 **5 pts** 1 heure

8 Suite, Convergence

On considère la suite numérique (u_n) définie sur $\mathbb{N}$ par $u_0 = 2$ et pour tout entier naturel n :

$$u_{n+1} = -\frac{1}{2}u_n^2 + 3u_n - \frac{3}{2}.$$

Partie A **Conjecture**

1 Calculer les valeurs exactes, données en fractions irréductibles, de u_1 et u_2.

2 Donner une valeur approchée à 10^{-5} près des termes u_3 et u_4.

3 Conjecturer le sens de variation et la convergence de la suite (u_n).

Partie B **Validation des conjectures**

On considère la suite numérique (v_n) définie pour tout entier naturel n, par :

$$v_n = u_n - 3.$$

1 Montrer que, pour tout entier naturel n, $v_{n+1} = -\frac{1}{2}v_n^2$.

2 Démontrer par récurrence que, pour tout entier naturel n, $-1 \leq v_n \leq 0$.

3 **a.** Démontrer que, pour tout entier naturel n :

$$v_{n+1} - v_n = -v_n\left(\frac{1}{2}v_n + 1\right).$$

b. En déduire le sens de variation de la suite (v_n).

4 Pourquoi peut-on alors affirmer que la suite (v_n) converge ?

5 On note ℓ la limite de la suite (v_n).
On admet que ℓ appartient à l'intervalle $[-1; 0]$ et vérifie l'égalité :

$$\ell = -\frac{1}{2}\ell^2.$$

Déterminer la valeur de ℓ.

6 Les conjectures faites dans la **partie A** sont-elles validées ?

France métropolitaine, septembre 2012 — **5 pts** — 1 heure

9 Fonction rationnelle, Algorithme, Convergence

L'objet de cet exercice est d'étudier la suite (u_n) définie sur $\mathbb{N}$ par $u_0 = 3$ et pour tout entier naturel n :

$$u_{n+1} = \frac{1}{2}\left(u_n + \frac{7}{u_n}\right) \quad (*)$$

On pourra utiliser sans démonstration le fait que pour tout entier naturel n :

$$u_n > 0.$$

1 On désigne par f la fonction définie sur l'intervalle $]0\,;+\infty[$ par :

$$f(x) = \frac{1}{2}\left(x + \frac{7}{x}\right).$$

Démontrer que la fonction f admet un minimum.
En déduire que pour tout entier naturel n, $u_n \geq \sqrt{7}$.

2 **a.** Soit n un entier naturel quelconque.

Étudier le signe de $u_{n+1} - u_n$.
b. Pourquoi peut-on en déduire que la suite (u_n) est convergente ?
c. On déduit de la relation (*) que la limite ℓ de cette suite est telle que $\ell = \frac{1}{2}\left(\ell + \frac{7}{\ell}\right)$. Déterminer ℓ.

3 Démontrer que pour tout entier naturel n, $u_{n+1} - \sqrt{7} = \frac{1}{2}\frac{(u_n - \sqrt{7})^2}{u_n}$.

4 On définit la suite (d_n) par $d_0 = 1$ et pour tout entier naturel n :

$$d_{n+1} = \frac{1}{2}d_n^2.$$

a. Démontrer par récurrence que pour tout entier naturel n :

$$u_n - \sqrt{7} \leq d_n.$$

b. Voici un algorithme :

Variables :	n et p sont des entiers naturels d est un réel.
Entrée :	Demander à l'utilisateur la valeur de p.
Initialisation :	Affecter à d la valeur 1. Affecter à n la valeur 0.

Traitement :	Tant que $d > 10^{-p}$.
	  Affecter à d la valeur $0{,}5d^2$.
	  Affecter à n la valeur $n + 1$.

Sortie :	Afficher n.

En entrant la valeur 9, l'algorithme affiche le nombre 5.
Quelle inégalité peut-on en déduire pour d_5 ?
Justifier que u_5 est une valeur approchée de $\sqrt{7}$ à 10^{-9} près.

EXERCICES

Amérique du Nord, mai 2013 **5 pts** 1 heure

10 Fonction irrationnelle, Algorithme, Convergence, Fonction logarithme

On considère la suite (u_n) définie par $u_0 = 1$ et, pour tout entier naturel n :

$$u_{n+1} = \sqrt{2u_n}.$$

1 On considère l'algorithme suivant :

Variables :	n est un entier naturel u est un réel positif
Initialisation :	Demander la valeur de n Affecter à u la valeur 1
Traitement :	Pour i variant de 1 à n : | Affecter à u la valeur $\sqrt{2u}$ Fin de Pour
Sortie :	Afficher u

a. Donner une valeur approchée à 10^{-4} près du résultat qu'affiche cet algorithme lorsque l'on choisit $n = 3$.

b. Que permet de calculer cet algorithme ?

c. Le tableau ci-dessous donne des valeurs approchées obtenues à l'aide de cet algorithme pour certaines valeurs de n.

n	1	5	10	15	20
Valeur affichée	1,414 2	1,957 1	1,998 6	1,999 9	1,999 9

Quelles conjectures peut-on émettre concernant la suite (u_n) ?

2 **a.** Démontrer que, pour tout entier naturel n, $0 < u_n \leq 2$.

b. Déterminer le sens de variation de la suite (u_n).

c. Démontrer que la suite (u_n) est convergente. On ne demande pas la valeur de sa limite.

3 On considère la suite (v_n) définie, pour tout entier naturel n, par :

$$v_n = \ln u_n - \ln 2.$$

a. Démontrer que la suite (v_n) est la suite géométrique de raison $\frac{1}{2}$ et de premier terme $v_0 = -\ln 2$.

b. Déterminer, pour tout entier naturel n, l'expression de v_n en fonction de n, puis de u_n en fonction de n.

c. Déterminer la limite de la suite (u_n).

d. Recopier l'algorithme ci-dessous et le compléter par les instructions du traitement et de la sortie, de façon à afficher en sortie la plus petite valeur de n telle que $u_n > 1{,}999$.

Variables :	n est un entier naturel u est un réel
Initialisation :	Affecter à n la valeur 0 Affecter à u la valeur 1
Traitement :	
Sortie :	

France métropolitaine, septembre 2013 **5 pts** 1 heure

11 Algorithme, Suite géométrique, Convergence

On considère la suite (u_n) définie sur $\mathbb{N}$ par $u_0 = 2$ et pour tout entier naturel n :

$$u_{n+1} = \frac{u_n + 2}{2u_n + 1}.$$

On admet que, pour tout entier naturel n, $u_n > 0$.

1 **a.** Calculer u_1, u_2, u_3, u_4. On pourra en donner une valeur approchée à 10^{-2} près.

b. Vérifier que si n est l'un des entiers 0, 1, 2, 3, 4, alors $u_n - 1$ a le même signe que $(-1)^n$.

c. Établir que pour tout entier naturel n, $u_{n+1} - 1 = \dfrac{-u_n + 1}{2u_n + 1}$.

d. Démontrer par récurrence que pour tout entier naturel n, $u_n - 1$ a le même signe que $(-1)^n$.

2 Pour tout entier naturel n, on pose $v_n = \dfrac{u_n - 1}{u_n + 1}$.

a. Établir que pour tout entier naturel n, $v_{n+1} = \dfrac{-u_n + 1}{3u_n + 3}$.

b. Démontrer que la suite (v_n) est une suite géométrique de raison $-\dfrac{1}{3}$.
En déduire l'expression de v_n en fonction de n.

c. On admet que pour tout entier naturel n, $u_n = \dfrac{1 + v_n}{1 - v_n}$.

Exprimer u_n en fonction de n et déterminer la limite de la suite (u_n).

EXERCICES

France métropolitaine – La Réunion, juin 2016 **5 pts** 1 heure

12 Fonction logarithme, Équation, Algorithme, Suite

Partie A

Soit f la fonction définie sur $\mathbb{R}$ par $f(x) = x - \ln(x^2 + 1)$.

1 Résoudre dans $\mathbb{R}$ l'équation $f(x) = x$.

2 Justifier tous les éléments du tableau de variation ci-dessous à l'exception de la limite de la fonction f en $+\infty$ que l'on admet.

x	$-\infty$		1		$+\infty$
$f'(x)$		$+$	0	$+$	
f	$-\infty$	↗		↗	$+\infty$

3 Montrer que, pour tout réel x appartenant à $[0\,;1]$, $f(x)$ appartient à $[0\,;1]$.

4 On considère l'algorithme suivant :

Variables :	N et A des entiers naturels
Entrée :	Saisir la valeur de A
Traitement :	N prend la valeur 0
	Tant que $N - \ln(N^2 + 1) < A$
	N prend la valeur N + 1
	Fin tant que
Sortie :	Afficher N

a. Que fait cet algorithme ?
b. Déterminer la valeur N fournie par l'algorithme lorsque la valeur saisie pour A est 100.

Partie B

Soit (u_n) la suite définie par $u_0 = 1$ et, pour tout entier naturel n :

$$u_{n+1} = u_n - \ln(u_n^2 + 1).$$

1 Montrer par récurrence que, pour tout entier naturel n, u_n appartient à $[0\,;1]$.

2 Étudier les variations de la suite (u_n).

3 Montrer que la suite (u_n) est convergente.

4 On note l sa limite, et on admet que l vérifie l'égalité $f(l) = l$.
En déduire la valeur de l.

Centres étrangers, juin 2015 **7 pts** 1 h 25

13 Algorithme, Suite géométrique, Convergence

Soit a un nombre réel fixé non nul.
Le but de cet exercice est d'étudier la suite (u_n) définie par $u_0 = a$ et, pour tout n de $\mathbb{N}$:

$$u_{n+1} = e^{2u_n} - e^{u_n}.$$

On remarquera que cette égalité peut aussi s'écrire :

$$u_{n+1} = e^{u_n}(e^{u_n} - 1).$$

1 Soit g la fonction définie pour tout réel x par $g(x) = e^{2x} - e^x - x$.
a. Calculer $g'(x)$ et prouver que, pour tout réel x, $g'(x) = (e^x - 1)(2e^x + 1)$.
b. Déterminer les variations de la fonction g et donner la valeur de son minimum.
c. En remarquant que $u_{n+1} - u_n = g(u_n)$, étudier le sens de variation de la suite (u_n).

2 Dans cette question, on suppose que $a \leq 0$.
a. Démontrer par récurrence que, pour tout entier naturel n, $u_n \leq 0$.
b. Déduire des questions précédentes que la suite (u_n) est convergente.
c. Dans le cas où a vaut 0, donner la limite de la suite (u_n).

3 Dans cette question, on suppose que $a > 0$.
La suite (u_n) étant croissante, la question **1** permet d'affirmer que, pour tout entier naturel n, $u_n \geq a$.
a. Démontrer que, pour tout entier naturel n, on a $u_{n+1} - u_n \geq g(a)$.
b. Démontrer par récurrence que, pour tout entier naturel n :

$$u_n \geq a + n \times g(a).$$

c. Déterminer la limite de la suite (u_n).

4 Dans cette question, on prend $a = 0{,}02$.
L'algorithme suivant a pour but de déterminer le plus petit entier n tel que $u_n > M$, où M désigne un réel positif. Cet algorithme est incomplet.

EXERCICES

Variables	n est un entier, u et M sont deux réels
Initialisation	u prend la valeur 0,02 n prend la valeur 0 Saisir la valeur de M
Traitement	Tant que................. .... Fin tant que
Sortie	Afficher n

a. Sur la copie, recopier la partie « Traitement » en la complétant.
b. À l'aide de la calculatrice, déterminer la valeur que cet algorithme affichera si $M = 60$.

Centres étrangers, juin 2013 — **5 pts** — 1 heure

14 Algorithme, Suite géométrique, Convergence

L'objet de cet exercice est l'étude de la suite (u_n) définie par son premier terme $u_1 = \frac{3}{2}$ et la relation de récurrence :

$$u_{n+1} = \frac{nu_n + 1}{2(n+1)}.$$

Partie A Algorithmique et conjectures

Pour calculer et afficher le terme u_9 de la suite, un élève propose l'algorithme ci-dessous.

Variables	n est un entier naturel u est un réel
Initialisation	Affecter à n la valeur 1 Affecter à u la valeur 1,5
Traitement	Tant que $n < 9$ Affecter à u la valeur ... Affecter à n la valeur ... Fin Tant que
Sortie	Afficher la variable u

Il a oublié de compléter deux lignes.

1 Recopier et compléter les deux lignes de l'algorithme où figurent des points de suspension.

2 Comment faudrait-il modifier cet algorithme pour qu'il calcule et affiche tous les termes de la suite de u_2 jusqu'à u_9 ?

3 Avec cet algorithme modifié, on a obtenu les résultats suivants, arrondis au dix-millième :

n	1	2	3	4	5	6	…	99	100
u_n	1,5	0,625	0,375	0,265 6	0,206 3	0,169 3	…	0,010 2	0,010 2

Au vu de ces résultats, conjecturer le sens de variation et la convergence de la suite (u_n).

Partie B Étude mathématique

On définit une suite auxiliaire (v_n) pour tout entier $n \geq 1$, par :

$$v_n = nu_n - 1.$$

1 Montrer que la suite (v_n) est géométrique ; préciser sa raison et son premier terme.

2 En déduire que, pour tout entier naturel $n \geq 1$:

$$u_n = \frac{1 + (0,5)^n}{n}.$$

3 Déterminer la limite de la suite (u_n).

4 Justifier que, pour tout entier $n \geq 1$:

$$u_{n+1} - u_n = -\frac{1 + (1 + 0,5n)(0,5)^n}{n(n+1)}.$$

En déduire le sens de variation de la suite (u_n).

Partie C Retour à l'algorithmique

En s'inspirant de la **partie A**, écrire un algorithme permettant de déterminer et d'afficher le plus petit entier n tel que $u_n < 0,001$.

EXERCICES

Nouvelle-Calédonie, novembre 2014 **5 pts** 1 heure

15 Algorithme, Représentation graphique, Sens de variation, Somme

On considère la fonction f définie sur l'intervalle $[0\,;+\infty[$ par :

$$f(x) = 5 - \frac{4}{x+2}.$$

On admettra que f est dérivable sur l'intervalle $[0\,;+\infty[$.
On a tracé ci-après dans un repère orthonormé la courbe $\mathcal{C}$ représentative de f, ainsi que la droite $\mathcal{D}$ d'équation $y = x$.

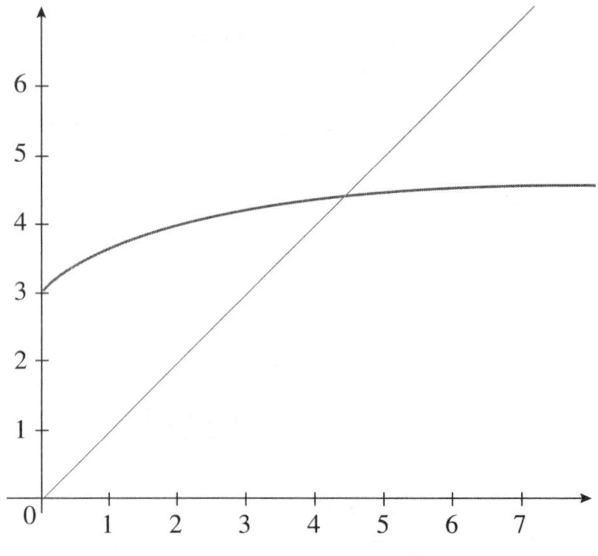

1 Démontrer que f est croissante sur l'intervalle $[0\,;+\infty[$.

2 Résoudre l'équation $f(x) = x$ sur l'intervalle $[0\,;+\infty[$. On note α la solution. On donnera la valeur exacte de α, puis on en donnera une valeur approchée à 10^{-2} près.

3 On considère la suite (u_n) définie par $u_0 = 1$ et, pour tout entier naturel n :

$$u_{n+1} = f(u_n).$$

Sur la figure ci-avant, en utilisant la courbe $\mathscr{C}$ et la droite $\mathscr{D}$, placer les points M_0, M_1 et M_2 d'ordonnée nulle et d'abscisses respectives u_0, u_1 et u_2. Quelles conjectures peut-on faire sur le sens de variation et la convergence de la suite (u_n) ?

4 **a.** Démontrer, par récurrence, que, pour tout entier naturel n :

$$0 \leq u_n \leq u_{n+1} \leq \alpha$$

où α est le réel défini dans la question **2**.
b. Peut-on affirmer que la suite (u_n) est convergente ? On justifiera la réponse.

5 Pour tout entier naturel n, on définit la suite (S_n) par :

$$S_n = \sum_{k=0}^{n} u_k = u_0 + u_1 + \ldots + u_n.$$

a. Calculer S_0, S_1 et S_2. Donner une valeur approchée des résultats à 10^{-2} près.
b. Compléter l'algorithme donné ci-après pour qu'il affiche la somme S_n pour la valeur de l'entier n demandée à l'utilisateur.

Entrée :	n un entier naturel
Variables :	u et s sont des variables réelles n et i sont des variables entières
Initialisation :	u prend la valeur 1 s prend la valeur u i prend la valeur 0 Demander la valeur de n
Traitement :	Tant que… Affecter à i la valeur $i + 1$ Affecter à u la valeur… Affecter à s la valeur… Fin Tant que
Sortie :	Afficher s.

c. Montrer que la suite (S_n) diverge vers $+\infty$.

50 min

D'après sujet de Bac **4 pts**

16 Fonction irrationnelle, Sens de variation, Convergence

Soit (u_n) la suite numérique définie sur $\mathbb{N}$ par :

$$u_0 = 0 \; ; \; u_{n+1} = \sqrt{3u_n + 4}.$$

1 **a.** Montrer que (u_n) est majorée par 4.
b. Montrer que (u_n) est strictement croissante.
c. En déduire que (u_n) converge et déterminer sa limite.

2 **a.** Montrer que pour tout entier naturel n :

$$4 - u_{n+1} \leq \frac{1}{2}(4 - u_n).$$

b. Retrouver le résultat du **1.c**.
c. Étudier la convergence de la suite (v_n) définie sur $\mathbb{N}$ par :

$$v_n = n^2(4 - u_n).$$

1 h 20

Centres étrangers, juin 2005 **7 pts**

17 Fonction logarithme, Encadrement, Convergence

Partie A

On appelle f et g les deux fonctions définies sur l'intervalle $[0\,;+\infty[$ par :

$$f(x) = \ln(1 + x) - x \quad \text{et} \quad g(x) = \ln(1 + x) - x + \frac{x^2}{2}.$$

1 Étudier les variations de f et de g sur $[0\,;+\infty[$.

2 En déduire que pour tout $x \geq 0$, $x - \dfrac{x^2}{2} \leq \ln(1 + x) \leq x$.

Partie B

On se propose d'étudier la suite (u_n) de nombres réels définie par :

$$u_1 = \frac{3}{2} \quad \text{et} \quad u_{n+1} = u_n\left(1 + \frac{1}{2^{n+1}}\right).$$

1 Montrer par récurrence que $u_n > 0$ pour tout entier naturel $n \geq 1$.

2 Montrer par récurrence que pour tout entier naturel $n \geq 1$:

$$\ln u_n = \ln\left(1 + \frac{1}{2}\right) + \ln\left(1 + \frac{1}{2^2}\right) + \ldots + \ln\left(1 + \frac{1}{2^n}\right).$$

3 On pose $S_n = \frac{1}{2} + \frac{1}{2^2} + \frac{1}{2^3} + \ldots + \frac{1}{2^n}$ et $T_n = \frac{1}{4} + \frac{1}{4^2} + \frac{1}{4^3} + \ldots + \frac{1}{4^n}$.

À l'aide de la première partie, montrer que :

$$S_n - \frac{1}{2}T_n \leq \ln u_n \leq S_n.$$

4 Calculer S_n et T_n en fonction de n.

En déduire $\lim\limits_{n \to +\infty} S_n$ et $\lim\limits_{n \to +\infty} T_n$.

5 Étude de la convergence de la suite (u_n)

a. Montrer que la suite (u_n) est strictement croissante.
b. En déduire que (u_n) est convergente. Soit ℓ sa limite.
c. On admet le résultat suivant :
Si deux suites (v_n) et (w_n) sont convergentes et telles que $v_n \leq w_n$ pour tout n entier naturel, alors $\lim\limits_{n \to +\infty} v_n \leq \lim\limits_{n \to +\infty} w_n$.
Montrer alors que $\frac{5}{6} \leq \ln \ell \leq 1$ et en déduire un encadrement de ℓ.

EXERCICES

Polynésie, juin 2012 — 5 pts — 1 heure

18 Algorithme, Suite géométrique, Sens de variation

Partie A

On considère l'algorithme suivant :
Les variables sont le réel U et les entiers naturels k et N.

Entrée
Saisir le nombre entier naturel non nul N.
Traitement
Affecter à U la valeur 0
Pour k allant de 0 à N – 1
Affecter à U la valeur 3U – 2k + 3

```
Fin pour
Sortie
Afficher U
```

Quel est l'affichage en sortie lorsque N = 3 ?

Partie B

On considère la suite (u_n) définie par $u_0 = 0$ et, pour tout entier naturel n :

$$u_{n+1} = 3u_n - 2n + 3.$$

1 Calculer u_1 et u_2.

2 **a.** Démontrer par récurrence que, pour tout entier naturel n :

$$u_n \geq n.$$

b. En déduire la limite de la suite (u_n).

3 Démontrer que la suite (u_n) est croissante.

4 Soit la suite (v_n) définie, pour tout entier naturel n, par :

$$v_n = u_n - n + 1.$$

a. Démontrer que la suite (v_n) est une suite géométrique.

b. En déduire que, pour tout entier naturel n :

$$u_n = 3^n + n - 1.$$

5 Soit p un entier naturel non nul.

a. Pourquoi peut-on affirmer qu'il existe au moins un entier n_0 tel que, pour tout $n \geq n_0$, $u_n \geq 10^p$?

On s'intéresse maintenant au plus petit entier n_0.

b. Justifier que $n_0 \leq 3p$.

c. Déterminer à l'aide de la calculatrice cet entier n_0 pour la valeur $p = 3$.

d. Proposer un algorithme qui, pour une valeur de p donnée en entrée, affiche en sortie la valeur du plus petit entier n_0 tel que, pour tout $n \geq n_0$, on ait $u_n \geq 10^p$.

Liban, juin 2004 — **4 pts** — 50 min

19 Factorielle, Encadrement, Convergence

1 Soit x un nombre réel positif ou nul et k un entier strictement supérieur à x.

Soit n un entier naturel.
$n!$ (on lit factorielle n) est l'entier défini par $0! = 1$, $1! = 1$ et, si $n > 1$, $n! = n[(n-1)!]$.
Par exemple, $5! = 5 \times 4 \times 3 \times 2 \times 1 = 120$.
Si $n > 1$, $n!$ est le produit de tous les entiers compris entre 1 et n.
a. Montrer par récurrence sur n que, pour tout entier n supérieur ou égal à k :

$$\frac{k^n}{n!} \leq \frac{k^k}{k!}.$$

b. En déduire que, pour tout entier n supérieur ou égal à k :

$$\frac{x^n}{n!} \leq \left(\frac{x}{k}\right)^n \times \frac{k^k}{k!}.$$

c. Montrer que $\lim\limits_{n \to +\infty} \frac{x^n}{n!} = 0$.

2 a. Montrer que, pour tout entier n supérieur ou égal à 2, $\frac{n^{n-1}}{n!} \geq 1$.
(On pourra écrire $\frac{n^{n-1}}{n!}$ comme un produit de $n-1$ facteurs supérieurs ou égaux à 1).
b. En déduire que $\lim\limits_{n \to +\infty} \frac{n^n}{n!} = +\infty$.

EXERCICES

Asie, juin 2012 — 5 pts — 1 heure

20 Algorithme, Sens de variation, Convergence

1 On considère l'algorithme ci-dessous.
Reproduire et compléter le tableau page suivante, en faisant fonctionner cet algorithme pour $a = 4$, $b = 9$ et $N = 2$. Les valeurs successives de u et v seront arrondies au millième.

Entrée	Saisir un réel strictement positif non nul a Saisir un réel strictement positif non nul b ($b > a$) Saisir un entier naturel non nul N
Initialisation	Affecter à u la valeur a Affecter à v la valeur b Affecter à n la valeur 0

Traitement	TANT QUE $n < \mathrm{N}$ Affecter à n la valeur $n+1$ Affecter à u la valeur $\dfrac{a+b}{2}$ Affecter à v la valeur $\sqrt{\dfrac{a^2+b^2}{2}}$ Affecter à a la valeur u Affecter à b la valeur v
Sortie	Afficher u, afficher v

n	a	b	u	v
0	4	9		
1				
2				

Dans la suite, a et b sont deux réels tels que $0 < a < b$.
On considère les suites (u_n) et (v_n) définies par $u_0 = a$, $v_0 = b$ et, pour tout entier naturel n :

$$u_{n+1} = \frac{u_n + v_n}{2} \text{ et } v_{n+1} = \sqrt{\frac{u_n^2 + v_n^2}{2}}.$$

2 **a.** Démontrer par récurrence que, pour tout entier naturel n

$$u_n > 0 \text{ et } v_n > 0.$$

b. Démontrer que, pour tout entier naturel n, $v_{n+1}^2 - u_{n+1}^2 = \left(\dfrac{u_n - v_n}{2}\right)^2$.

En déduire que, pour tout entier naturel n, $u_n \leq v_n$.

3 **a.** Démontrer que la suite (u_n) est croissante.

b. Comparer v_{n+1}^2 et v_n^2. En déduire le sens de variation de la suite (v_n).

4 Démontrer que les suites (u_n) et (v_n) sont convergentes.

Intégration

Liban, juin 2008 **5 pts** 1 heure

21 Fonction définie par une intégrale, Sens de variation, Calcul d'une limite

On considère une fonction f dérivable sur l'intervalle $]-\infty\ ;+\infty[$.
On donne le tableau de ses variations :

x	$-\infty$		0		2		$+\infty$
$f'(x)$		$+$		$+$	0	$-$	
f	$-\infty$	↗	0	↗	$1+e^{-2}$	↘	1

Soit g la fonction définie sur $]-\infty\ ;+\infty[$ par $g(x)=\int_0^x f(t)\,dt$.

Partie A

1 En tenant compte de toutes les informations contenues dans le tableau de variation, tracer une courbe $(\mathscr{C})$ susceptible de représenter f dans le plan muni d'un repère orthogonal (unités graphiques : 1 cm sur l'axe des abscisses, 2 cm sur l'axe des ordonnées).

2 **a.** Interpréter graphiquement $g(2)$.
b. Montrer que $0 \leq g(2) \leq 2{,}5$.

3 **a.** Soit x un réel supérieur à 2.
Montrer que $\int_2^x f(t)\,dt \geq x-2$.
En déduire que $g(x) \geq x-2$.
b. Déterminer la limite de la fonction g en $+\infty$.

4 Étudier le sens de variation de la fonction g sur l'intervalle $]-\infty\ ;+\infty[$.

Partie B

On admet que pour tout réel t, $f(t)=(t-1)\,e^{-t}+1$.

1 Déterminer deux réels a, b pour que la fonction h définie sur $\mathbb{R}^+$ par :

$$h(t)=(at+b)\,e^{-t}$$

soit une primitive de la fonction $t \mapsto (t-1)\,e^{-t}$.

Exprimer en fonction du réel x l'intégrale :

$$\int_0^x (t-1)\mathrm{e}^{-t}\,\mathrm{d}t.$$

2 En déduire que pour tout réel x, $g(x) = x(1 - \mathrm{e}^{-x})$.

3 Déterminer la limite de la fonction g en $-\infty$.

Inde, avril 2007 — **5 pts** — 1 heure

22 Fonction logarithme, Suite d'intégrales, Encadrement

On considère la fonction f définie sur $[0\,;+\infty[$ par $f(x) = \dfrac{\ln(x+3)}{x+3}$.

1 Montrer que f est dérivable sur $[0\,;+\infty[$. Étudier le signe de sa fonction dérivée f', sa limite éventuelle en $+\infty$ et dresser le tableau de ses variations.

2 On définit la suite $(u_n)_{n\geq 0}$ par son terme général :

$$u_n = \int_n^{n+1} f(x)\,\mathrm{d}x.$$

a. Justifier que, si $n \leq x \leq n+1$, alors $f(n+1) \leq f(x) \leq f(n)$.

b. Montrer, sans chercher à calculer u_n, que, pour tout entier naturel n :

$$f(n+1) \leq u_n \leq f(n).$$

c. En déduire que la suite (u_n) est convergente et déterminer sa limite.

3 Soit F la fonction définie sur $[0\,;+\infty[$ par $\mathrm{F}(x) = (\ln(x+3))^2$.

a. Justifier la dérivabilité sur $[0\,;+\infty[$ de la fonction F et déterminer, pour tout réel positif x, le nombre $\mathrm{F}'(x)$.

b. On pose, pour tout entier naturel n, $\mathrm{I}_n = \int_0^n f(x)\,\mathrm{d}x$. Calculer I_n.

4 On pose, pour tout entier naturel n, $\mathrm{S}_n = u_0 + u_1 + \ldots + u_{n-1}$.

Calculer S_n. La suite (S_n) est-elle convergente ?

Centres étrangers, juin 2012 **5 pts** 1 heure

23 Fonction exponentielle, Suite d'intégrales, Sens de variation, Algorithme, Convergence

On considère la suite (I_n) définie pour n entier naturel non nul par :

$$\mathrm{I}_n = \int_0^1 x^n \mathrm{e}^{x^2}\,\mathrm{d}x.$$

1 **a.** Soit g la fonction définie sur $\mathbb{R}$ par $g(x) = x\mathrm{e}^{x^2}$.

Démontrer que la fonction G définie sur $\mathbb{R}$ par $\mathrm{G}(x) = \frac{1}{2}\mathrm{e}^{x^2}$ est une primitive sur $\mathbb{R}$ de la fonction g.

b. En déduire la valeur de I_1.

c. Pour tout entier naturel n, on définit sur $\mathbb{R}$ la fonction H_n par :

$$\mathrm{H}_n(x) = x^{n+1}\mathrm{G}(x).$$

Montrer que H_n est dérivable sur $\mathbb{R}$, calculer pour tout réel x, $\mathrm{H}_n'(x)$ et en déduire que, pour tout entier naturel n :

$$\mathrm{I}_{n+2} = \frac{1}{2}\mathrm{e} - \frac{n+1}{2}\mathrm{I}_n.$$

d. Calculer I_3 et I_5.

2 On considère l'algorithme suivant :

Initialisation	Affecter à n la valeur 1 Affecter à u la valeur $\frac{1}{2}\mathrm{e} - \frac{1}{2}$
Traitement	Tant que $n < 21$ Affecter à u la valeur $\frac{1}{2}\mathrm{e} - \frac{n+1}{2}u$ Affecter à n la valeur $n + 2$
Sortie	Afficher u

Quel terme de la suite (I_n) obtient-on en sortie de cet algorithme ?

EXERCICES

3 **a.** Montrer que, pour tout entier naturel non nul n, $I_n \geq 0$.
b. Montrer que la suite (I_n) est décroissante.
c. En déduire que la suite (I_n) est convergente.
On note ℓ sa limite.

4 *Dans cette question, toute trace de recherche, même incomplète, ou d'initiative, même non fructueuse, sera prise en compte dans l'évaluation.*
Déterminer la valeur de ℓ.

Asie, juin 2014 — **5 pts** — 1 heure

24 Suite de fonctions rationnelles, Suite d'intégrales, Sens de variation, Algorithme, Convergence

Soit n un entier naturel supérieur ou égal à 1.
On note f_n la fonction définie pour tout réel x de l'intervalle [0 ; 1] par :

$$f_n(x) = \frac{1}{1+x^n}.$$

Pour tout entier $n \geq 1$, on définit le nombre I_n par :

$$I_n = \int_0^1 f_n(x)\,\mathrm{d}x = \int_0^1 \frac{1}{1+x^n}\,\mathrm{d}x.$$

1 Les représentations graphiques de certaines fonctions f_n obtenues à l'aide d'un logiciel sont tracées ci-après.
En expliquant soigneusement votre démarche, conjecturer, pour la suite (I_n) l'existence et la valeur éventuelle de la limite, lorsque n tend vers $+\infty$.

2 Calculer la valeur exacte de I_1.

3 **a.** Démontrer que, pour tout réel x de l'intervalle [0 ; 1] et pour tout entier naturel $n \geq 1$:

$$\frac{1}{1+x^n} \leq 1.$$

b. En déduire que, pour tout entier naturel $n \geq 1$, on a $I_n \leq 1$.

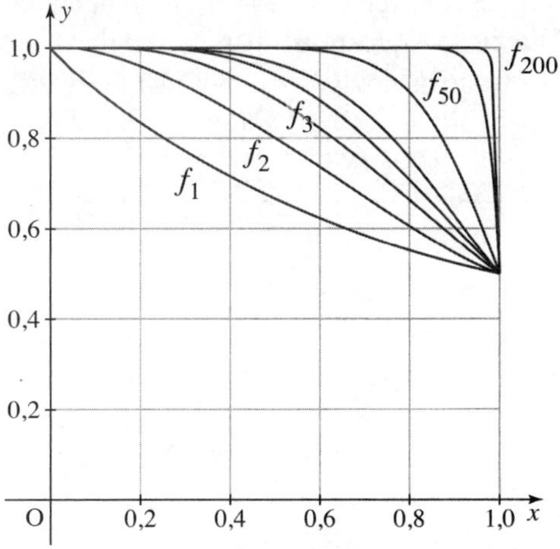

4 Démontrer que, pour tout réel x de l'intervalle [0 ; 1] et pour tout entier naturel $n \geq 1$:

$$1 - x^n \leq \frac{1}{1 + x^n}.$$

5 Calculer l'intégrale $\int_0^1 (1 - x^n)\,\mathrm{d}x$.

6 À l'aide des questions précédentes, démontrer que la suite (I_n) est convergente et déterminer sa limite.

7 On considère l'algorithme suivant :

Variables :	n, p et k sont des entiers naturels x et I sont des réels
Initialisation :	I prend la valeur 0

Traitement :	Demander un entier $n \geq 1$
	Demander un entier $p \geq 1$
	Pour k allant de 0 à $p - 1$, faire
	    x prend la valeur $\frac{k}{p}$
	    I prend la valeur I + $\frac{1}{1+x^n} \times \frac{1}{p}$
	Fin Pour
	Afficher I.

a. Quelle valeur, arrondie au centième, renvoie cet algorithme si l'on entre les valeurs $n = 2$ et $p = 5$?

EXERCICES

On justifiera la réponse en reproduisant et en complétant le tableau suivant avec les différentes valeurs prises par les variables, à chaque étape de l'algorithme. Les valeurs de I seront arrondies au millième.

k	x	I
0		
4		

b. Expliquer pourquoi cet algorithme permet d'approcher l'intégrale I_n.

France métropolitaine, juin 2012 **6 pts** 1 h 10

25 Fonction logarithme, Suite d'intégrales, Encadrement, Algorithme, Convergence

Il est possible de traiter la partie C sans avoir traité la partie B.

Partie A

On désigne par f la fonction définie sur l'intervalle $[1\,;+\infty[$ par :

$$f(x)=\frac{1}{x+1}+\ln\left(\frac{x}{x+1}\right).$$

1 Déterminer la limite de la fonction f en $+\infty$.

2 Démontrer que pour tout réel x de l'intervalle $[1\,;+\infty[$, $f'(x)=\dfrac{1}{x(x+1)^2}$.

Dresser le tableau de variation de la fonction f.

3 En déduire le signe de la fonction f sur l'intervalle $[1\,;+\infty[$.

Partie B

Soit (u_n) la suite définie pour tout entier n strictement positif par :

$$u_n=1+\frac{1}{2}+\frac{1}{3}+\ldots+\frac{1}{n}-\ln n.$$

1 On considère l'algorithme suivant :

Variables :	i et n sont des entiers naturels. u est un réel.
Entrée :	Demander à l'utilisateur la valeur de n.
Initialisation :	Affecter à n la valeur 0.
Traitement :	Pour i variant de 1 à n. Affecter à u la valeur $u + \frac{1}{i}$.
Sortie :	Afficher u.

Donner la valeur exacte affichée par cet algorithme lorsque l'utilisateur entre la valeur $n = 3$.

2 Recopier et compléter l'algorithme précédent afin qu'il affiche la valeur de u_n lorsque l'utilisateur entre la valeur de n.

3 Voici les résultats fournis par l'algorithme modifié, arrondis à 10^{-3}.

n	4	5	6	7	8	9	10	100	1 000	1 500	2 000
u_n	0,697	0,674	0,658	0,647	0,638	0,632	0,626	0,582	0,578	0,578	0,577

À l'aide de ce tableau, formuler des conjectures sur le sens de variation de la suite (u_n) et son éventuelle convergence.

Partie C

Cette partie peut être traitée indépendamment de la partie B.

Elle permet de démontrer les conjectures formulées à propos de la suite (u_n) telle que, pour tout entier strictement positif n :

$$u_n = 1 + \frac{1}{2} + \frac{1}{3} + \ldots + \frac{1}{n} - \ln n.$$

1 Démontrer que pour tout entier strictement positif n :

$$u_{n+1} - u_n = f(n).$$

où f est la fonction définie dans la **partie A**.

En déduire le sens de variation de la suite (u_n).

2 **a.** Soit k un entier strictement positif.

Justifier l'inégalité $\displaystyle\int_k^{k+1}\left(\frac{1}{k} - \frac{1}{x}\right)\mathrm{d}x \geq 0.$

En déduire que $\displaystyle\int_k^{k+1}\frac{1}{x}\mathrm{d}x \leq \frac{1}{k}.$

EXERCICES

Démontrer l'inégalité $\ln(k+1) - \ln k \leq \frac{1}{k}$ (1).

b. Écrire l'inégalité (1) en remplaçant successivement k par 1, 2,..., n et démontrer que, pour tout entier strictement positif n :

$$\ln(n+1) \leq 1 + \frac{1}{2} + \frac{1}{3} + \ldots + \frac{1}{n}.$$

c. En déduire que, pour tout entier strictement positif n, $u_n \geq 0$.

3 Prouver que la suite (u_n) est convergente. On ne demande pas de calculer sa limite.

Inde, avril 2012 **5 pts** 1 heure

26 Fonction exponentielle, Suite d'intégrales, Sens de variation, Algorithme, Convergence

On considère les suites (I_n) et (J_n) définies pour tout entier naturel n par :

$$\mathrm{I}_n = \int_0^1 \frac{\mathrm{e}^{-nx}}{1+x}\,\mathrm{d}x \text{ et } \mathrm{J}_n = \int_0^1 \frac{\mathrm{e}^{-nx}}{(1+x)^2}\,\mathrm{d}x.$$

1 Sont représentées ci-dessous les fonctions f_n définies sur l'intervalle [0 ; 1] par $f_n(x) = \dfrac{\mathrm{e}^{-nx}}{1+x}$ pour différentes valeurs de n :

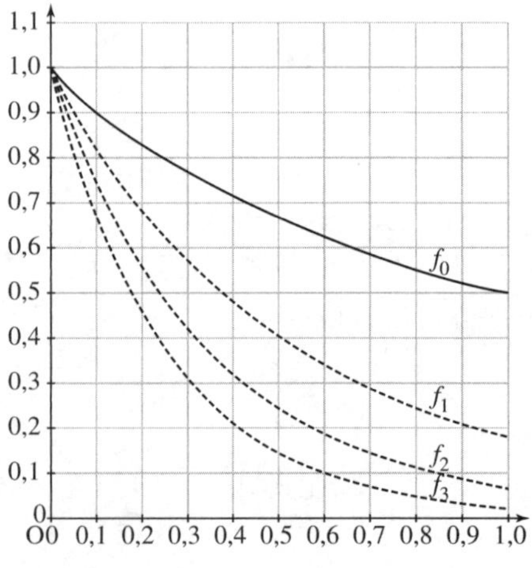

a. Formuler une conjecture sur le sens de variation de la suite (I_n) en expliquant la démarche.
b. Démontrer cette conjecture.

2 **a.** Montrer que pour tout entier $n \geq 0$ et pour tout nombre réel x de l'intervalle $[0 ; 1]$:

$$0 \leq \frac{e^{-nx}}{(1+x)^2} \leq \frac{e^{-nx}}{1+x} \leq e^{-nx}.$$

b. Montrer que les suites (I_n) et (J_n) sont convergentes et déterminer leur limite.

3 **a.** Montrer que pour tout entier naturel n non nul :

$$f_n'(x) = nf_n(x) - \frac{e^{-nx}}{(1+x)^2}.$$

En déduire que, pour tout entier $n \geq 1$: $I_n = \frac{1}{n}\left(1 - \frac{e^{-n}}{2} - J_n\right)$

b. En déduire $\lim\limits_{n \to +\infty} nI_n$.

Liban, mai 2016 **4 pts** 50 min

27 Suite de fonctions, Fonction exponentielle, Intégrale

EXERCICES

On considère la fonction f définie sur l'intervalle $[0 ; 1]$ par :

$$f(x) = \frac{1}{1+e^{1-x}}.$$

Partie A

1 Étudier le sens de variation de la fonction f sur l'intervalle $[0 ; 1]$.

2 Démontrer que pour tout réel x de l'intervalle $[0 ; 1]$:

$$f(x) = \frac{e^x}{e^x + e}$$

(on rappelle que $e = e^1$).

3 Montrer alors que $\int_0^1 f(x)\,dx = \ln(2) + 1 - \ln(1+e)$.

Partie B

Soit n un entier naturel. On considère les fonctions f_n définies sur [0 ; 1] par :

$$f_n(x) = \frac{1}{1 + ne^{1-x}}.$$

On note $\mathscr{C}_n$ la courbe représentative de la fonction f_n dans le plan muni d'un repère orthonormé.
On considère la suite de terme général :

$$u_n = \int_0^1 f_n(x)\,\mathrm{d}x.$$

1 On a tracé ci-après les courbes représentatives des fonctions f_n pour n variant de 1 à 5. Compléter le graphique en traçant la courbe $\mathscr{C}_0$ représentative de la fonction f_0.

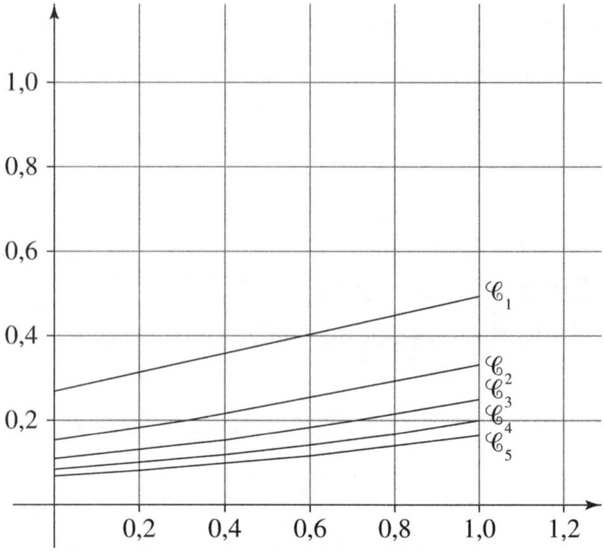

2 Soit n un entier naturel, interpréter graphiquement u_n et préciser la valeur de u_0.

3 Quelle conjecture peut-on émettre quant au sens de variation de la suite (u_n) ? Démontrer cette conjecture.

4 La suite (u_n) admet-elle une limite ?

Liban, juin 2009 — 8 pts — 1 h 40

28 Fonction logarithme, Suite d'intégrales, Encadrement, Convergence, Tangente

On considère la fonction f définie sur $\mathbb{R}$ par :

$$f(x) = \ln(1 + e^{-x}) + \frac{1}{3}x.$$

La courbe $(\mathscr{C})$ représentative de la fonction f dans le plan muni d'un repère orthogonal est donnée ci-dessous.

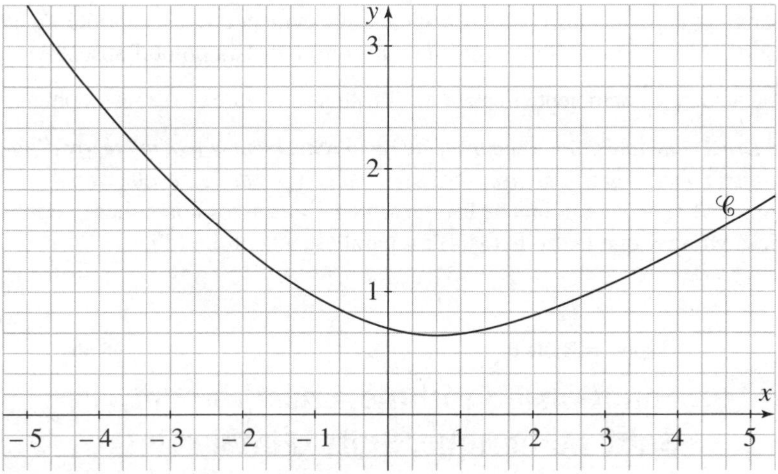

Partie A

1 **a.** Déterminer la limite de la fonction f en $+\infty$.

b. Soit la droite (D) d'équation $y = \frac{1}{3}x$. Tracer (D).

c. Étudier la position relative de (D) et de $(\mathscr{C})$.

d. Montrer que pour tout réel x, $f(x) = \ln(e^x + 1) - \frac{2}{3}x$.

e. En déduire la limite de f en $-\infty$.

2 **a.** On note f' la fonction dérivée de la fonction f.

Montrer que pour tout x réel, $f'(x) = \dfrac{e^x - 2}{3(e^x + 1)}$.

b. En déduire les variations de la fonction f.

Partie B

Soit n un entier naturel non nul. On appelle d_n, l'aire, en unités d'aire, du domaine du plan délimité par la courbe ($\mathscr{C}$), la droite (D) d'équation $y = \frac{1}{3}x$ et les droites d'équations $x = 0$ et $x = n$.

1 Justifier que pour tout entier naturel n non nul :

$$d_n = \int_0^n \ln(1 + e^{-x})\,dx.$$

2 On admet que pour tout réel x, $\ln(1 + e^{-x}) \leq e^{-x}$.
Montrer que pour tout entier naturel n supérieur ou égal à 1, $d_n \leq 1$. La suite $(d_n)_{n \geq 1}$ est-elle convergente ?

Partie C

Dans cette partie, on cherche à mettre en évidence une propriété de la courbe ($\mathscr{C}$). On note (T) la tangente à la courbe ($\mathscr{C}$) au point d'abscisse 0.

1 Calculer le coefficient directeur de (T), puis construire (T) sur le graphique.

2 *Dans cette question, toute trace de recherche, même incomplète, ou d'initiative, même non fructueuse, sera prise en compte dans l'évaluation.*
Soient M et N deux points de la courbe ($\mathscr{C}$) d'abscisses non nulles et opposées. Montrer que la droite (MN) est parallèle à la droite (T).

D'après sujet de Bac — **6 pts** — 1h10

29 Fonction logarithme, Encadrement, Suite numérique, Suite d'intégrales, Convergence

Soit f la fonction définie sur $]0\,;+\infty[$ par :

$$f(x) = \frac{1}{4}x^2 - \frac{1}{4} - \frac{1}{2}\ln x.$$

1 **a.** Étudier les variations de f et dresser son tableau de variation.
b. Tracer la courbe représentative (C) de f dans le plan muni d'un repère orthonormal $(O\,;\vec{i}, \vec{j})$ où l'unité de longueur est 5 cm.

2 **a.** On note λ un réel strictement positif.
Montrer que la fonction L définie sur $\mathbb{R}_+^*$ par $L(x) = x\ln x - x$ est une primitive sur $\mathbb{R}_+^*$ de la fonction ln.
En déduire la valeur de $I(\lambda) = \int_\lambda^1 f(x)\,dx$.

Déterminer la limite I de I(λ) quand λ tend vers zéro par valeurs supérieures.

b. Pour n entier naturel supérieur ou égal à 2, on pose :

$$S_n = \frac{1}{n}\sum_{p=1}^{p=n} f\left(\frac{p}{n}\right).$$

En utilisant le sens de variation de f sur]0 ; 1], démontrer que, pour p entier naturel vérifiant $1 \leq p \leq n-1$:

$$\frac{1}{n}f\left(\frac{p+1}{n}\right) \leq \int_{\frac{p}{n}}^{\frac{p+1}{n}} f(x)\,\mathrm{d}x \leq \frac{1}{n}f\left(\frac{p}{n}\right).$$

En déduire que :

$$S_n - \frac{1}{n}f\left(\frac{1}{n}\right) \leq I\left(\frac{1}{n}\right) \leq S_n.$$

Puis que :

$$I\left(\frac{1}{n}\right) \leq S_n \leq I\left(\frac{1}{n}\right) + \frac{1}{n}f\left(\frac{1}{n}\right).$$

En déduire que :

$$\lim_{n \to +\infty} S_n = \frac{1}{3}.$$

EXERCICES

Aires

Centres Étrangers, juin 2016 — **6 pts** — 1 h 10

30 Fonction, Aire, Suite, Équation

Soit f une fonction définie sur l'intervalle $[0, 1]$, continue et positive sur cet intervalle, et a un réel tel que $0 < a < 1$.

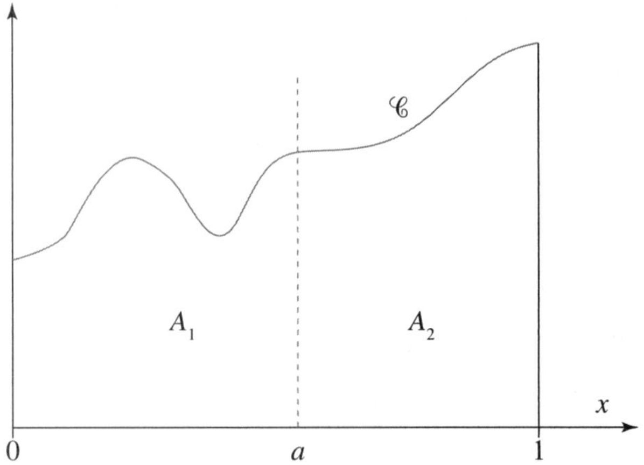

On note :

- $\mathscr{C}$ la représentation graphique de la fonction f dans un repère orthogonal ;
- A_1 l'aire du domaine plan limité par l'axe des abscisses et la courbe $\mathscr{C}$ d'une part, les droites d'équations $x = 0$ et $x = a$ d'autre part ;
- A_2 l'aire du domaine plan limité par l'axe des abscisses et la courbe $\mathscr{C}$ d'une part, les droites d'équations $x = a$ et $x = 1$ d'autre part.

Le but de cet exercice est de déterminer, pour différentes fonctions f, une valeur du réel a vérifiant la condition (E) « les aires A_1 et A_2 sont égales ». On admet l'existence d'un tel réel a pour chacune des fonctions considérées.

Partie A Étude de quelques exemples

1 Vérifier que, dans les cas suivants, la condition (E) est remplie pour un unique réel a, et déterminer sa valeur :

a. f est une fonction constante strictement positive ;

b. f est définie pour tout réel x de $[0, 1]$ par $f(x) = x$.

2 **a.** À l'aide d'intégrales, exprimer (en unité d'aire) les aires A_1 et A_2.
b. On note F une primitive de la fonction f sur l'intervalle [0, 1].
Démontrer que si le réel a satisfait la condition (E), alors :

$$F(a) = \frac{F(0) + F(1)}{2}$$

La réciproque est-elle vraie ?

3 Dans cette question, on envisage deux autres fonctions particulières.
a. La fonction f est définie pour tout réel x de [0, 1] par $f(x) = e^x$.
Vérifier que la condition (E) est remplie pour un unique réel a, et déterminer sa valeur.

b. La fonction f est définie pour tout réel x de [0, 1] par $f(x) = \frac{1}{(x+2)^2}$.
Vérifier que la valeur $a = \frac{2}{5}$ convient.

Partie B Utilisation d'une suite pour déterminer une valeur approchée de *a*

Dans cette partie, on considère la fonction f définie pour tout réel x de [0, 1] par :

$$f(x) = 4 - 3x^2.$$

1 Démontrer que si a est un réel satisfaisant la condition (E), alors a est solution de l'équation :

$$x = \frac{x^3}{4} + \frac{3}{8}.$$

Dans la suite de l'exercice, on admettra que cette équation a une unique solution dans l'intervalle [0, 1]. On note a cette solution.

2 On considère la fonction g définie pour tout réel x de l'intervalle [0, 1] par :

$$g(x) = \frac{x^3}{4} + \frac{3}{8}$$

et la suite (u_n) définie par $u_0 = 0$ et, pour tout entier naturel n :

$$u_{n+1} = g(u_n).$$

a. Calculer u_1.
b. Démontrer que la fonction g est croissante sur l'intervalle [0, 1].
c. Démontrer par récurrence que, pour tout entier naturel n, on a :

$$0 \leq u_n \leq u_{n+1} \leq 1.$$

d. Prouver que la suite (u_n) est convergente. À l'aide des opérations sur les limites, prouver que sa limite est égale à a.

On admet que le réel a vérifie l'inégalité $0 < a - u_{10} < 10^{-9}$. Calculer u_{10} à 10^{-8} près.

EXERCICES

50 min

Inde, avril 2015 **4 pts**

31 Fonction exponentielle, Équation, Calcul d'aire

Partie A

Soit f la fonction définie sur $\mathbb{R}$ par :

$$f(x) = \frac{3}{1 + e^{-2x}}.$$

Sur le graphique ci-après, on a tracé, dans un repère orthogonal $(O ; \vec{i}, \vec{j})$, la courbe représentative $\mathscr{C}$ de la fonction f et la droite Δ d'équation $y = 3$.

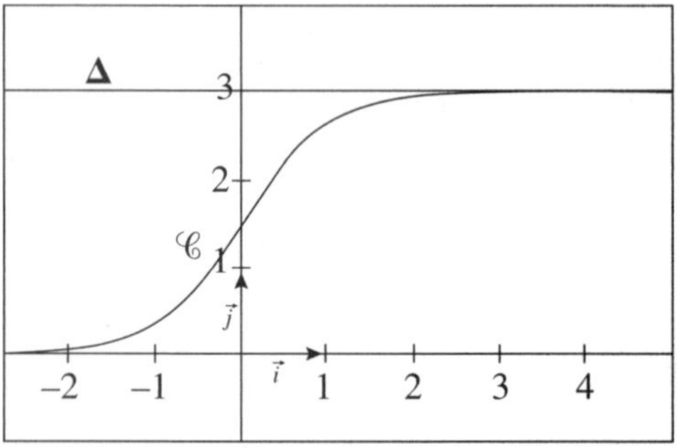

1 Démontrer que la fonction f est strictement croissante sur $\mathbb{R}$.

2 Justifier que la droite Δ est asymptote à la courbe $\mathscr{C}$.

3 Démontrer que l'équation $f(x) = 2{,}999$ admet une unique solution α sur $\mathbb{R}$. Déterminer un encadrement de α d'amplitude 10^{-2}.

Partie B

Soit h la fonction définie sur $\mathbb{R}$ par $h(x) = 3 - f(x)$.

1 Justifier que la fonction h est positive sur $\mathbb{R}$.

2 On désigne par H la fonction définie sur $\mathbb{R}$ par $H(x) = -\frac{3}{2}\ln(1 + e^{-2x})$. Démontrer que H est une primitive de h sur $\mathbb{R}$.

3 Soit a un réel strictement positif.

a. Donner une interprétation graphique de l'intégrale $\int_0^a h(x)\,dx$.

b. Démontrer que $\int_0^a h(x)\,dx = \frac{3}{2}\ln\left(\frac{2}{1 + e^{-2a}}\right)$.

c. On note $\mathscr{D}$ l'ensemble des points M(x ; y) du plan défini par :

$$\begin{cases} x \geq 0 \\ f(x) \leq y \leq 3 \end{cases}$$

Déterminer l'aire, en unité d'aire, du domaine $\mathscr{D}$.

Polynésie, juin 2015 — 6 pts — 1 h 30

32 Famille de fonctions, Fonction exponentielle, Suite, Calcul d'aire

Pour tout entier naturel n, on définit la fonction f_n pour tout réel x de l'intervalle [0 ; 1] par :

$$f_n(x) = x + e^{n(x-1)}.$$

On note $\mathscr{C}_n$ la représentation graphique de la fonction f_n dans un repère orthogonal.

Quelques-unes des courbes $\mathscr{C}_n$ sont représentées ci-dessous.

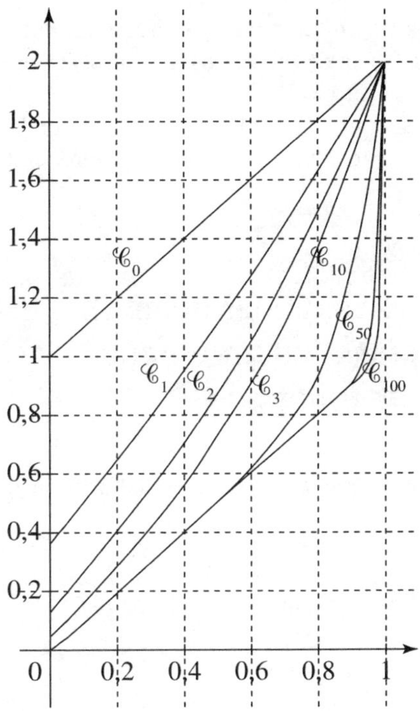

Partie A **Généralités sur les fonctions f_n**

1 Démontrer que, pour tout entier naturel n, la fonction f_n est croissante et positive sur l'intervalle [0 ; 1].

2 Montrer que les courbes $\mathscr{C}_n$ ont toutes un point commun A, et préciser ses coordonnées.

3 À l'aide des représentations graphiques, peut-on conjecturer le comportement des coefficients directeurs des tangentes en A aux courbes $\mathscr{C}_n$ pour les grandes valeurs de n ? Démontrer cette conjecture.

Partie B **Évolution de $f_n(x)$ lorsque x est fixé**

Soit x un réel fixé de l'intervalle [0 ; 1].
Pour tout entier naturel n, on pose $u_n = f_n(x)$.

1 Dans cette question, on suppose que $x = 1$. Étudier la limite éventuelle de la suite (u_n).

2 Dans cette question, on suppose que $0 \leq x < 1$. Étudier la limite éventuelle de la suite (u_n).

Partie C **Aire sous les courbes $\mathscr{C}_n$**

Pour tout entier naturel n, on note A_n l'aire, exprimée en unité d'aire, du domaine situé entre l'axe des abscisses, la courbe $\mathscr{C}_n$ et les droites d'équations respectives $x = 0$ et $x = 1$.
À partir des représentations graphiques, conjecturer la limite de la suite (A_n) lorsque l'entier n tend vers $+\infty$, puis démontrer cette conjecture.

Liban, mai 2013 — **6 pts** — 1 h 10

33 Fonction exponentielle, Interprétation graphique, Suite de fonctions

Étant donné un nombre réel k, on considère la fonction f_k définie sur $\mathbb{R}$ par :

$$f_k(x) = \frac{1}{1 + e^{-kx}}.$$

Le plan est muni d'un repère orthonormé $(O ; \vec{i}, \vec{j})$.

Partie A

Dans cette partie, on choisit $k = 1$. On a donc, pour tout réel x, $f_1(x) = \dfrac{1}{1 + e^{-x}}$.

La représentation graphique $\mathscr{C}_1$ de la fonction f_1 dans le repère $(O ; \vec{i}, \vec{j})$ est donnée ci-après.

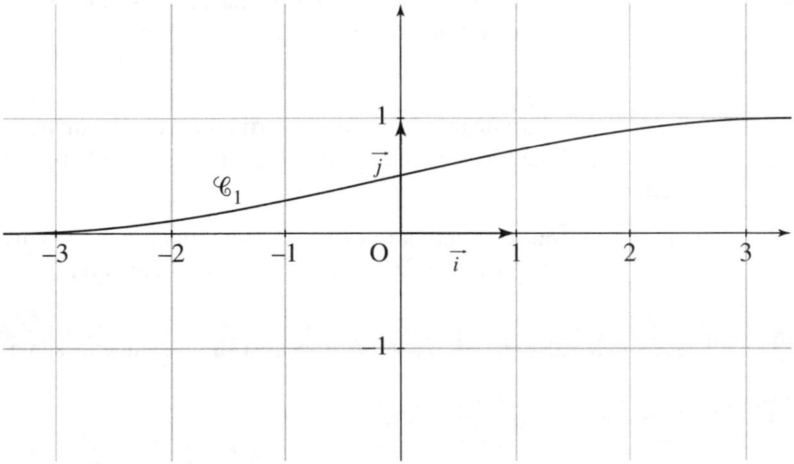

1 Déterminer les limites de $f_1(x)$ en $+\infty$ et en $-\infty$ et interpréter graphiquement les résultats obtenus.

2 Démontrer que, pour tout réel x, $f_1(x) = \dfrac{e^x}{1 + e^x}$.

3 On appelle f_1' la fonction dérivée de f_1 sur $\mathbb{R}$. Calculer, pour tout réel x, $f_1'(x)$. En déduire les variations de la fonction f_1 sur $\mathbb{R}$.

4 On définit le nombre $I = \int_0^1 f_1(x)\, dx$.

Montrer que $I = \ln\left(\dfrac{1 + e}{2}\right)$. Donner une interprétation graphique de I.

Partie B

Dans cette partie, on choisit $k = -1$ et on souhaite tracer la courbe $\mathscr{C}_{-1}$ représentant la fonction f_{-1}.
Pour tout réel x, on appelle P le point de $\mathscr{C}_1$ d'abscisse x et M le point de $\mathscr{C}_{-1}$ d'abscisse x.
On note K le milieu du segment [MP].

1 Montrer que, pour tout réel x :

$$f_1(x)+f_{-1}(x)=1.$$

2 En déduire que le point K appartient à la droite d'équation $y=\dfrac{1}{2}$.

3 Tracer la courbe $\mathscr{C}_{-1}$ sur la figure de la **partie A**.

4 En déduire l'aire, en unités d'aire, du domaine délimité par les courbes $\mathscr{C}_1$, $\mathscr{C}_{-1}$, l'axe des ordonnées et la droite d'équation $x=1$.

Partie C

Dans cette partie, on ne privilégie pas de valeur particulière du paramètre k. Pour chacune des affirmations suivantes, dire si elle est vraie ou fausse et justifier la réponse.

1 Quelle que soit la valeur du nombre réel k, la représentation graphique de la fonction f_k est strictement comprise entre les droites d'équations $y=0$ et $y=1$.

2 Quelle que soit la valeur du réel k, la fonction f_k est strictement croissante.

3 Pour tout réel $k\geq 10$, $f_k\left(\dfrac{1}{2}\right)\geq 0{,}99$.

Antilles-Guyane, juin 2013 **5 pts** 1 heure

34 Fonction exponentielle, Famille de fonctions, Position relative de deux courbes, Limite

Dans tout ce qui suit, m désigne un nombre réel quelconque.

Partie A

Soit f la fonction définie et dérivable sur l'ensemble des nombres réels $\mathbb{R}$ telle que :

$$f(x)=(x+1)\,\mathrm{e}^x.$$

1 Calculer la limite de f en $+\infty$ et en $-\infty$.

2 On note f' la fonction dérivée de la fonction f sur $\mathbb{R}$.
Démontrer que pour tout réel x, $f'(x)=(x+2)\,\mathrm{e}^x$.

3 Dresser le tableau de variation de f sur $\mathbb{R}$.

Partie B

On définit la fonction g_m sur $\mathbb{R}$ par $g_m(x) = x + 1 - me^{-x}$.
On note $\mathscr{C}_m$ la courbe de la fonction g_m dans un repère $(O ; \vec{i}, \vec{j})$ du plan.

1 **a.** Démontrer que $g_m(x) = 0$ si et seulement si $f(x) = m$.
b. Déduire de la **partie A**, sans justification, le nombre de points d'intersection de la courbe $\mathscr{C}_m$ avec l'axe des abscisses en fonction du réel m.

2 On a représenté ci-dessous les courbes $\mathscr{C}_0$, $\mathscr{C}_e$ et $\mathscr{C}_{-e}$ (obtenues en prenant respectivement pour m les valeurs 0, e et −e).
Identifier chacune de ces courbes sur la figure ci-dessous en justifiant.

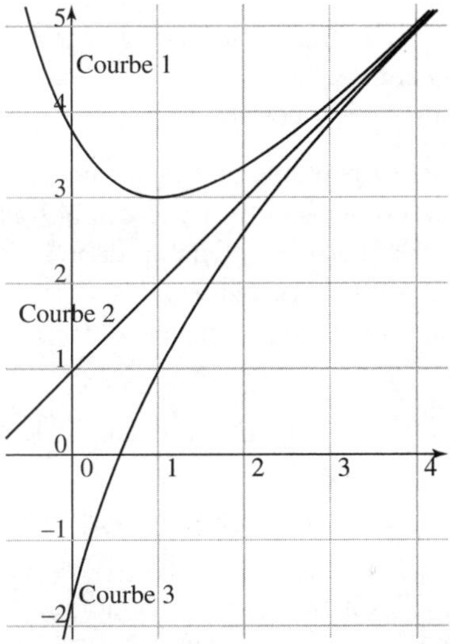

3 Étudier la position de la courbe $\mathscr{C}_m$ par rapport à la droite $\mathscr{D}$ d'équation $y = x + 1$ suivant les valeurs du réel m.

4 **a.** On appelle D_2 la partie du plan comprise entre les courbes $\mathscr{C}_e$, $\mathscr{C}_{-e}$, l'axe (Oy) et la droite $x = 2$. Hachurer D_2 sur la figure ci-avant.
b. Dans cette question, a désigne un réel positif, D_a la partie du plan comprise entre $\mathscr{C}_e$, $\mathscr{C}_{-e}$, l'axe (Oy) et la droite Δ_a d'équation $x = a$. On désigne par $\mathscr{A}(a)$ l'aire de cette partie du plan exprimée en unités d'aire.
Démontrer que pour tout réel a positif :

$$\mathscr{A}(a) = 2e - 2e^{1-a}.$$

En déduire la limite de $\mathscr{A}(a)$ quand a tend vers $+\infty$.

EXERCICES

Polynésie, juin 2013 **6 pts** 1 h 10

35 Fonction exponentielle, Algorithme, Approximation d'une aire

On considère la fonction f définie sur $\mathbb{R}$ par $f(x) = (x + 2)\,e^{-x}$. On note $\mathscr{C}$ la courbe représentative de la fonction f dans un repère orthogonal.

1 Étude de la fonction f

a. Déterminer les coordonnées des points d'intersection de la courbe $\mathscr{C}$ avec les axes du repère.

b. Étudier les limites de la fonction f en $-\infty$ et en $+\infty$. En déduire les éventuelles asymptotes à la courbe $\mathscr{C}$.

c. Étudier les variations de la fonction f sur $\mathbb{R}$.

2 Calcul d'une valeur approchée de l'aire sous une courbe

On note $\mathscr{D}$ le domaine compris entre l'axe des abscisses, la courbe $\mathscr{C}$ et les droites d'équation $x = 0$ et $x = 1$. On approche l'aire du domaine $\mathscr{D}$ en calculant une somme d'aires de rectangles.

a. Dans cette question, on découpe l'intervalle $[0\,;\,1]$ en quatre intervalles de même longueur :

- sur l'intervalle $\left[0\,;\,\frac{1}{4}\right]$, on construit un rectangle de hauteur $f(0)$;
- sur l'intervalle $\left[\frac{1}{4}\,;\,\frac{1}{2}\right]$, on construit un rectangle de hauteur $f\left(\frac{1}{4}\right)$;
- sur l'intervalle $\left[\frac{1}{2}\,;\,\frac{3}{4}\right]$, on construit un rectangle de hauteur $f\left(\frac{1}{2}\right)$;
- sur l'intervalle $\left[\frac{3}{4}\,;\,1\right]$, on construit un rectangle de hauteur $f\left(\frac{3}{4}\right)$.

Cette construction est illustrée ci-dessous.

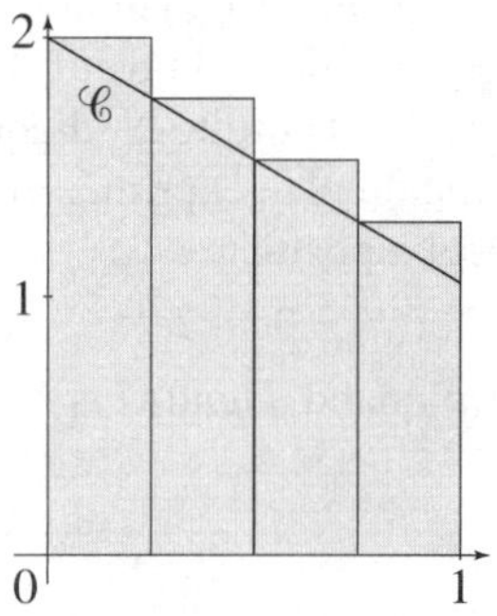

L'algorithme ci-dessous permet d'obtenir une valeur approchée de l'aire du domaine $\mathcal{D}$ en ajoutant les aires des quatre rectangles précédents :

Variables :	k est un nombre entier
	S est un nombre réel
Initialisation :	Affecter à S la valeur 0
Traitement :	Pour k variant de 0 à 3
	Affecter à S la valeur $S + \frac{1}{4} f\left(\frac{k}{4}\right)$
	Fin Pour
Sortie :	Afficher S

Donner une valeur approchée à 10^{-3} près du résultat affiché par cet algorithme.

b. Dans cette question, N est un nombre entier strictement supérieur à 1. On découpe l'intervalle [0 ; 1] en N intervalles de même longueur. Sur chacun de ces intervalles, on construit un rectangle en procédant de la même manière qu'à la question **2 a.**

Modifier l'algorithme précédent afin qu'il affiche en sortie la somme des aires des N rectangles ainsi construits.

3 Calcul de la valeur exacte de l'aire sous une courbe

Soit g la fonction définie sur $\mathbb{R}$ par $g(x) = (-x - 3)e^{-x}$. On admet que la fonction g est une primitive de la fonction f sur $\mathbb{R}$.

a. Calculer l'aire exacte $\mathcal{A}$ du domaine $\mathcal{D}$, exprimée en unités d'aire.

b. Donner une valeur approchée à 10^{-3} près de l'erreur commise en remplaçant $\mathcal{A}$ par la valeur approchée trouvée au moyen de l'algorithme à la question **2 a.**, c'est-à-dire de l'écart entre ces deux valeurs.

EXERCICES

Centres étrangers, juin 2015 — **5 pts** — 1 heure

36 Fonction logarithme, Partage de domaine

Les parties A et B sont indépendantes.

Le fabricant de cadenas de la marque « K » désire imprimer un logo pour son entreprise.

Ce logo a la forme d'une lettre majuscule K stylisée, inscrite dans un carré ABCD, de côté une unité de longueur, et respectant les conditions C1 et C2 suivantes.

- Condition C1 : la lettre K doit être constituée de trois lignes :
  - une des lignes est le segment [AD] ;

- une deuxième ligne a pour extrémités le point A et un point E du segment [DC] ;
- la troisième ligne a pour extrémités le point B et un point G situé sur la deuxième ligne.

• Condition C2 : l'aire de chacune des trois surfaces délimitées par les trois lignes dessinées dans le carré doit être comprise entre 0,3 et 0,4, l'unité d'aire étant celle du carré. Ces aires sont notées r, s, t sur les figures ci-après.

Un atelier de design propose deux dessins possibles, représentés ci-dessous.

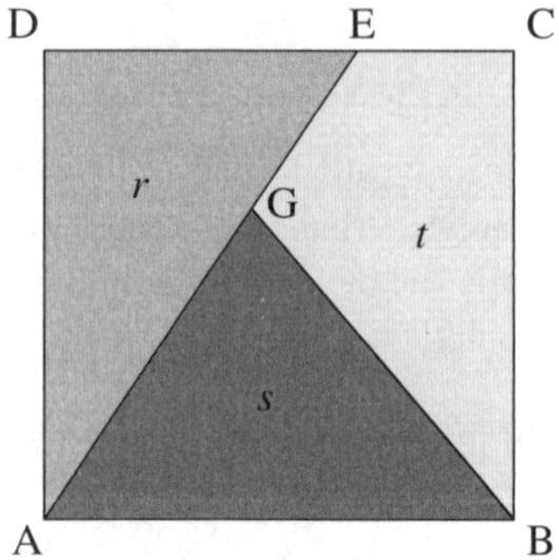

Proposition A

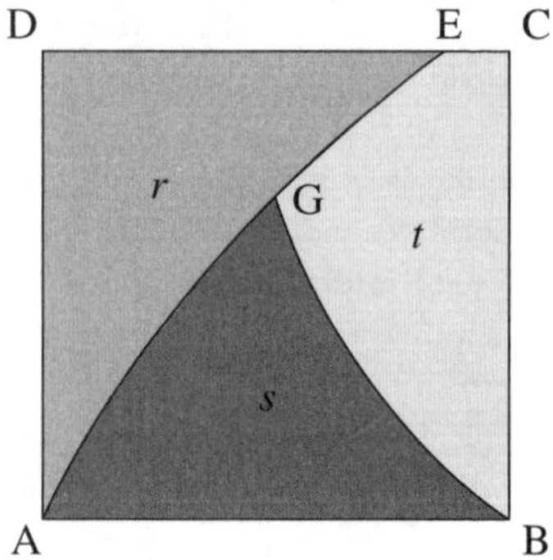

Proposition B

Pour mener les études qui suivent, on se place dans le repère orthonormé $(A\ ;\ \overrightarrow{AB}, \overrightarrow{AD})$.

Partie A Étude de la proposition A

Dans cette proposition, les trois lignes sont des segments et les trois aires sont égales :

$$r = s = t = \frac{1}{3}.$$

Déterminer les coordonnées des points E et G.

Partie B Étude de la proposition B

Cette proposition est caractérisée par les deux modalités suivantes :

• la ligne d'extrémités A et E est une portion de la représentation graphique de la fonction f définie pour tout réel $x \geq 0$ par $f(x) = \ln(2x + 1)$;

• la ligne d'extrémités B et G est une portion de la représentation graphique de la fonction g définie pour tout réel $x > 0$ par $g(x) = k\left(\frac{1 - x}{x}\right)$, où k est un réel positif qui sera déterminé.

1 **a.** Déterminer l'abscisse du point E.

b. Déterminer la valeur du réel k, sachant que l'abscisse du point G est égale à 0,5.

2 **a.** Démontrer que la fonction f admet pour primitive la fonction F définie pour tout réel $x \geq 0$ par :

$$F(x) = (x + 0{,}5) \times \ln(2x + 1) - x.$$

b. Démontrer que $r = \frac{e}{2} - 1$.

3 Déterminer une primitive G de la fonction g sur l'intervalle $]0, +\infty[$.

4 On admet que les résultats précédents permettent d'établir que :

$$s = (\ln(2))^2 + \frac{\ln(2) - 1}{2}.$$

La proposition B remplit-elle les conditions imposées par le fabricant ?

1 h 10

Amérique du Nord, juin 2016 — **6 pts**

37 Fonction logarithme, Calcul d'aire et de volume, Algorithme

Un particulier veut faire fabriquer un récupérateur d'eau.
Ce récupérateur d'eau est une cuve qui doit respecter le cahier des charges suivant :

- elle doit être située à deux mètres de sa maison ;
- la profondeur maximale doit être de deux mètres ;
- elle doit mesurer cinq mètres de long ;
- elle doit épouser la pente naturelle du terrain.

Cette cuve est schématisée ci-dessous.

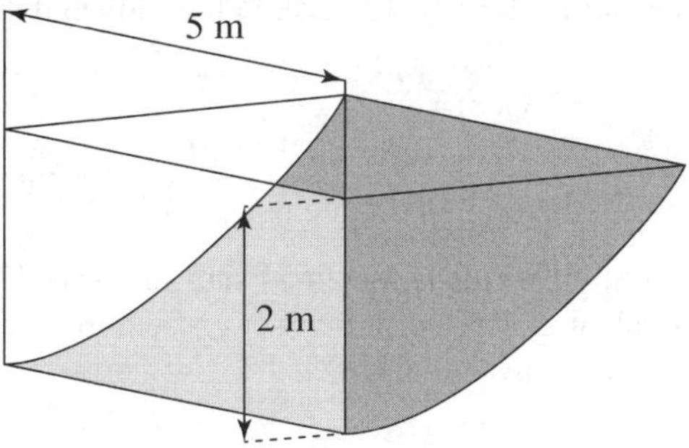

La partie incurvée est modélisée par la courbe $\mathscr{C}_f$ de la fonction f sur l'intervalle $[2 ; 2e]$ définie par :

$$f(x) = x\ln\left(\frac{x}{2}\right) - x + 2.$$

EXERCICES

La courbe $\mathscr{C}_f$ est représentée ci-dessous dans un repère orthonormé d'unité 1 m et constitue une vue de profil de la cuve.
On considère les points A(2 ; 2), I(2 ; 0) et B(2e ; 2).

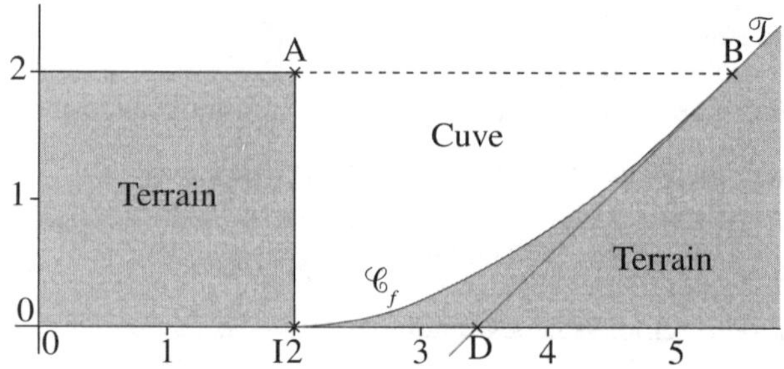

Partie A

L'objectif de cette partie est d'évaluer le volume de la cuve.

1 Justifier que les points B et I appartiennent à la courbe $\mathscr{C}_f$ et que l'axe des abscisses est tangent à la courbe $\mathscr{C}_f$ au point I.

2 On note $\mathscr{T}$ la tangente à la courbe $\mathscr{C}_f$ au point B, et D le point d'intersection de la droite $\mathscr{T}$ avec l'axe des abscisses.
a. Déterminer une équation de la droite $\mathscr{T}$ et en déduire les coordonnées de D.
b. On s'appelle S l'aire du domaine délimité par la courbe $\mathscr{C}_f$, les droites d'équation $y = 2$, $x = 2$ et $x = 2\text{e}$. S peut être encadrée par l'aire du triangle ABI et celle du trapèze AIDB.
Quel encadrement du volume de la cuve peut-on en déduire ?

3 **a.** Montrer que, sur l'intervalle [2 ; 2e], la fonction G définie par :

$$\mathrm{G}(x) = \frac{x^2}{2}\ln\left(\frac{x}{2}\right) - \frac{x^2}{4}$$

est une primitive de la fonction g définie par $g(x) = x\ln\left(\frac{x}{2}\right)$.
b. En déduire une primitive F de la fonction f sur l'intervalle [2 ; 2e].
c. Déterminer la valeur exacte de l'aire S et en déduire une valeur approchée du volume V de la cuve au m^3 près.

Partie B

Pour tout réel x compris entre 2 et 2e, on note $v(x)$ le volume d'eau, exprimé en m^3, se trouvant dans la cuve lorsque la hauteur d'eau dans la cuve est à égale à $f(x)$.

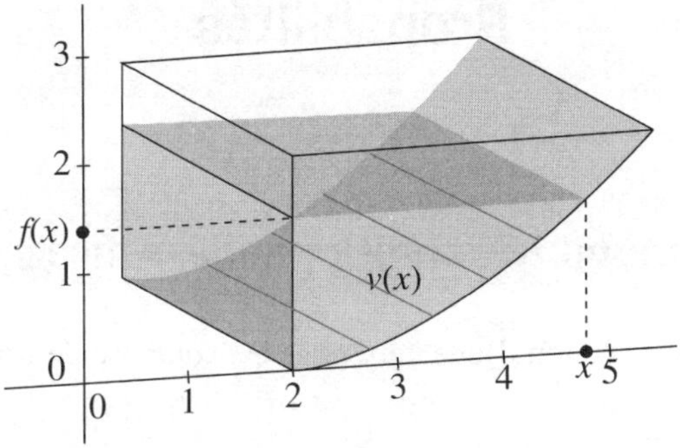

On admet que, pour tout réel x de l'intervalle [2 ; 2e] :

$$v(x) = 5\left(\frac{x^2}{2}\ln\left(\frac{x}{2}\right) - 2x\ln\left(\frac{x}{2}\right) - \frac{x^2}{4} + 2x - 3\right).$$

1 Quel volume d'eau, au m^3 près, y a-t-il dans la cuve lorsque la hauteur d'eau dans la cuve est de un mètre ?

2 On rappelle que V est le volume total de la cuve, f est la fonction définie en début d'exercice et v la fonction définie dans la **partie B**.
On considère l'algorithme ci-dessous :

```
Variables :    a est un réel
               b est un réel
Traitement :   a prend la valeur 2
               b prend la valeur 2e
               Tant que v(b) – v(a) > 10^–3 faire :
               |   c prend la valeur (a + b)/2
               |   Si v(c) < V/2, alors :
               |      | a prend la valeur c
               |   Sinon
               |      | b prend la valeur c
               |   Fin Si
               Fin Tant que
Sortie :       Afficher f(c)
```

Interpréter le résultat que cet algorithme permet d'afficher.

EXERCICES

Probabilités

Centres étrangers, juin 2008 — 4 pts — 50 min

38 Probabilité conditionnelle, Arbre

Le secteur de production d'une entreprise est composé de trois catégories de personnel :

- les ingénieurs ;
- les opérateurs de production ;
- les agents de maintenance.

Il y a 8 % d'ingénieurs et 82 % d'opérateurs de production. Les femmes représentent 50 % des ingénieurs, 25 % des agents de maintenance et 60 % des opérateurs de production.

Partie A

Dans cette partie, on interroge au hasard un membre du personnel de cette entreprise.
On note :

- M l'événement « le personnel interrogé est un agent de maintenance » ;
- O l'événement « le personnel interrogé est un opérateur de production » ;
- I l'événement « le personnel interrogé est un ingénieur » ;
- F l'événement « le personnel interrogé est une femme ».

1 Construire un arbre pondéré correspondant aux données.

2 Calculer la probabilité d'interroger :
a. un agent de maintenance ;
b. une femme agent de maintenance ;
c. une femme.

Partie B

Le service de maintenance effectue l'entretien des machines, mais il est appelé aussi à intervenir en cas de panne.
Pour cela, une alarme est prévue ; des études ont montré que sur une journée :

- la probabilité qu'il n'y ait pas de panne et que l'alarme se déclenche est égale à 0,002 ;
- la probabilité qu'une panne survienne et que l'alarme ne se déclenche pas est égale à 0,003 ;

• la probabilité qu'une panne se produise est égale à 0,04.
On note :

• A l'événement : « l'alarme se déclenche » ;

• B l'événement : « une panne se produit ».

1 Démontrer que la probabilité qu'une panne survienne et que l'alarme se déclenche est égale à 0,037.

2 Calculer la probabilité que l'alarme se déclenche.

3 Calculer la probabilité qu'il y ait une panne sachant que l'alarme se déclenche.

La Réunion, juin 2002 — 4 pts — 50 min

39 Probabilité conditionnelle, Arbre

Dans un lot de 100 pièces de monnaie toutes de même apparence, ont été mélangées 60 pièces équilibrées et 40 pièces truquées.
La probabilité d'apparition de « PILE » lors d'un jet d'une pièce truquée est $\frac{3}{4}$.
La probabilité d'apparition de « PILE » lors d'un jet d'une pièce équilibrée est $\frac{1}{2}$.
On suppose que les différents lancers dont il sera question dans la suite sont indépendants les uns des autres.
La probabilité d'un événement A est notée $p(A)$. On désigne par $\overline{A}$ l'événement contraire de A.
La probabilité conditionnelle de A sachant que l'événement B est réalisé est notée $p_B(A)$.
Les résultats seront donnés sous forme de fractions irréductibles.

1 On prend une pièce au hasard et on la lance :
soit T l'événement « la pièce est truquée » ;
soit P l'événement « on obtient PILE ».
a. Calculer la probabilité d'obtenir « PILE » (on pourra s'aider d'un arbre).
b. Quelle est la probabilité que la pièce soit truquée sachant que l'on a obtenu « PILE » ?

2 On prend une pièce au hasard et on la lance quatre fois.

• si au cours des quatre lancers on obtient quatre fois « PILE », on décide d'éliminer la pièce ;

EXERCICES

• dans le cas contraire, on décide de conserver la pièce.
On note E l'événement « la pièce est éliminée ».

a. Quelle est la probabilité que la pièce soit éliminée sachant qu'elle est équilibrée ?

b. Quelle est la probabilité que la pièce soit conservée sachant qu'elle est truquée ?

c. Quelle est la probabilité d'avoir pris une pièce équilibrée et de l'avoir éliminée ou d'avoir pris une pièce truquée et de l'avoir conservée ?

Asie, juin 2008 — **5 pts** — 1 heure

40 Probabilité conditionnelle, Arbre, Suite, Convergence

On considère plusieurs sacs de billes $S_1, S_2, ..., S_n, ...$ tels que :

• le premier, S_1, contient 3 billes jaunes et 2 vertes ;
• chacun des suivants, $S_2, S_3, ..., S_n, ...$ contient 2 billes jaunes et 2 vertes.

Le but de cet exercice est d'étudier l'évolution des tirages successifs d'une bille de ces sacs, effectués de la manière suivante :

• on tire au hasard une bille dans S_1 ;
• on place la bille tirée de S_1 dans S_2, puis on tire au hasard une bille dans S_2 ;
• on place la bille tirée de S_2 dans S_3, puis on tire au hasard une bille dans S_3 ;
• etc...

Pour tout entier $n \geq 1$, on note E_n l'événement « la bille tirée dans S_n est verte » et on note $p(E_n)$ sa probabilité.

1 Mise en évidence d'une relation de récurrence

a. D'après l'énoncé, donner les valeurs de $p(E_1)$, $p_{E_1}(E_2)$, $p_{\overline{E_1}}(E_2)$. En déduire la valeur de $p(E_2)$.

b. À l'aide d'un arbre pondéré, exprimer $p(E_{n+1})$ en fonction de $p(E_n)$.

2 Étude d'une suite

On considère la suite (u_n) définie par :

$$\begin{cases} u_1 = \dfrac{2}{5} \\ u_{n+1} = \dfrac{1}{5}u_n + \dfrac{2}{5} \text{ pour tout } n \geq 1 \end{cases}$$

a. Démontrer que la suite (u_n) est majorée par $\frac{1}{2}$.

b. Démontrer que (u_n) est croissante.

c. Justifier que la suite (u_n) est convergente et préciser sa limite.

3 Évolution des probabilités $p(E_n)$

a. À l'aide des résultats précédents, déterminer l'évolution des probabilités $p(E_n)$.

b. Pour quelles valeurs de l'entier n a-t-on :

$$0{,}49999 \leq p(E_n) \leq 0{,}5 \ ?$$

Antilles-Guyane, septembre 2013 **5 pts** 1 heure

41 Probabilité conditionnelle, Arbre, Marche aléatoire, Algorithme, Suite

Les deux parties sont indépendantes.

Le robot Tom doit emprunter un pont sans garde-corps de 10 pas de long et de 2 pas de large. Sa démarche est très particulière :

- soit il avance d'un pas tout droit ;
- soit il se déplace en diagonale vers la gauche (déplacement équivalent à un pas vers la gauche et un pas tout droit) ;
- soit il se déplace en diagonale vers la droite (déplacement équivalent à un pas vers la droite et un pas tout droit).

On suppose que ces trois types de déplacement sont aléatoires et équiprobables.

L'objectif de cet exercice est d'estimer la probabilité p de l'événement S « Tom traverse le pont » c'est-à-dire « Tom n'est pas tombé dans l'eau et se trouve encore sur le pont au bout de 10 déplacements. »

Partie A Modélisation et simulation

On schématise le pont par un rectangle dans le plan muni d'un repère orthonormé (O, I, J) comme l'indique la figure ci-dessous. On suppose que Tom se trouve au point de coordonnées (0 ; 0) au début de la traversée. On note $(x \,;\, y)$ les coordonnées de la position de Tom après x déplacements.

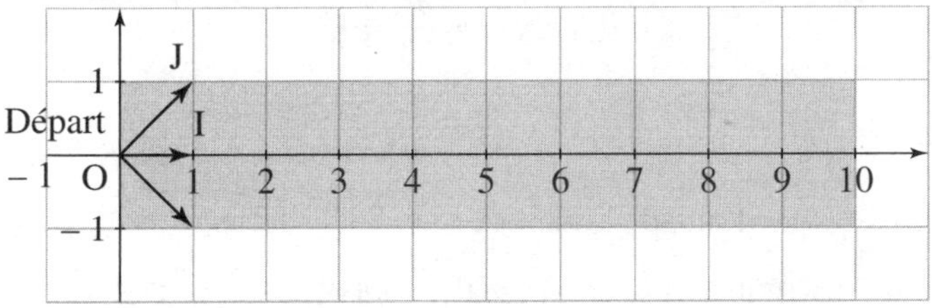

On a écrit l'algorithme suivant qui simule la position de Tom au bout de x déplacements :

```
x, y, n sont des entiers
Affecter à x la valeur 0
Affecter à y la valeur 0
Tant que y ≥ –1 et y ≤ 1 et x ≤ 9
    Affecter à n une valeur choisie au hasard entre –1, 0 et 1
    Affecter à y la valeur y + n
    Affecter à x la valeur x + 1
Fin tant que
Afficher « la position de Tom est » (x ; y)
```

1 On donne les couples suivants : (–1 ; 1) ; (10 ; 0) ; (2 ; 4) ; (10 ; 2). Lesquels ont pu être obtenus avec cet algorithme ? Justifier la réponse.

2 Modifier cet algorithme pour qu'à la place de « la position de Tom est $(x ; y)$ », il affiche finalement « Tom a réussi la traversée » ou « Tom est tombé ».

Partie B

Pour tout n entier naturel compris entre 0 et 10, on note :
A_n l'événement « après n déplacements, Tom se trouve sur un point d'ordonnée –1 ».
B_n l'événement « après n déplacements, Tom se trouve sur un point d'ordonnée 0 ».
C_n l'événement « après n déplacements, Tom se trouve sur un point d'ordonnée 1 ».
On note a_n, b_n, c_n les probabilités respectives des événements A_n, B_n, C_n.

1 Justifier que $a_0 = 0$, $b_0 = 1$, $c_0 = 0$.

2 Montrer que pour tout entier naturel n compris entre 0 et 9 :

$$\begin{cases} a_{n+1} = \dfrac{a_n + b_n}{3} \\ b_{n+1} = \dfrac{a_n + b_n + c_n}{3} \\ c_{n+1} = \dfrac{b_n + c_n}{3} \end{cases}$$

On pourra s'aider d'un arbre pondéré.

3 Calculer les probabilités $p(A_1)$, $p(B_1)$ et $p(C_1)$.

4 Calculer la probabilité que Tom se trouve sur le pont au bout de deux déplacements.

5 À l'aide d'un tableur, on a obtenu la feuille de calcul ci-après qui donne des valeurs approchées de a_n, b_n, c_n, pour n compris entre 0 et 10.
Donner une valeur approchée à 0,001 près de la probabilité que Tom traverse le pont (on pourra s'aider du tableau ci-dessous).

n	a_n	b_n	c_n
0	0	1	0
1	0,333 333	0,333 333	0,333 333
2	0,222 222	0,333 333	0,222 222
3	0,185 185	0,259 259	0,185 185
4	0,148 148	0,209 877	0,148 148
5	0,119 342	0,168 724	0,119 342
6	0,096 022	0,135 802	0,096 022
7	0,077 275	0,109 282	0,077 275
8	0,062 186	0,087 944	0,062 186
9	0,050 043	0,070 772	0,050 043
10	0,040 272	0,056 953	0,040 272

La Réunion, juin 2010 **4 pts** 50 min

42 Probabilité conditionnelle, Arbre

Dans cet exercice, tous les résultats seront donnés sous forme de fractions irréductibles.

Partie A

On dispose d'un dé cubique A parfaitement équilibré possédant une face verte, deux faces noires et trois faces rouges.
Un jeu consiste à lancer deux fois de suite et de manière indépendante ce dé. On note à chaque lancer la couleur de la face obtenue.

1 Calculer la probabilité pour qu'à l'issue d'un jeu, les deux faces obtenues soient noires.

2 Soit l'événement C « à l'issue d'un jeu, les deux faces obtenues sont de la même couleur ».
Démontrer que la probabilité de l'événement C est égale à $\frac{7}{18}$.

3 Calculer la probabilité pour qu'à l'issue d'un jeu, les deux faces obtenues soient de couleurs différentes.

4 À l'issue d'un jeu, sachant que les deux faces obtenues sont de la même couleur, quelle est la probabilité pour que les deux faces obtenues soient vertes ?

EXERCICES

Partie B

On dispose d'un second dé cubique B équilibré, présentant quatre faces vertes et deux faces noires. Le nouveau jeu se déroule de la manière suivante : on lance le dé B ;

- si la face obtenue est verte, on lance à nouveau le dé B et on note la couleur de la face obtenue ;
- si la face obtenue est noire, on lance le dé A et on note la couleur de la face obtenue.

1 **a.** Construire un arbre de probabilités traduisant cette situation.
b. Quelle est la probabilité d'obtenir une face verte au deuxième lancer, sachant que l'on a obtenu une face verte au premier lancer ?

2 Montrer que la probabilité d'obtenir deux faces vertes est égale à $\frac{4}{9}$.

3 Quelle est la probabilité d'obtenir une face verte au deuxième lancer ?

Amérique du Sud, novembre 2004 — **5 pts** — 1 heure

43 Probabilité conditionnelle

On note $p_A(B)$ la probabilité conditionnelle de l'événement B sachant que l'événement A est réalisé.
Une urne contient quatre boules rouges et deux boules noires indiscernables au toucher.

1 On effectue au hasard un tirage sans remise de deux boules de l'urne.
On note A_0 l'événement « on n'a obtenu aucune boule noire ».
On note A_1 l'événement « on a obtenu une seule boule noire ».
On note A_2 l'événement « on a obtenu deux boules noires ».
Calculer les probabilités de A_0, A_1 et A_2.

2 Après ce premier tirage, il reste donc 4 boules dans l'urne.
On effectue à nouveau au hasard un tirage sans remise de deux boules de l'urne.
On note B_0 l'événement « on n'a obtenu aucune boule noire au tirage n° 2 ».
On note B_1 l'événement « on a obtenu une seule boule noire au tirage n° 2 ».
On note B_2 l'événement « on a obtenu deux boules noires au tirage n° 2 ».
a. Calculer $p_{A_0}(B_0)$, $p_{A_1}(B_0)$ et $p_{A_2}(B_0)$.
b. En déduire $p(B_0)$.

c. Calculer $p(B_1)$ et $p(B_2)$.
d. On a obtenu une seule boule noire lors de ce second tirage.
Quelle est la probabilité d'avoir obtenu une seule boule noire lors du premier ?

3 On considère l'événement R « il a fallu exactement les deux tirages pour que les deux boules noires soient extraites de l'urne ».

Montrer que $p(R) = \frac{1}{3}$.

D'après sujet de Bac — 5 pts — 1 heure

44 Probabilité conditionnelle, Suite, Convergence

On désigne par n un entier naturel supérieur ou égal à 2.
On imagine n sacs de jetons $S_1, ..., S_n$.
Au départ, le sac S_1 contient deux jetons noirs et un jeton blanc, et chacun des autres sacs contient un jeton noir et un jeton blanc.
On se propose d'étudier l'évolution des tirages successifs d'un jeton de ces sacs, effectués de la façon suivante :
- Première étape : on tire au hasard un jeton S_1.
- Deuxième étape : on place ce jeton dans S_2 et on tire, au hasard, un jeton de S_2.
- Troisième étape : après avoir placé dans S_3 le jeton sorti de S_2, on tire, au hasard, un jeton de S_3 ... et ainsi de suite...

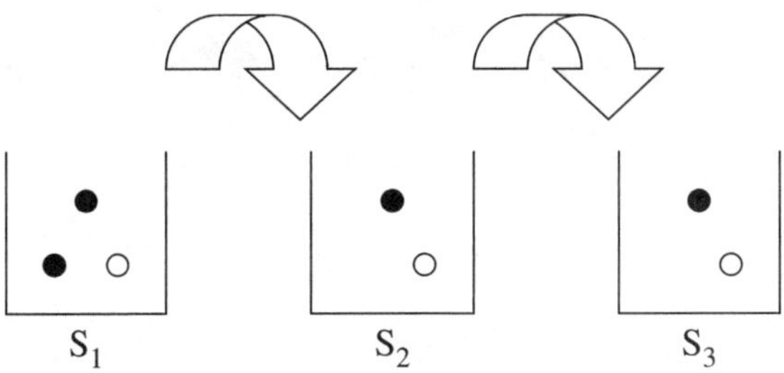

Pour tout entier naturel k tel que $1 \leq k \leq n$, on note E_k l'événement « le jeton sorti de S_k est blanc » et $\overline{E}_k$ l'événement contraire.

1 **a.** Déterminer la probabilité de E_1, notée $p(E_1)$, et les probabilités conditionnelles :

$$p_{E_1}(E_2) \text{ et } p_{\overline{E_1}}(E_2).$$

En déduire la probabilité de E_2, notée $p(E_2)$.

b. Pour tout entier naturel k tel que $1 \leq k \leq n$, la probabilité de E_k est notée p_k.
Justifier la relation de récurrence suivante :

$$p_{k+1} = \frac{1}{3}p_k + \frac{1}{3}.$$

2 **Étude d'une suite (u_k)**

On note (u_k) la suite définie par $u_1 = \frac{1}{3}$ et, pour tout entier $k \geq 1$:

$$u_{k+1} = \frac{1}{3}u_k + \frac{1}{3}.$$

a. On considère la suite (v_k) définie, pour tout élément k de $\mathbb{N}^*$, par :

$$v_k = u_k - \frac{1}{2}.$$

Démontrer que (v_k) est une suite géométrique.

b. En déduire l'expression de u_k en fonction de k. Montrer que la suite (u_k) est convergente et préciser sa limite.

3 Dans cette question, on suppose que $n = 10$.
Déterminer pour quelles valeurs de k on a :

$$0{,}4999 \leq p_k \leq 0{,}5.$$

Variables aléatoires

Nouvelle-Calédonie, novembre 2008 **4 pts** 50 min

45 Probabilité conditionnelle, Arbre, Loi de probabilité, Espérance, Loi binomiale

Un joueur lance une bille qui part de A, puis emprunte obligatoirement une des branches indiquées sur l'arbre ci-dessous pour arriver à l'un des points D, E, F et G.

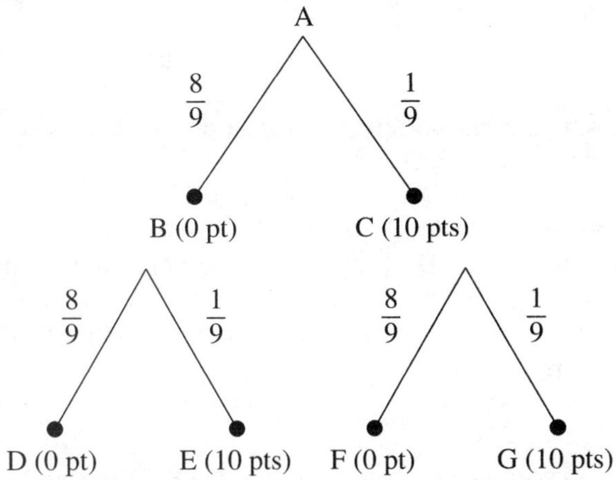

On a marqué sur chaque branche de l'arbre la probabilité pour que la bille l'emprunte après être passée par un nœud. Les nombres entre parenthèses indiquent les points gagnés par le joueur lors du passage de la bille.
On note X la variable aléatoire qui correspond au nombre total de points gagnés à l'issue d'une partie, c'est-à-dire une fois la bille arrivée en D, E, F ou G.

1 Dans cette question, les résultats sont attendus sous forme fractionnaire.
a. Déterminer la loi de probabilité de X.
b. Calculer l'espérance de X.
c. Calculer la probabilité que la bille ait suivi la branche AC, sachant que le joueur a obtenu exactement 10 points.

2 Le joueur effectue huit parties et on suppose que ces huit parties sont indépendantes.

On considère qu'une partie est gagnée si le joueur obtient 20 points à cette partie.
a. Calculer la probabilité qu'il gagne exactement deux parties. On donnera le résultat arrondi au millième.
b. Calculer la probabilité qu'il gagne au moins une partie. On donnera le résultat arrondi au millième.

Antilles-Guyane, juin 2008 **5 pts** 1 heure

46 Probabilité conditionnelle, Arbre, Loi de probabilité, Espérance, Loi binomiale

On dispose de deux urnes U_1 et U_2 contenant des boules indiscernables au toucher.
U_1 contient k boules blanches (k entier naturel supérieur ou égal à 1) et 3 boules noires.
U_2 contient 2 boules blanches et une boule noire.
On tire une boule au hasard dans U_1 et on la place dans U_2. On tire ensuite, au hasard, une boule dans U_2. L'ensemble de ces opérations constitue une épreuve.
On note B_1 (respectivement N_1) l'événement « on a tiré une boule blanche (resp. noire) dans l'urne U_1 ».
On note B_2 (respectivement N_2) l'événement « on a tiré une boule blanche (resp. noire) dans l'urne U_2 ».

1 **a.** Recopier et compléter par les probabilités manquantes l'arbre ci-dessous :

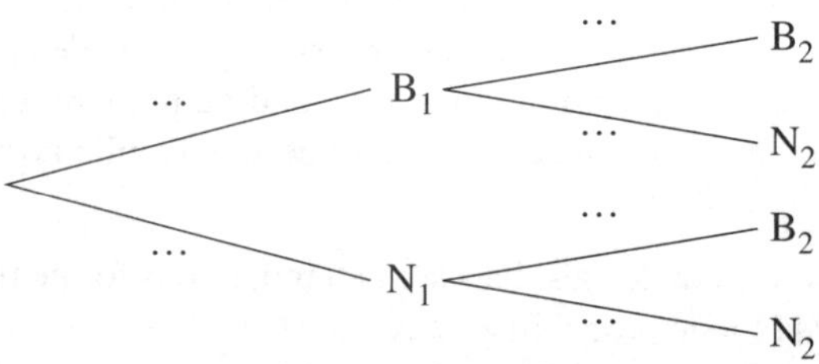

b. Montrer que la probabilité de l'événement B_2 est égale à $\dfrac{3k+6}{4k+12}$.
Dans la suite, on considère que $k = 12$.

*Les questions **2.** et **3.** sont indépendantes l'une de l'autre et peuvent être traitées dans n'importe quel ordre.*

2 Un joueur mise 8 euros et effectue une épreuve.
Si, à la fin de l'épreuve, le joueur tire une boule blanche de la deuxième urne, le joueur reçoit 12 euros.
Sinon, il ne reçoit rien et perd sa mise.
Soit X la variable aléatoire égale au gain du joueur, c'est-à-dire la différence entre la somme reçue et la mise.
a. Montrer que les valeurs possibles de X sont 4 et -8.
b. Déterminer la loi de probabilité de la variable X.
c. Calculer l'espérance mathématique de X.
d. Le jeu est-il favorable au joueur ?

3 Un joueur participe *n* fois de suite à ce jeu.
Au début de chaque épreuve, l'urne U_1 contient 12 boules blanches et 3 noires, et l'urne U_2 contient 2 boules blanches et 1 noire.
Ainsi, les épreuves successives sont indépendantes.
Déterminer le plus petit entier *n* pour que la probabilité de réaliser au moins une fois l'événement B_2 soit supérieure ou égale à 0,99.

Liban, juin 2005 **3 pts** 40 min

47 Probabilité conditionnelle, Loi de probabilité, Espérance

Un fabricant d'écrans plasma teste une première fois ses appareils à la sortie de la chaîne de fabrication.
Si le test est positif (c'est-à-dire si l'écran fonctionne correctement), l'écran est acheminé chez le client. Sinon, l'écran retourne en usine où il est réparé, puis testé une seconde fois. Si ce deuxième test est positif, l'écran est acheminé chez le client, sinon il est détruit.
Une étude statistique a permis de montrer que le test est positif pour 70 % des écrans neufs sortis directement des chaînes de fabrication, mais que parmi les écrans réparés, seulement 65 % d'entre eux passent le second test avec succès.
On note T_1 l'événement « le premier test est positif ».
On note C l'événement « l'écran est acheminé chez le client ».

1 On choisit un écran au hasard à la sortie de la chaîne de fabrication.
Déterminer les probabilités des événements T_1 et C.

2 La fabrication d'un écran revient à 1 000 € au fabricant si l'écran n'est testé qu'une fois.
Cela lui coûte 50 € de plus si l'écran doit être testé une seconde fois.

EXERCICES

Un écran est facturé a euros (a étant un réel positif) au client.
On introduit la variable aléatoire X qui, à chaque écran fabriqué, associe le « gain » (éventuellement négatif) réalisé par le fabricant.
a. Déterminer la loi de probabilité de X en fonction de a.
b. Exprimer l'espérance de X en fonction de a.
c. À partir de quelle valeur de a, l'entreprise peut-elle espérer réaliser des bénéfices ?

Amérique du Nord, juin 2007 **5 pts** 1 heure

48 Probabilité conditionnelle, Arbre, Loi de probabilité, Espérance, Suite

Un joueur débute un jeu au cours duquel il est amené à faire successivement plusieurs parties.
La probabilité que le joueur perde la première partie est de 0,2.
Le jeu se déroule ensuite de la manière suivante :

- s'il gagne une partie, alors il perd la partie suivante avec une probabilité de 0,05 ;
- s'il perd une partie, alors il perd la partie suivante avec une probabilité de 0,1.

1 On appelle :
E_1 l'événement « le joueur perd la première partie » ;
E_2 l'événement « le joueur perd la deuxième partie » ;
E_3 l'événement « le joueur perd la troisième partie ».
On appelle X la variable aléatoire qui donne le nombre de fois où le joueur perd lors des trois premières parties.
On pourra s'aider d'un arbre pondéré.
a. Quelles sont les valeurs prises par X ?
b. Montrer que la probabilité de l'événement (X = 2) est égale à 0,031 et que celle de l'événement (X = 3) est égale à 0,002.
c. Déterminer la loi de probabilité de X.
d. Calculer l'espérance de X.

2 Pour tout entier naturel n non nul, on note E_n l'événement « le joueur perd la n-ième partie », $\overline{E}_n$ l'événement contraire, et on note p_n la probabilité de l'événement E_n.
a. Exprimer, pour tout entier naturel n non nul, les probabilités des événements $E_n \cap E_{n+1}$ et $\overline{E}_n \cap E_{n+1}$ en fonction de p_n.
b. En déduire que $p_{n+1} = 0{,}05\,p_n + 0{,}05$ pour tout entier naturel n non nul.

3 On considère la suite (u_n) définie pour tout entier naturel n non nul par :

$$u_n = p_n - \frac{1}{19}.$$

a. Montrer que (u_n) est une suite géométrique dont on précisera la raison et le premier terme.
b. En déduire, pour tout entier naturel n non nul, u_n, puis p_n en fonction de n.
c. Calculer la limite de p_n quand n tend vers $+\infty$.

France métropolitaine, juin 2013 — **4 pts** — 50 min

49 Probabilité conditionnelle, Arbre, Loi binomiale

Une jardinerie vend de jeunes plants d'arbres qui proviennent de trois horticulteurs : 35 % des plants proviennent de l'horticulteur H_1, 25 % de l'horticulteur H_2 et le reste de l'horticulteur H_3. Chaque horticulteur livre deux catégories d'arbres : des conifères et des arbres à feuilles.
La livraison de l'horticulteur H_1 comporte 80 % de conifères, alors que celle de l'horticulteur H_2 n'en comporte que 50 % et celle de l'horticulteur H_3 seulement 30 %.

1 Le gérant de la jardinerie choisit un arbre au hasard dans son stock.
On envisage les événements suivants :

- H_1 « l'arbre choisi a été acheté chez l'horticulteur H_1 »,
- H_2 « l'arbre choisi a été acheté chez l'horticulteur H_2 »,
- H_3 « l'arbre choisi a été acheté chez l'horticulteur H_3 »,
- C « l'arbre choisi est un conifère »,
- F « l'arbre choisi est un arbre feuillu ».

a. Construire un arbre pondéré traduisant la situation.
b. Calculer la probabilité que l'arbre choisi soit un conifère acheté chez l'horticulteur H_3.
c. Justifier que la probabilité de l'événement C est égale à 0,525.
d. L'arbre choisi est un conifère.
Quelle est la probabilité qu'il ait été acheté chez l'horticulteur H_1 ? On arrondira à 10^{-3}.

2 On choisit au hasard un échantillon de 10 arbres dans le stock de cette jardinerie. On suppose que ce stock est suffisamment important pour que ce choix puisse être assimilé à un tirage avec remise de 10 arbres dans le stock.

On appelle X la variable aléatoire qui donne le nombre de conifères de l'échantillon choisi.

a. Justifier que X suit une loi binomiale dont on précisera les paramètres.

b. Quelle est la probabilité que l'échantillon prélevé comporte exactement 5 conifères ? On arrondira à 10^{-3}.

c. Quelle est la probabilité que cet échantillon comporte au moins deux arbres feuillus ? On arrondira à 10^{-3}.

France métropolitaine, juin 2009 — **5 pts** — 1 heure

50 Indépendance d'événements, Loi de probabilité, Espérance

Un sac contient 10 jetons indiscernables au toucher : 7 jetons blancs numérotés de 1 à 7 et 3 jetons noirs numérotés de 1 à 3.

On tire simultanément deux jetons de ce sac.

1 **a.** On note A l'événement « obtenir deux jetons blancs ».

Démontrer que la probabilité de l'événement A est égale à $\frac{7}{15}$.

b. On note B l'événement « obtenir deux jetons portant des numéros impairs ». Calculer la probabilité de B.

c. Les événements A et B sont-ils indépendants ?

2 Soit X la variable aléatoire prenant pour valeur le nombre de jetons blancs obtenus lors de ce tirage simultané.

a. Déterminer la loi de probabilité de X.

b. Calculer l'espérance mathématique de X.

France métropolitaine, septembre 2013 — **5 pts** — 1 heure

51 Probabilité conditionnelle, Loi binomiale, Suite

1 Une urne contient quatre boules rouges et deux boules noires indiscernables au toucher.

On prélève au hasard une boule de l'urne.

Si elle est rouge, on la remet dans l'urne et on prélève au hasard une seconde boule.

Si la première boule est noire, on prélève au hasard une seconde boule dans l'urne sans remettre la boule tirée.

a. Quelle est la probabilité que les boules tirées soient rouges ?

b. Calculer la probabilité que la seconde boule tirée soit noire.

Calculer la probabilité que la première boule soit rouge sachant que la seconde est noire.

2 Soit n un entier naturel supérieur ou égal à 1.

Une urne contient quatre boules rouges et n boules noires indiscernables au toucher.

On prélève successivement et au hasard quatre boules de l'urne en remettant dans l'urne la boule tirée après chaque tirage.

La variable aléatoire X donnant le nombre de boules rouges tirées au cours de ces quatre tirages suit la loi binomiale de paramètres 4 et p.

a. Donner l'expression de p en fonction de n.

b. Démontrer que la probabilité q_n que l'une au moins des quatre boules tirées soit noire est telle que $q_n = 1 - \left(\dfrac{4}{n+4}\right)^4$.

c. Quel est le plus petit entier naturel n pour lequel la probabilité q_n est supérieure ou égale à 0,9999 ?

1 h 10

D'après sujet de Bac **6 pts**

52 Suite, Loi de probabilité, Espérance

On dispose de deux urnes U_1 et U_2 contenant des boules indiscernables au toucher.

U_1 contient n boules blanches et 3 boules noires (n est un entier supérieur ou égal à 1).

U_2 contient 2 boules blanches et 1 boule noire.

On tire au hasard une boule de U_1 et on la met dans U_2, puis on tire au hasard une boule de U_2 et on la met dans U_1 ; l'ensemble de ces opérations constitue une épreuve.

1 On considère l'événement A « après l'épreuve, les urnes se retrouvent chacune dans leur configuration de départ ».

a. Montrer que la probabilité $p(\text{A})$ de l'événement A peut s'écrire :

$$p(\text{A}) = \frac{3}{4}\left(\frac{n+2}{n+3}\right).$$

b. Déterminer la limite de $p(\text{A})$ lorsque n tend vers $+\infty$.

2 On considère l'événement B « après l'épreuve, l'urne U_2 contient une seule boule blanche ».
Vérifier que la probabilité $p(B)$ de l'événement B peut s'écrire :

$$p(B) = \frac{6}{4(n+3)}.$$

3 Un joueur mise 20 euros et effectue une épreuve. À l'issue de cette épreuve, on compte les boules blanches contenues dans U_2 :

- si U_2 contient 1 seule boule blanche, le joueur reçoit $2n$ euros ;
- si U_2 contient 2 boules blanches, le joueur reçoit n euros ;
- si U_2 contient 3 boules blanches, le joueur ne reçoit rien.

a. Expliquer pourquoi le joueur n'a aucun intérêt à jouer tant que n ne dépasse pas 10.
Dans la suite, on considère $n > 10$ et on introduit la variable aléatoire X qui prend pour valeurs les gains algébriques du joueur (par exemple, si après l'épreuve, l'urne U_2 contient une seule boule blanche, $X = 2n - 20$).
b. Déterminer la loi de probabilité de X.
c. Calculer l'espérance mathématique de X.
d. On dit que le jeu est favorable au joueur si et seulement si l'espérance mathématique est strictement positive. Montrer qu'il en est ainsi dès que l'urne U_1 contient au moins 25 boules blanches.

D'après sujet de Bac — 5 pts — 1 heure

53 Loi de probabilité, Espérance

Une urne contient 9 boules (4 rouges, 2 bleues et 3 vertes) identiques au toucher. Toutes les boules ont la même probabilité d'être tirées.

1 On tire simultanément deux boules de l'urne et on note leur couleur.
Calculer la probabilité d'obtenir deux boules de même couleur (on donnera le résultat sous forme d'une fraction).

2 On tire une boule de l'urne, on note sa couleur et on la remet dans l'urne ; puis on tire une seconde boule et on note sa couleur.
Calculer la probabilité d'obtenir deux boules de même couleur (on donnera le résultat sous forme d'une fraction).

3 On adopte la règle suivante : soit n un entier naturel non nul, on gagne $10n$ euros si les deux boules tirées sont de la même couleur et on perd n^2 euros dans le cas contraire.
On désigne par X (respectivement Y) la variable aléatoire qui, à tout tirage de deux boules de l'urne selon le procédé décrit dans la première question

(respectivement la deuxième question), associe le gain algébrique réalisé à l'issue du tirage.
Les variables aléatoires X et Y prennent donc les valeurs $10n$ et $-n^2$.
a. Déterminer les espérances mathématiques E(X) et E(Y) des variables aléatoires X et Y.
b. Déterminer les valeurs de l'entier naturel n telles que $E(X) < 0 < E(Y)$.

1 heure

D'après sujet de Bac **5 pts**

54 Loi binomiale, Espérance

Une première urne renferme 8 boules vertes. Une de ces boules porte le nombre 1, trois portent le nombre 2 et quatre le nombre 4.
Une deuxième urne renferme 6 boules rouges. Une de ces boules porte le nombre 3, deux le nombre 5 et trois le nombre 6.

1 On extrait au hasard une boule de chaque urne. On désigne par X le nombre porté par la boule verte et par Y le nombre porté par la boule rouge.
a. Calculer la probabilité de l'événement $\{X = 2 \text{ et } Y = 6\}$.
b. Montrer que la probabilité de l'événement $\{X - Y \geq 8\}$ est égale à $\frac{29}{48}$.

2 On appelle A l'événement $\{X + Y \geq 8\}$. On effectue dix fois de suite le tirage décrit au **1**, en replaçant les boules extraites dans leur urne respective avant chaque nouveau tirage. Les tirages sont indépendants.
On désigne par Z la variable aléatoire qui prend pour valeur le nombre de réalisations de l'événement A au cours de ces dix épreuves.
Déterminer la probabilité de l'événement Z = 5 et l'espérance mathématique de Z. On donnera les résultats sous forme décimale à 10^{-3} près.

EXERCICES

1 h 20

D'après sujet de Bac **7 pts**

55 Marche aléatoire, Loi de probabilité, Loi binomiale

Un sac contient trois boules numérotées respectivement 0, 1 et 2, indiscernables au toucher.
On tire une boule du sac, on note son numéro x et on la remet dans le sac ; puis on tire une seconde boule, on note son numéro y et on la remet dans le sac. Toutes les boules ont la même probabilité d'être tirées.
À chaque tirage de deux boules, on associe dans le plan, muni d'un repère orthonormal $(O ; \vec{i}, \vec{j})$, le point M de coordonnées $(x ; y)$.
On désigne par D le disque de centre O et de rayon 1,7.

Les résultats seront donnés sous forme de fraction irréductible.

1 Placer dans le plan muni du repère $(O ; \vec{i}, \vec{j})$ les points correspondant aux différents résultats possibles.

2 Calculer la probabilité de chacun des événements suivants :
A : « Le point M est sur l'axe des abscisses » ;
B : « Le point M appartient au cercle de centre O et de rayon 1 ».

3 Soit X la variable aléatoire qui, à chaque tirage de deux boules, associe la somme $x^2 + y^2$.
a. Déterminer la loi de probabilité de la variable aléatoire X.
Calculer son espérance mathématique E(X).
b. Montrer que la probabilité de l'événement « le point M appartient au disque D » est égale à $\frac{4}{9}$.

4 On tire 5 fois de suite, de façon indépendante, deux boules successivement et avec remise. On obtient ainsi 5 points du plan.
Quelle est la probabilité de l'événement C « au moins un de ces points appartient au disque D » ?

5 On renouvelle n fois de suite, de façon indépendante, le tirage de deux boules successivement et avec remise. On obtient ainsi n points du plan.
Déterminer le plus petit entier n strictement positif tel que la probabilité de l'événement « au moins un de ces points appartient à D » soit supérieure ou égale à 0,999 9.

Antilles-Guyane, juin 2012 **5 pts** 1 heure

56 Loi binomiale, Algorithme, Loi de probabilité

1 Dans un lycée donné, on sait que 55 % des élèves sont des filles. On sait également que 35 % des filles et 30 % des garçons déjeunent à la cantine.
On choisit, au hasard, un élève du lycée.
Quelle est la probabilité que cet élève ne déjeune pas à la cantine ?

2 Une variable aléatoire Y suit une loi binomiale de paramètres 20 et $\frac{1}{5}$.
Calculer la probabilité que Y soit supérieure ou égale à 2. Donner une valeur approchée du résultat à 10^{-3} près.

3 Un appareil ménager peut présenter après sa fabrication deux défauts.

On appelle A l'événement « l'appareil présente un défaut d'apparence » et F l'événement « l'appareil présente un défaut de fonctionnement ».
On suppose que les événements A et F sont indépendants.
On sait que la probabilité que l'appareil présente un défaut d'apparence est égale à 0,02 et que la probabilité que l'appareil présente au moins l'un des deux défauts est égale à 0,069.
On choisit au hasard un des appareils. Quelle est la probabilité que l'appareil présente le défaut F ?

4 On considère l'algorithme :

```
A et C sont des entiers naturels,
C prend la valeur 0
Répéter 9 fois
        A prend une valeur aléatoire entière entre 1 et 7.
                Si A > 5 alors C prend la valeur de C + 1
                Fin Si
Fin répéter
Afficher C.
```

Dans l'expérience aléatoire simulée par l'algorithme précédent, on appelle X la variable aléatoire prenant la valeur C affichée.
Quelle loi suit la variable X ? Préciser ses paramètres.

Variables à densité

Exercice-type 2 pts 30 min

57 Loi uniforme

On choisit au hasard un réel x dans l'intervalle [1 ; 4].
Quelle est la probabilité que x soit solution de :

1 l'équation $x^2 - 8x + 12 = 0$;

2 l'inéquation $x^2 - 8x + 12 < 0$;

3 l'inéquation $x^2 - 8x + 12 \leq 0$.

Exercice-type 2 pts 30 min

58 Loi uniforme

ABC est un triangle équilatéral de côté a ($a > 0$).
À tout réel x de l'intervalle[0 ; a] choisi au hasard, on associe le point M du segment [AB] tel que AM = x.

1 Calculer l'aire $\mathcal{A}(x)$ du triangle AMC.

2 Calculer la probabilité de l'événement « l'aire du triangle AMC est inférieure ou égale à 0,25 unité d'aire ».

Exercice-type 2 pts 30 min

59 Fonction de densité, Fonction de répartition

On considère la fonction f définie sur $\mathbb{R}$ par :

$$\begin{cases} f(x) = \dfrac{2x}{10^2} e^{-\left(\frac{x}{10}\right)^2} & \text{si } x > 0 \, ; \\ f(x) = 0 \text{ sinon} & \end{cases}$$

1 Démontrer que f est une densité de probabilité.

2 Soit X une variable aléatoire de densité f, déterminer la fonction de répartition F de X.

3 Déterminer la probabilité suivante : $p(-5 < X < 10)$.

4 Déterminer le réel t tel que $p(X \geq t) = 0{,}8$.

Exercice-type — 3 pts — 40 min

60 Fonction de densité, Fonction de répartition

Soit f la fonction définie sur $\mathbb{R}$ par :

$$f(x) = a\mathrm{e}^{-|x|},$$

où a est un nombre réel.

1 Déterminer la valeur de a pour que f soit une densité de probabilité.

2 Représenter graphiquement la fonction f ainsi obtenue dans un repère orthonormé.

3 Soit X une variable aléatoire de densité f. Déterminer la fonction de répartition de X et la représenter dans le même repère.

4 **a.** Déterminer la valeur de t telle que $P(X \leq t) = 0{,}5$.
b. Interpréter le nombre t ainsi obtenu.

Exercice-type — 3 pts — 40 min

61 Fonction de densité, Fonction de répartition

Soit m un nombre réel et f la fonction définie sur $\mathbb{R}$ par :

$$f(x) = m \sin x \text{ pour } x \in [0\,;\,\pi]\,;$$
$$f(x) = 0 \text{ sinon.}$$

1 Déterminer le réel m tel que f soit une densité de probabilité.

2 Représenter f dans un repère orthonormé.

3 Soit X une variable aléatoire dont f est une densité de probabilité. Définir la fonction de répartition de X, puis représenter graphiquement F dans un repère orthonormé.

4 Calculer la probabilité $p\left(\frac{\pi}{4} \leq X \leq \frac{3\pi}{4}\right)$.

5 Calculer les probabilités $p(X \geq 0)$ et $p(X \leq 0)$.

Polynésie, juin 2004 — **4 pts** — 50 min

62 Loi exponentielle, Lecture graphique

Le laboratoire de physique d'un lycée dispose d'un parc d'oscilloscopes identiques. La durée de vie en années d'un oscilloscope est une variable aléatoire notée X qui suit la « loi de durée de vie sans vieillissement » (ou encore loi exponentielle de paramètre λ avec $\lambda > 0$).
Toutes les probabilités seront données à 10^{-3} près.

1 Sachant que $p(X > 10) = 0{,}286$, montrer qu'une valeur approchée à 10^{-3} près de λ est 0,125.
On prendra 0,125 pour valeur de λ dans la suite de l'exercice.

2 Calculer la probabilité qu'un oscilloscope du modèle étudié ait une durée de vie inférieure à 6 mois.

3 Sachant qu'un appareil a déjà fonctionné huit années, quelle est la probabilité qu'il ait une durée de vie supérieure à dix ans ?

4 On considère que la durée de vie d'un oscilloscope est indépendante de celle des autres appareils. Le responsable du laboratoire décide de commander 15 oscilloscopes. Quelle est la probabilité qu'au moins un oscilloscope ait une durée de vie supérieure à 10 ans ?

5 Combien l'établissement devrait-il acheter d'oscilloscopes pour que la probabilité qu'au moins l'un d'entre eux fonctionne plus de 10 ans soit supérieure à 0,999 ?
Rappel :
Loi exponentielle de paramètre λ sur $[0\,;+\infty[$, dite aussi loi de durée de vie sans vieillissement :

pour $0 \leq a \leq b$, $p([a;b]) = \int_a^b \lambda e^{-\lambda t}\,dt$,

pour tout $c \geq 0$, $p([c;+\infty[) = 1 - \int_0^c \lambda e^{-\lambda t}\,dt$.

Antilles-Guyane, juin 2015 **5 pts** 1 heure

63 Loi exponentielle, Lecture graphique

Partie A

On considère une variable aléatoire X qui suit la loi exponentielle de paramètre λ avec $\lambda > 0$.
On rappelle que, pour tout réel a strictement positif :

$$P(X \leq a) = \int_0^a \lambda e^{-\lambda t}\, dt.$$

On se propose de calculer l'espérance mathématique de X, notée E(X), et définie par :

$$E(X) = \lim_{x \to +\infty} \int_0^x \lambda t e^{-\lambda t}\, dt.$$

On note $\mathbb{R}$ l'ensemble des nombres réels.
On admet que la fonction F définie sur $\mathbb{R}$ par $F(t) = -\left(t + \frac{1}{\lambda}\right)e^{-\lambda t}$ est une primitive sur $\mathbb{R}$ de la fonction f définie sur $\mathbb{R}$ par $f(t) = \lambda t e^{-\lambda t}$.

1 Soit x un nombre réel strictement positif. Vérifier que :

$$\int_0^x \lambda t e^{-\lambda t}\, dt = \frac{1}{\lambda}(-\lambda x e^{-\lambda x} - e^{-\lambda x} + 1).$$

2 En déduire que $E(X) = \frac{1}{\lambda}$.

Partie B

La durée de vie, exprimée en années, d'un composant électronique peut être modélisée par une variable aléatoire notée X suivant la loi exponentielle de paramètre λ avec $\lambda > 0$.
La courbe de la fonction densité associée est représentée ci-après.

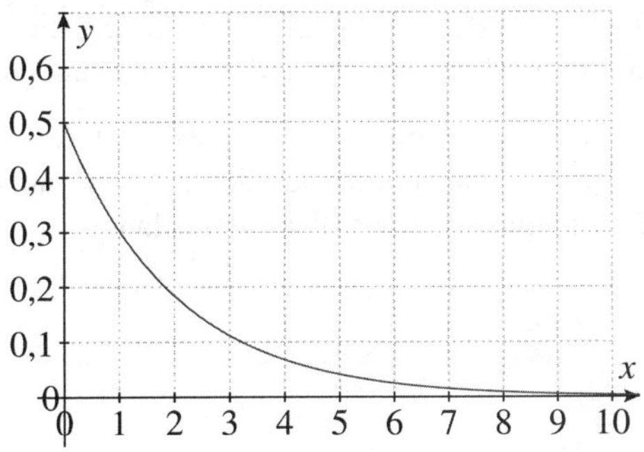

EXERCICES

1 Sur le graphique ci-dessus :
a. Représenter la probabilité $P(X \leq 1)$.
b. Indiquer où se lit directement la valeur de λ.

2 On suppose que $E(X) = 2$.
a. Que représente, dans le cadre de l'exercice, la valeur de l'espérance mathématique de la variable aléatoire X ?
b. Calculer la valeur de λ.
c. Calculer $P(X \leq 2)$. On donnera la valeur exacte, puis la valeur arrondie à 0,01 près. Interpréter ce résultat.
d. Sachant que le composant a déjà fonctionné une année, quelle est la probabilité que sa durée de vie totale soit d'au moins trois années ? On donnera la valeur exacte.

Partie C

Un circuit électronique est composé de deux composants identiques numérotés 1 et 2.
On note D_1 l'événement « le composant 1 est défaillant avant un an » et on note D_2 l'événement « le composant 2 est défaillant avant un an ».
On suppose que les deux événements D_1 et D_2 sont indépendants et que :

$$P(D_1) = P(D_2) = 0{,}39.$$

Deux montages possibles sont envisagés, présentés ci-après.

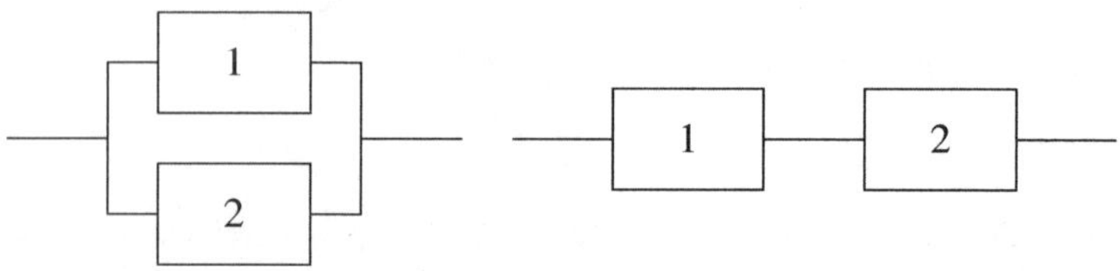

Circuit en parallèle A **Circuit en série B**

1 Lorsque les deux composants sont montés « en parallèle », le circuit A est défaillant uniquement si les deux composants sont défaillants en même temps. Calculer la probabilité que le circuit A soit défaillant avant un an.

2 Lorsque les deux composants sont montés « en série », le circuit B est défaillant dès que l'un au moins des deux composants est défaillant. Calculer la probabilité que le circuit B soit défaillant avant un an.

30 min

Exercice-type — 2 pts

64 Loi normale

Soit X une variable aléatoire réelle qui suit la loi normale centrée réduite $\mathcal{N}(0\ ;\ 1)$.

1 Déterminer x réel tel que la probabilité $p([x < \mathrm{X} < x + 2])$ soit maximale.

2 Soit a un réel strictement positif, montrer qu'il existe un réel x pour lequel $p([x < \mathrm{X} < x + a])$ est maximale.

35 min

Polynésie, juin 2015 — 3 pts

65 Loi normale, Probabilité conditionnelle

Dans un pays, la taille en centimètre des femmes de 18 à 65 ans peut être modélisée par une variable aléatoire X_1 suivant la loi normale d'espérance $\mu_1 = 165$ cm et d'écart-type $\sigma_1 = 6$ cm, et celle des hommes de 18 à 65 ans, par une variable aléatoire X_2 suivant la loi normale d'espérance $\mu_2 = 175$ cm et d'écart-type $\sigma_2 = 11$ cm. Dans cet exercice, tous les résultats seront arrondis à 10^{-2} près.

1 Quelle est la probabilité qu'une femme choisie au hasard dans ce pays mesure entre 1,53 mètre et 1,77 mètre ?

2 **a.** Déterminer la probabilité qu'un homme choisi au hasard dans ce pays mesure plus de 1,70 mètre.
b. De plus, on sait que dans ce pays les femmes représentent 52 % de la population des personnes dont l'âge est compris entre 18 et 65 ans. On choisit au hasard une personne qui a entre 18 et 65 ans. Elle mesure plus de 1,70 m. Quelle est la probabilité que cette personne soit une femme ?

1 heure

Exercice-type — 5 pts

66 Fonction de répartition

Les participants à un gala de bienfaisance offrent des dons dont le montant D en centaines d'euros est une variable aléatoire telle que $\mathrm{D} = 2\mathrm{X} + 5$ où X est une variable aléatoire réelle dont la fonction de répartition F est définie dans $\mathbb{R}$ par :

EXERCICES

- si $x \leq 0$, $F(x) = 0$;
- si $x > 0$, $F(x) = 1 - \frac{1}{2}e^{-x}(2 + x)$.

1 Déterminer les probabilités des événements $[D < 10]$, $[D \geq 5]$, $[D \geq 10]$.

2 Pour remercier les « bienfaiteurs » (les participants dont le don est supérieur ou égal à 10 000 euros), les organisateurs offrent à chacun une magnifique boîte de chocolats qui peut éventuellement contenir une pièce en or.
a. Sachant qu'il y a 2 500 participants au gala, calculer le nombre de boîtes de chocolats que les organisateurs du gala estiment devoir offrir. (On arrondira à la dizaine supérieure.)
b. Les boîtes de chocolats sont confectionnées de telle sorte qu'une sur cinquante renferme une pièce en or. Les organisateurs ont commandé un lot de 500 boîtes de chocolats. On note Y le nombre de boîtes contenant une pièce en or.
Quelle est la loi de Y ?
Quelle est la probabilité que, parmi les 500 boîtes reçues par les organisateurs, il y ait un nombre supérieur ou égal à 10 de boîtes contenant une pièce d'or ?

France métropolitaine, septembre 2014 **5 pts** 1 heure

67 Loi exponentielle, Loi binomiale, Loi normale

Dans cet exercice, on s'intéresse au mode de fonctionnement de deux restaurants : sans réservation ou avec réservation préalable.

1 Le premier restaurant fonctionne sans réservation, mais le temps d'attente pour obtenir une table est souvent un problème pour les clients.
On modélise ce temps d'attente en minutes par une variable aléatoire X qui suit une loi exponentielle de paramètre λ, où λ est un réel strictement positif.
On rappelle que l'espérance mathématique de X est égale à $\frac{1}{\lambda}$.
Une étude statistique a permis d'observer que le temps moyen d'attente pour obtenir une table est de 10 minutes.
a. Déterminer la valeur de λ.
b. Quelle est la probabilité qu'un client attende entre 10 et 20 minutes pour obtenir une table ? On arrondira à 10^{-4}.

c. Un client attend depuis 10 minutes. Quelle est la probabilité qu'il doive attendre au moins 5 minutes de plus pour obtenir une table ? On arrondira à 10^{-4}.

2 Le deuxième restaurant a une capacité d'accueil de 70 places et ne sert que des personnes ayant réservé au préalable. La probabilité qu'une personne ayant réservé se présente au restaurant est estimée à 0,8.
On note n le nombre de réservations prises par le restaurant et Y la variable aléatoire correspondant au nombre de personnes ayant réservé qui se présentent au restaurant.
On admet que les comportements des personnes ayant réservé sont indépendants les uns des autres. La variable aléatoire Y suit alors une loi binomiale.
a. Préciser, en fonction de n, les paramètres de la loi de la variable aléatoire Y, son espérance mathématique E(Y) et son écart-type σ(Y).
b. Dans cette question, on désigne par Z une variable aléatoire suivant la loi normale $\mathcal{N}(\mu, \sigma^2)$ de moyenne $\mu = 64{,}8$ et d'écart-type $\sigma = 3{,}6$.
Calculer la probabilité p_1 de l'événement $\{Z \leq 71\}$ à l'aide de la calculatrice.
c. On admet que lorsque $n = 81$, p_1 est une valeur approchée à 10^{-2} près de la probabilité $p(Y \leq 70)$ de l'événement $\{Z \leq 70\}$.
Le restaurant a reçu 81 réservations.
Quelle est la probabilité qu'il ne puisse pas accueillir certains des clients qui ont réservé et se présentent ?

Liban, mai 2014 — **4 pts** — 50 min

68 Probabilité conditionnelle, Arbre, Loi normale

Une entreprise fabrique des tablettes de chocolat de 100 grammes. Le service de contrôle qualité effectue plusieurs types de contrôle.

Partie A Contrôle avant la mise sur le marché

Une tablette de chocolat doit peser 100 grammes avec une tolérance de deux grammes en plus ou en moins. Elle est donc mise sur le marché si sa masse est comprise entre 98 et 102 grammes.
La masse (exprimée en grammes) d'une tablette de chocolat peut être modélisée par une variable aléatoire X suivant la loi normale d'espérance $\mu = 100$ et d'écart-type $\sigma = 1$. Le réglage des machines de la chaîne de fabrication permet de modifier la valeur de σ.

1 Calculer la probabilité de l'événement M « la tablette est mise sur le marché ».

2 On souhaite modifier le réglage des machines de telle sorte que la probabilité de cet événement atteigne 0,97.
Déterminer la valeur de σ pour que la probabilité de l'événement « la tablette est mise sur le marché » soit égale à 0,97.

Partie B Contrôle à la réception

Le service contrôle la qualité des fèves de cacao livrées par les producteurs. Un des critères de qualité est le taux d'humidité qui doit être de 7 %. On dit alors que la fève est conforme. L'entreprise a trois fournisseurs différents : le premier fournisseur procure la moitié du stock de fèves, le deuxième 30 % et le dernier apporte 20 % du stock.
Pour le premier, 98 % de sa production respecte le taux d'humidité ; pour le deuxième, qui est un peu moins cher, 90 % de sa production est conforme, et le troisième fournit 20 % de fèves non conformes. On choisit au hasard une fève dans le stock reçu. On note F_i l'événement « la fève provient du fournisseur i », pour i prenant les valeurs 1, 2 ou 3, et C l'événement « la fève est conforme ».

1 Déterminer la probabilité que la fève provienne du fournisseur 1, sachant qu'elle est conforme. Le résultat sera arrondi à 10^{-2}.

2 Le troisième fournisseur ayant la plus forte proportion de fèves non conformes, l'entreprise décide de ne conserver que les fournisseurs 1 et 2. De plus, elle souhaite que 92 % de fèves qu'elle achète soient conformes. Quelle proportion p de fèves doit-elle acheter au fournisseur 1 pour atteindre cet objectif ?

Inde, avril 2013 — **6 pts** — 1 h 10

69 Probabilité conditionnelle, Arbre, Suite, Algorithme, Loi normale

Dans une entreprise, on s'intéresse à la probabilité qu'un salarié soit absent durant une période d'épidémie de grippe.

- Un salarié malade est absent.
- La première semaine de travail, le salarié n'est pas malade.
- Si la semaine n, le salarié n'est pas malade, il tombe malade la semaine $n + 1$ avec une probabilité égale à 0,04.
- Si la semaine n, le salarié est malade, il reste malade la semaine $n + 1$ avec une probabilité égale à 0,24.

On désigne, pour tout entier naturel n supérieur ou égal à 1, par E_n l'événement « le salarié est absent pour cause de maladie la n-ième semaine ». On note p_n la probabilité de l'événement E_n.
On a ainsi $p_1 = 0$ et, pour tout entier naturel n supérieur ou égal à 1, $0 \leq p_n < 1$.

1 **a.** Déterminer la valeur de p_3 à l'aide d'un arbre de probabilité.
b. Sachant que le salarié a été absent pour cause de maladie la troisième semaine, déterminer la probabilité qu'il ait été aussi absent pour cause de maladie la deuxième semaine.

2 **a.** Recopier sur la copie et compléter l'arbre de probabilité donné ci-dessous :

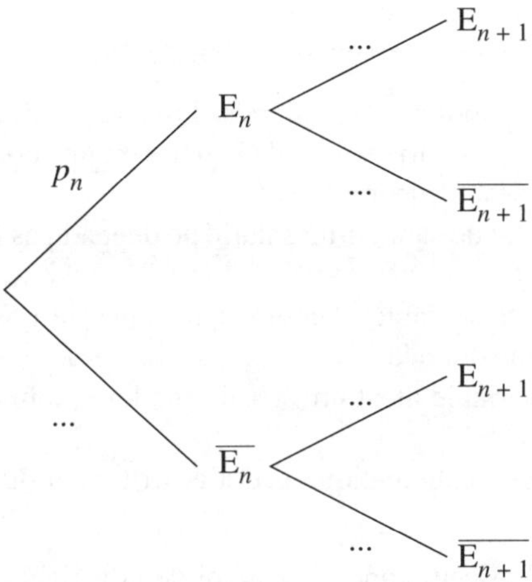

b. Montrer que, pour tout entier naturel n supérieur ou égal à 1 :

$$p_{n+1} = 0{,}2\, p_n + 0{,}04.$$

c. Montrer que la suite (u_n) définie pour tout entier naturel n supérieur ou égal à 1 par $u_n = p_n - 0{,}05$ est une suite géométrique dont on donnera le premier terme et la raison r. En déduire l'expression de u_n puis de p_n en fonction de n et r.
d. En déduire la limite de la suite (p_n).
e. On admet dans cette question que la suite (p_n) est croissante. On considère l'algorithme suivant :

Variables	K et J sont des entiers naturels, P est un nombre réel
Initialisation	P prend la valeur 0
	J prend la valeur 1
Entrée	Saisir la valeur de K
Traitement	Tant que $P < 0{,}05 - 10^{-K}$
	P prend la valeur $0{,}2 \times P + 0{,}04$
	J prend la valeur J + 1
	Fin tant que
Sortie	Afficher J

À quoi correspond l'affichage final J ?
Pourquoi est-on sûr que cet algorithme s'arrête ?

3 Cette entreprise emploie 220 salariés. Pour la suite, on admet que la probabilité pour qu'un salarié soit malade une semaine donnée durant cette période d'épidémie est égale à $p = 0{,}05$.
On suppose que l'état de santé d'un salarié ne dépend pas de l'état de santé de ses collègues.
On désigne par X la variable aléatoire qui donne le nombre de salariés malades une semaine donnée.
a. Justifier que la variable aléatoire X suit une loi binomiale dont on donnera les paramètres.
Calculer l'espérance mathématique μ et l'écart-type σ de la variable aléatoire X.
b. On admet que l'on peut approcher la loi de la variable aléatoire $\dfrac{X - \mu}{\sigma}$ par la loi normale centrée réduite, c'est-à-dire de paramètres 0 et 1.
On note Z une variable aléatoire suivant la loi normale centrée réduite. Le tableau suivant donne les probabilités de l'événement $Z < x$ pour quelques valeurs du nombre réel x.

x	–1,55	–1,24	–0,93	–0,62	–0,31	0,00	0,31	0,62	0,93	1,24	1,55
$P(Z < x)$	0,061	0,108	0,177	0,268	0,379	0,500	0,621	0,732	0,823	0,892	0,939

Calculer, au moyen de l'approximation proposée en question **b.**, une valeur approchée à 10^{-2} près de la probabilité de l'événement « le nombre de salariés absents dans l'entreprise au cours d'une semaine donnée est supérieur ou égal à 7 et inférieur ou égal à 15 ».

Liban, mai 2013 **5 pts** 1 heure

70 Arbre, Loi normale

L'entreprise *Fructidoux* fabrique des compotes qu'elle conditionne en petits pots de 50 grammes. Elle souhaite leur attribuer la dénomination « compote allégée ».
La législation impose alors que la teneur en sucre, c'est-à-dire la proportion de sucre dans la compote, soit comprise entre 0,16 et 0,18. On dit dans ce cas que le petit pot de compote est conforme.
L'entreprise possède deux chaînes de fabrication F_1 et F_2.

Les parties A et B peuvent être traitées indépendamment.

Partie A

La chaîne de production F_2 semble plus fiable que la chaîne de production F_1. Elle est cependant moins rapide.
Ainsi, dans la production totale, 70 % des petits pots proviennent de la chaîne F_1 et 30 % de la chaîne F_2.
La chaîne F_1 produit 5 % de compotes non conformes et la chaîne F_2 en produit 1 %. On prélève au hasard un petit pot dans la production totale. On considère les événements :
E « Le petit pot provient de la chaîne F_2 »,
C « Le petit pot est conforme ».

1 Construire un arbre pondéré sur lequel on indiquera les données qui précèdent.

2 Calculer la probabilité de l'événement « le petit pot est conforme et provient de la chaîne de production F_1 ».

3 Déterminer la probabilité de l'événement C.

4 Déterminer, à 10^{-3} près, la probabilité de l'événement E sachant que l'événement C est réalisé.

Partie B

1 On note X la variable aléatoire qui, à un petit pot pris au hasard dans la production de la chaîne F_1, associe sa teneur en sucre.
On suppose que X suit la loi normale d'espérance $m_1 = 0{,}17$ et d'écart-type $\sigma_1 = 0{,}006$.

Dans la suite, on pourra utiliser le tableau ci-dessous.

α	β	$p(\alpha \leq X \leq \beta)$
0,13	0,15	0,000 4
0,14	0,16	0,047 8
0,15	0,17	0,499 6
0,16	0,18	0,904 4
0,17	0,19	0,499 6
0,18	0,20	0,047 8
0,19	0,21	0,000 4

Donner une valeur approchée à 10^{-4} près de la probabilité qu'un petit pot prélevé au hasard dans la production de la chaîne F_1 soit conforme.

2 On note Y la variable aléatoire qui, à un petit pot pris au hasard dans la production de la chaîne F_2, associe sa teneur en sucre.
On suppose que Y suit la loi normale d'espérance $m_2 = 0{,}17$ et d'écart-type σ_2.
On suppose de plus que la probabilité qu'un petit pot prélevé au hasard dans la production de la chaîne F_2 soit conforme est égale à 0,99.

Soit Z la variable aléatoire définie par $Z = \dfrac{Y - m_2}{\sigma_2}$.

a. Quelle loi la variable aléatoire Z suit-elle ?
b. Déterminer, en fonction de σ_2, l'intervalle auquel appartient Z lorsque Y appartient à l'intervalle [0,16 ; 0,18].
c. En déduire une valeur approchée à 10^{-3} près de σ_2.
On pourra utiliser le tableau donné ci-dessous, dans lequel la variable aléatoire Z suit la loi normale d'espérance 0 et d'écart-type 1.

β	$p(-\beta \leq Z \leq \beta)$
2,432 4	0,985
2,457 3	0,986
2,483 8	0,987
2,512 1	0,988
2,542 7	0,989
2,575 8	0,990
2,612 1	0,991
2,652 1	0,992
2,696 8	0,993

Intervalle de fluctuation Intervalle de confiance

Liban, mai 2015 **5 pts** 1 heure

71 Arbre, Intervalle de confiance, Échantillon

En prévision d'une élection entre deux candidats A et B, un institut de sondage recueille les intentions de vote de futurs électeurs.
Parmi les 1 200 personnes qui ont répondu au sondage, 47 % affirment vouloir voter pour le candidat A et les autres pour le candidat B.

Compte tenu du profil des candidats, l'institut de sondage estime que 10 % des personnes déclarant vouloir voter pour le candidat A ne disent pas la vérité et votent en réalité pour le candidat B, tandis que 20 % des personnes déclarant vouloir voter pour le candidat B ne disent pas la vérité et votent en réalité pour le candidat A.

On choisit au hasard une personne ayant répondu au sondage et on note :

- A l'événement « la personne interrogée affirme vouloir voter pour le candidat A » ;
- B l'événement « la personne interrogée affirme vouloir voter pour le candidat B » ;
- V l'événement « la personne interrogée dit la vérité ».

1 Construire un arbre de probabilités traduisant la situation.

2 **a.** Calculer la probabilité que la personne interrogée dise la vérité.
b. Sachant que la personne interrogée dit la vérité, calculer la probabilité qu'elle affirme vouloir voter pour le candidat A.

3 Démontrer que la probabilité que la personne choisie vote effectivement pour le candidat A est 0,529.

4 L'institut de sondage publie alors les résultats suivants :

> 52,9 % des électeurs* voteraient pour le candidat A.
>
> * estimation après redressement, fondée sur un sondage d'un échantillon représentatif de 1200 personnes.

Au seuil de confiance de 95 %, le candidat A peut-il croire en sa victoire ?

EXERCICES

5 Pour effectuer ce sondage, l'institut a réalisé une enquête téléphonique à raison de 10 communications par demi-heure. La probabilité qu'une personne contactée accepte de répondre à cette enquête est 0,4.
L'institut de sondage souhaite obtenir un échantillon de 1 200 réponses.
Quel temps moyen, exprimé en heures, l'institut doit-il prévoir pour parvenir à cet objectif ?

Inde, avril 2016 — **4 pts** — 50 min

72 Loi normale, Intervalle de confiance

Les parties A et B peuvent être traitées de façon indépendante.

Partie A

Des études statistiques ont permis de modéliser le temps hebdomadaire, en heures, de connexion à Internet des jeunes en France âgés de 16 à 24 ans par une variable aléatoire T suivant une loi normale de moyenne $\mu = 13{,}9$ et d'écart-type σ.
La fonction densité de probabilité de T est représentée ci-dessous :

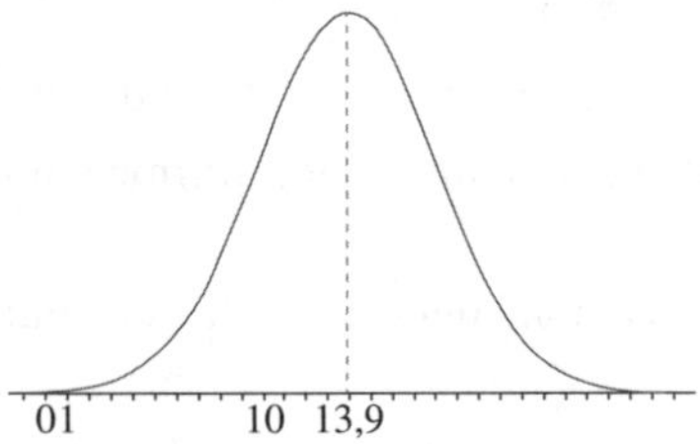

1 On sait que $P(T \geq 22) = 0{,}023$.
En exploitant cette information :
a. hachurer sur le graphique donné ci-dessus, deux domaines distincts dont l'aire est égale à 0,023 ;
b. déterminer $P(5{,}8 \leq T \leq 22)$. Justifier le résultat. Montrer qu'une valeur approchée de σ au dixième est 4,1.

2 On choisit un jeune en France au hasard.
Déterminer la probabilité qu'il soit connecté à internet plus de 18 heures par semaine. Arrondir au centième.

Partie B

Dans cette partie, les valeurs seront arrondies au millième.
La Hadopi (Haute Autorité pour la diffusion des Œuvres et la Protection des droits sur Internet) souhaite connaître la proportion en France de jeunes

âgés de 16 à 24 ans pratiquant au moins une fois par semaine le téléchargement illégal sur Internet. Pour cela, elle envisage de réaliser un sondage. Mais la Hadopi craint que les jeunes interrogés ne répondent pas tous de façon sincère. Aussi, elle propose le protocole ($\mathcal{P}$) suivant :
On choisit aléatoirement un échantillon de jeunes âgés de 16 à 24 ans.
Pour chaque jeune de cet échantillon :

- le jeune lance un dé équilibré à 6 faces ; l'enquêteur ne connaît pas le résultat du lancer ;
- l'enquêteur pose la question « effectuez-vous un téléchargement illégal au moins une fois par semaine ? » ;

- si le résultat du lancer est pair, alors le jeune doit répondre à la question par « Oui » ou « Non » de façon sincère ;
- si le résultat du lancer est « 1 », alors le jeune doit répondre « Oui » ;
- si le résultat du lancer est « 3 ou 5 », alors le jeune doit répondre « Non ».

Grâce à ce protocole, l'enquêteur ne sait jamais si la réponse donnée porte sur la question posée ou résulte du lancer de dé, ce qui encourage les réponses sincères.
On note p la proportion inconnue de jeunes âgés de 16 à 24 ans qui pratiquent au moins une fois par semaine le téléchargement illégal sur Internet.

1 Calculs de probabilités
On choisit aléatoirement un jeune faisant partie du protocole ($\mathcal{P}$).
On note R l'événement « le résultat du lancer est pair »,
O l'événement « le jeune a répondu Oui ».
Reproduire et compléter l'arbre pondéré ci-dessous :

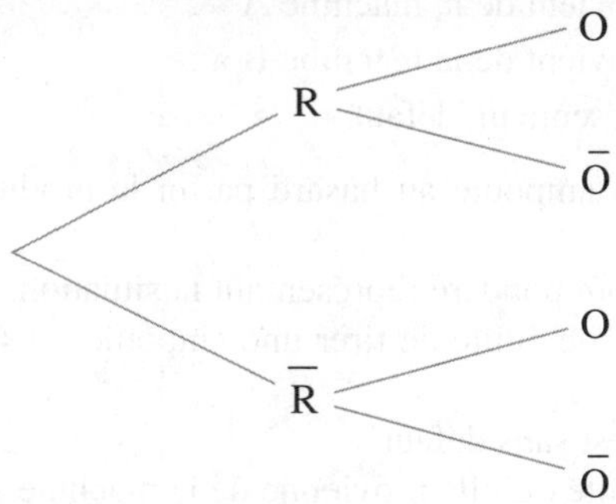

En déduire que la probabilité q de l'événement « le jeune a répondu Oui » est :

$$q = \frac{1}{2}p + \frac{1}{6}.$$

EXERCICES

2 Intervalle de confiance

a. À la demande de l'Hadopi, un institut de sondage réalise une enquête selon le protocole ($\mathcal{P}$). Sur un échantillon de taille 1 500, il dénombre 625 réponses « Oui ».
Donner un intervalle de confiance, au niveau de confiance de 95 %, de la proportion q de jeunes qui répondent « Oui » à un tel sondage, parmi la population des jeunes Français âgés de 16 à 24 ans.
b. Que peut-on en conclure sur la proportion p de jeunes qui pratiquent au moins une fois par semaine le téléchargement illégal sur Internet ?

1 heure

Antilles-Guyane, juin 2016 **5 pts**

73 Probabilité, Loi exponentielle, Intervalle de fluctuation asymptotique

Les valeurs approchées des résultats seront données à 10^{-4} près.
Les parties A et B sont indépendantes.

Partie A

Un fabricant d'ampoules possède deux machines, notées A et B. La machine A fournit 65 % de la production, et la machine B fournit le reste.
Certaines ampoules présentent un défaut de fabrication :

- à la sortie de la machine A, 8 % des ampoules présentent un défaut ;
- à la sortie de la machine B, 5 % des ampoules présentent un défaut.

On définit les événements suivants :

- A « l'ampoule provient de la machine A » ;
- B « l'ampoule provient de la machine B » ;
- D « l'ampoule présente un défaut ».

1 On prélève une ampoule au hasard parmi la production totale d'une journée.
a. Construire un arbre pondéré représentant la situation.
b. Montrer que la probabilité de tirer une ampoule sans défaut est égale à 0,9305.
c. L'ampoule tirée est sans défaut.
Calculer la probabilité qu'elle provienne de la machine A.

2 On prélève 10 ampoules au hasard parmi la production d'une journée à la sortie de la machine A. La taille du stock permet de considérer les épreuves comme indépendantes et d'assimiler les tirages à des tirages avec remise.

Calculer la probabilité d'obtenir au moins 9 ampoules sans défaut.

Partie B

1 On rappelle que si T suit une loi exponentielle de paramètre λ (λ étant un réel strictement positif), alors pour tout réel positif a, $P(T \leq a) = \int_0^a \lambda e^{-\lambda x}\, dx$.

a. Montrer que $P(T \geq a) = e^{-\lambda a}$.

b. Montrer que si T suit une loi exponentielle, alors pour tous réels positifs t et a, on a :

$$P_{T \geq t}(T \geq t + a) = P(T \geq a).$$

2 Dans cette partie, la durée de vie en heures d'une ampoule sans défaut est une variable aléatoire T qui suit la loi exponentielle d'espérance 10 000.

a. Déterminer la valeur exacte du paramètre λ de cette loi.

b. Calculer la probabilité $P(T \geq 5\,000)$.

c. Sachant qu'une ampoule sans défaut a déjà fonctionné pendant 7 000 heures, calculer la probabilité que sa durée de vie totale dépasse 12 000 heures.

Partie C

L'entreprise a cherché à améliorer la qualité de sa production et affirme qu'il n'y a pas plus de 6 % d'ampoules défectueuses dans sa production. Une association de consommateurs réalise un test sur un échantillon et obtient 71 ampoules défectueuses sur 1 000.

1 Dans le cas où il y aurait exactement 6 % d'ampoules défectueuses, déterminer un intervalle de fluctuation asymptotique au seuil de 95 % de la fréquence d'ampoules défectueuses sur un échantillon aléatoire de taille 1 000.

2 A-t-on des raisons de remettre en cause l'affirmation de l'entreprise ?

Asie, juin 2014 — **6 pts** — 1 h 10

74 Loi normale, Intervalle de fluctuation, Test

Le taux d'hématocrite est le pourcentage du volume de globules rouges par rapport au volume total du sang. On note X la variable aléatoire donnant le taux d'hématocrite d'un adulte choisi au hasard dans la population française. On admet que cette variable suit une loi normale de moyenne $\mu = 45{,}5$ et d'écart-type σ.

Partie A

On note Z la variable aléatoire $Z = \dfrac{X - \mu}{\sigma} = \dfrac{X - 45{,}5}{\sigma}$.

1 **a.** Quelle est la loi de la variable aléatoire Z ?

b. Déterminer $P(X \leq \mu)$.

2 En prenant $\sigma = 3{,}8$, déterminer $P(37{,}9 \leq X \leq 53{,}1)$. Arrondir la valeur au centième.

Partie B

Une certaine maladie V est présente dans la population française avec la fréquence 1 %. On sait d'autre part que 30 % de la population française a plus de 50 ans, et que 90 % des porteurs de la maladie V dans la population française ont plus de 50 ans.

On choisit au hasard un individu dans la population française.

On note α l'unique réel tel que $P(X \leq \alpha) = 0{,}995$, où X est la variable aléatoire définie au début de l'exercice. On ne cherchera pas à calculer α.

On définit les événements :

M : « l'individu est porteur de la maladie V » ;

S : « l'individu a plus de 50 ans » ;

H : « l'individu a un taux d'hématocrite supérieur à α ».

Ainsi $P(M) = 0{,}01$, $P_M(S) = 0{,}9$ et $P(H) = P(X > \alpha)$.

D'autre part, une étude statistique a révélé que 60 % des individus ayant un taux d'hématocrite supérieur à α sont porteurs de la maladie V.

1 **a.** Déterminer $P(M \cap S)$.

b. On choisit au hasard un individu ayant plus de 50 ans. Montrer que la probabilité qu'il soit porteur de la maladie V est égale à 0,03.

2 **a.** Calculer la probabilité P(H).

b. L'individu choisi au hasard a un taux d'hématocrite inférieur ou égal à α. Calculer la probabilité qu'il soit porteur de la maladie V. Arrondir au millième.

Partie C

Le but de cette partie est d'étudier l'influence d'un gène sur la maladie V.

1 Déterminer l'intervalle de fluctuation asymptotique au seuil de 95 % de la fréquence de la maladie V dans les échantillons de taille 1 000, prélevés au hasard et avec remise dans l'ensemble de la population française. On arrondira les bornes de l'intervalle au millième.

2 Dans un échantillon aléatoire de 1 000 personnes possédant le gène, on a trouvé 14 personnes porteuses de la maladie V.

Au regard de ce résultat, peut-on décider, au seuil de 95 %, que le gène a une influence sur la maladie ?

France métropolitaine, juin 2014 **5 pts** 1 heure

75 Probabilité conditionnelle, Test, Intervalle de fluctuation asymptotique

Les parties A et B peuvent être traitées indépendamment.

Partie A

Un laboratoire pharmaceutique propose des tests de dépistage de diverses maladies. Son service de communication met en avant les caractéristiques suivantes :

- la probabilité qu'une personne malade présente un test positif est 0,99 ;
- la probabilité qu'une personne saine présente un test positif est 0,001.

1 Pour une maladie qui vient d'apparaître, le laboratoire élabore un nouveau test. Une étude statistique permet d'estimer que le pourcentage de personnes malades parmi la population d'une métropole est égal à 0,1%. On choisit au hasard une personne dans cette population et on lui fait subir le test.
On note M l'événement « la personne choisie est malade » et T l'événement « le test est positif ».
a. Traduire l'énoncé sous la forme d'un arbre pondéré.
b. Démontrer que la probabilité P(T) de l'événement T est $1{,}989 \times 10^{-3}$.
c. L'affirmation suivante est-elle vraie ou fausse ? Justifier la réponse.
Affirmation « Si le test est positif, il y a moins d'une chance sur deux que la personne soit malade ».

2 Le laboratoire décide de commercialiser un test dès lors que la probabilité qu'une personne testée positivement soit malade est supérieure ou égale à 0,95. On désigne par x la proportion de personnes atteintes d'une certaine maladie dans la population.
À partir de quelle valeur de x le laboratoire commercialise-t-il le test correspondant ?

Partie B

La chaîne de production du laboratoire fabrique, en très grande quantité, le comprimé d'un médicament.

EXERCICES

1 Un comprimé est conforme si sa masse est comprise entre 890 et 920 mg. On admet que la masse en milligrammes d'un comprimé pris au hasard dans la production peut être modélisée par une variable aléatoire X qui suit la loi normale $\mathcal{N}(\mu, \sigma^2)$ de moyenne $\mu = 900$ et d'écart-type $\sigma = 7$.

a. Calculer la probabilité qu'un comprimé prélevé au hasard soit conforme. On arrondira à 10^{-2}.

b. Déterminer l'entier positif h tel que :

$$P(900 - h \leq X \leq 900 + h) \approx 0{,}99 \text{ à } 10^{-3} \text{ près.}$$

2 La chaîne de production a été réglée dans le but d'obtenir au moins 97 % de comprimés conformes. Afin d'évaluer l'efficacité des réglages, on effectue un contrôle en prélevant un échantillon de 1 000 comprimés dans la production. La taille de la production est supposée suffisamment grande pour que ce prélèvement puisse être assimilé à 1 000 tirages successifs avec remise.

Le contrôle effectué a permis de dénombrer 53 comprimés non conformes sur l'échantillon prélevé.

Ce contrôle remet-il en question les réglages faits par le laboratoire ? On pourra utiliser un intervalle de fluctuation asymptotique au seuil de 95 %.

Antilles-Guyane, septembre 2013 — **4 pts** — 50 min

76 Loi normale

Une entreprise industrielle fabrique des pièces cylindriques en grande quantité. Pour toute pièce prélevée au hasard, on appelle X la variable aléatoire qui lui associe sa longueur en millimètre et Y la variable aléatoire qui lui associe son diamètre en millimètre.

On suppose que X suit la loi normale de moyenne $\mu_1 = 36$ et d'écart-type $\sigma_1 = 0{,}2$ et que Y suit la loi normale de moyenne $\mu_2 = 6$ et d'écart-type $\sigma_2 = 0{,}05$.

1 Une pièce est dite conforme pour la longueur si sa longueur est comprise entre $\mu_1 - 3\sigma_1$ et $\mu_1 + 3\sigma_1$. Quelle est une valeur approchée à 10^{-3} près de la probabilité p_1 pour qu'une pièce prélevée au hasard soit conforme pour la longueur ?

2 Une pièce est dite conforme pour le diamètre si son diamètre est compris entre 5,88 mm et 6,12 mm. Le tableau donné ci-contre a été obtenu à l'aide d'un tableur. Il indique, pour chacune des valeurs de k, la probabilité que Y soit inférieure ou égale à cette valeur.

Déterminer à 10^{-3} près la probabilité p_2 pour qu'une pièce prélevée au hasard soit conforme pour le diamètre (on pourra s'aider du tableau ci-contre).

k	$p(Y \leq k)$
5,8	3,16712 E – 05
5,82	0,000159109
5,84	0,000687138
5,86	0,00255513
5,88	0,008197536
5,9	0,022750132
5,92	0,054799292
5,94	0,11506967
5,96	0,211855399
5,98	0,344578258
6	0,5
6,02	0,655421742
6,04	0,788144601
6,06	0,88493033
6,08	0,945200708
6,1	0,977249868
6,12	0,991802464
6,14	0,99744487
6,16	0,999312862
6,18	0,999840891
6,2	0,999968329

3 On prélève une pièce au hasard. On appelle L l'événement « la pièce est conforme pour la longueur » et D l'événement « la pièce est conforme pour le diamètre ».
On suppose que les événements L et D sont indépendants.
a. Une pièce est acceptée si elle est conforme pour la longueur et pour le diamètre.
Déterminer la probabilité pour qu'une pièce prélevée au hasard ne soit pas acceptée (le résultat sera arrondi à 10^{-2}).
b. Justifier que la probabilité qu'elle soit conforme pour le diamètre sachant qu'elle n'est pas conforme pour la longueur, est égale à p_2.

EXERCICES

France métropolitaine, septembre 2014 — **5 pts** — 1 heure

77 Probabilité conditionnelle, Arbre, Loi binomiale, Intervalle de fluctuation

Dans une usine, on utilise deux machines A et B pour fabriquer des pièces.

1 La machine A assure 40 % de la production et la machine B en assure 60 %.
On estime que 10 % des pièces issues de la machine A ont un défaut et que 9 % des pièces issues de la machine B ont un défaut.
On choisit une pièce au hasard et on considère les événements suivants :

- A « La pièce est produite par la machine A » ;
- B « La pièce est produite par la machine B » ;
- D « La pièce a un défaut » ;
- $\overline{D}$ l'événement contraire de l'événement D.

a. Traduire la situation à l'aide d'un arbre pondéré.

b. Calculer la probabilité que la pièce choisie présente un défaut et ait été fabriquée par la machine A.

c. Démontrer que la probabilité P(D) de l'événement D est égale à 0,094.

d. On constate que la pièce choisie a un défaut.

Quelle est la probabilité que cette pièce provienne de la machine A ?

2 On estime que la machine A est convenablement réglée si 90 % des pièces qu'elle fabrique sont conformes.

On décide de contrôler cette machine en examinant n pièces choisies au hasard (n entier naturel) dans la production de la machine A. On assimile ces n tirages à des tirages successifs indépendants et avec remise.

On note X_n le nombre de pièces qui sont conformes dans l'échantillon de n pièces, et $F_n = \dfrac{X_n}{n}$ la proportion correspondante.

a. Justifier que la variable aléatoire X_n suit une loi binomiale et préciser ses paramètres.

b. Dans cette question, on prend $n = 150$.

Déterminer l'intervalle de fluctuation asymptotique I au seuil de 95 % de la variable aléatoire F_{150}.

c. Un test qualité permet de dénombrer 21 pièces non conformes sur un échantillon de 150 pièces produites.

Cela remet-il en cause le réglage de la machine ? Justifier la réponse.

1 heure

Centres étrangers, juin 2016 **5 pts**

78 Probabilité, Intervalle de confiance, Arbre

Un institut effectue un sondage pour connaître, dans une population donnée, la proportion de personnes qui sont favorables à un projet d'aménagement du territoire. Pour cela, on interroge un échantillon aléatoire de personnes de cette population, et l'on pose une question à chaque personne.

Les trois parties sont relatives à cette même situation, mais peuvent être traitées de manière indépendante.

Partie A Nombre de personnes qui acceptent de répondre au sondage

On admet, dans cette partie, que la probabilité qu'une personne interrogée accepte de répondre à la question est égale à 0,6.

1 L'institut de sondage interroge 700 personnes. On note X la variable aléatoire correspondant au nombre de personnes interrogées qui acceptent de répondre à la question posée.

a. Quelle est la loi de la variable aléatoire X ? Justifier la réponse.
b. Quelle est la meilleure valeur approchée de $P(X \geq 400)$ parmi les nombres suivants ?

0,92 0,93 0,94 0,95

2 Combien de personnes l'institut doit-il interroger au minimum pour garantir, avec une probabilité supérieure à 0,9, que le nombre de personnes répondant au sondage soit supérieur ou égal à 400 ?

Partie B Proportion de personnes favorables au projet dans la population

Dans cette partie, on suppose que n personnes ont répondu à la question, et on admet que ces personnes constituent un échantillon aléatoire de taille n (où n est un entier naturel supérieur à 50).
Parmi ces personnes, 29 % sont favorables au projet d'aménagement.

1 Donner un intervalle de confiance, au niveau de confiance de 95 %, de la proportion de personnes qui sont favorables au projet dans la population totale.

2 Déterminer la valeur minimale de l'entier n pour que l'intervalle de confiance, au niveau de confiance de 95 %, ait une amplitude inférieure ou égale à 0,04.

Partie C Correction due à l'insincérité de certaines réponses

Dans cette partie, on suppose que, parmi les personnes sondées qui ont accepté de répondre à la question posée, 29 % affirment qu'elles sont favorables au projet.
L'institut de sondage sait par ailleurs que, la question posée pouvant être gênante pour les personnes interrogées, certaines d'entre elles ne sont pas sincères et répondent le contraire de leur opinion véritable. Ainsi, une personne qui se dit favorable peut :

- soit être en réalité favorable au projet si elle est sincère ;
- soit être en réalité défavorable au projet si elle n'est pas sincère.

Par expérience, l'institut estime à 15 % le taux de réponses non sincères parmi les personnes ayant répondu, et admet que ce taux est le même quelle que soit l'opinion de la personne interrogée.
Le but de cette partie est, à partir de ces données, de déterminer le taux réel de personnes favorables au projet, à l'aide d'un modèle probabiliste.
On prélève au hasard la fiche d'une personne ayant répondu, et on définit :

- F l'événement « la personne est en réalité favorable au projet » ;
- $\overline{F}$ l'événement « la personne est en réalité défavorable au projet » ;

- A l'événement « la personne affirme qu'elle est favorable au projet » ;
- $\overline{A}$ l'événement « la personne affirme qu'elle est défavorable au projet ».

Ainsi, d'après les données, on a P(A) = 0,29.

1 En interprétant les données de l'énoncé, indiquer les valeurs de $P_F(A)$ et $P_{\overline{F}}(A)$.

2 On pose $x = P(F)$.

a. Reproduire sur la copie et compléter l'arbre de probabilité ci-dessous.

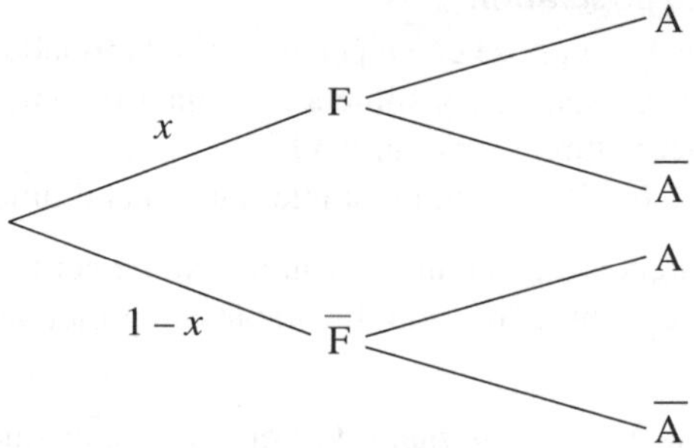

b. En déduire une égalité vérifiée par le réel x.

3 Déterminer, parmi les personnes ayant répondu au sondage, la proportion de celles qui sont réellement favorables au projet.

1 h 10

France métropolitaine, juin 2015 **6 pts**

79 Loi exponentielle, Loi normale, Intervalle de fluctuation asymptotique, Test

Les résultats des probabilités seront arrondis à 10^{-3} près.

Partie A

1 Soit X une variable aléatoire qui suit la loi exponentielle de paramètre λ, où λ est un réel strictement positif donné.
On rappelle que la densité de probabilité de cette loi est la fonction f définie sur $[0 ; +\infty[$ par :

$$f(x) = \lambda e^{-\lambda x}.$$

a. Soit c et d deux réels tels que $0 \leq c < d$.
Démontrer que la probabilité $P(c \leq X \leq d)$ vérifie :

$$P(c \leq X \leq d) = e^{-\lambda c} - e^{-\lambda d}.$$

b. Déterminer une valeur de λ à 10^{-3} près de telle sorte que la probabilité $P(X > 20)$ soit égale à 0,05.
c. Donner l'espérance de la variable aléatoire X.

Dans la suite de l'exercice on prend $\lambda = 0{,}15$.
d. Calculer $P(10 \leq X \leq 20)$.
e. Calculer la probabilité de l'événement $(X > 18)$.

2 Soit Y une variable aléatoire qui suit la loi normale d'espérance 16 et d'écart-type 1,95.
a. Calculer la probabilité de l'événement $(20 \leq Y \leq 21)$.
b. Calculer la probabilité de l'événement $(Y < 11) \cup (Y > 21)$.

Partie B

Une chaîne de magasins souhaite fidéliser ses clients en offrant des bons d'achat à ses clients privilégiés. Chacun d'eux reçoit un bon d'achat de couleur verte ou rouge sur lequel est inscrit un montant.
Les bons d'achats sont distribués de façon à avoir, dans chaque magasin, un quart de bons rouges et trois quarts de bons verts.
Les bons d'achat verts prennent la valeur de 30 euros avec une probabilité égale à 0,067 ou des valeurs comprises entre 0 et 15 euros avec des probabilités non précisées ici.
De façon analogue, les bons d'achat rouges prennent les valeurs 30 ou 100 euros avec des probabilités respectivement égales à 0,015 et 0,010 ou des valeurs comprises entre 10 et 20 euros avec des probabilités non précisées ici.

1 Calculer la probabilité d'avoir un bon d'achat d'une valeur supérieure ou égale à 30 euros sachant qu'il est rouge.

2 Montrer qu'une valeur approchée à 10^{-3} près de la probabilité d'avoir un bon d'achat d'une valeur supérieure ou égale à 30 euros vaut 0,057.

Pour la question suivante, on utilise cette valeur.

3 Dans un des magasins de cette chaîne, sur 200 clients privilégiés, 6 ont reçu un bon d'achat d'une valeur supérieure ou égale à 30 €.
Le directeur du magasin considéré estime que ce nombre est insuffisant et doute de la répartition au hasard des bons d'achats dans les différents magasins de la chaîne.
Ses doutes sont-ils justifiés ?

Nombres complexes

Amérique du Nord, juin 2015 **5 pts** 1 heure

80 Suite, Algorithme, Construction géométrique

On se place dans un repère orthonormé et, pour tout entier naturel n, on définit les points (A_n) par leurs coordonnées $(x_n\,;\,y_n)$ de la façon suivante :

$$\begin{cases} x_0 = -3 \\ y_0 = 4 \end{cases} \text{ et, pour tout entier naturel } n \begin{cases} x_{n+1} = 0{,}8x_n - 0{,}6y_n \\ y_{n+1} = 0{,}6x_n + 0{,}8y_n \end{cases}$$

1 a. Déterminer les coordonnées des points A_0, A_1, et A_2.

b. Pour construire les points A_n ainsi obtenus, on écrit l'algorithme suivant :

Variables :	i, x, y, t : nombres réels
Initialisation :	x prend la valeur -3
	y prend la valeur 4
Traitement :	Pour i allant de 0 à 20
	Construire le point de coordonnées $(x\,;\,y)$
	t prend la valeur x
	x prend la valeur ....
	y prend la valeur ....
	Fin pour

Recopier et compléter cet algorithme pour qu'il construise les points A_0 à A_{20}.

c. À l'aide d'un tableur, on a obtenu le nuage de points suivant :

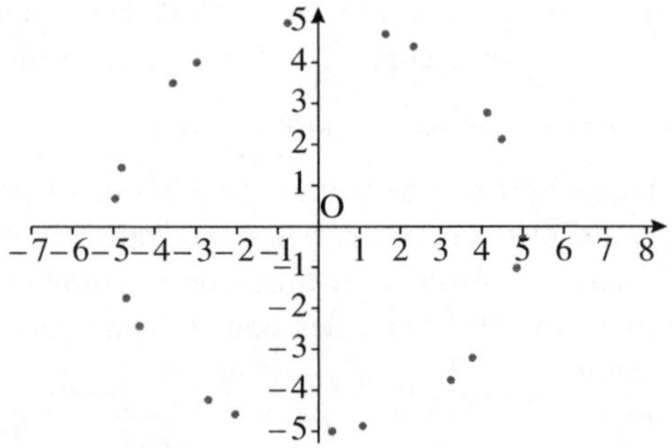

Identifier les points A_0, A_1 et A_2. On les nommera sur la figure ci-dessus. Quel semble être l'ensemble auquel appartiennent les points A_n pour tout n entier naturel ?

2 Le but de cette question est de construire géométriquement les points A_n pour tout n entier naturel.
Dans le plan complexe, on nomme, pour tout entier naturel n, $z_n = x_n + \mathrm{i}y_n$ l'affixe du point A_n.
a. Soit $u_n = |z_n|$. Montrer que, pour tout entier naturel n, $u_n = 5$. Quelle interprétation géométrique peut-on faire de ce résultat ?
b. On admet qu'il existe un réel θ tel que $\cos\theta = 0{,}8$ et $\sin\theta = 0{,}6$.
Montrer que, pour tout entier naturel n, $e^{\mathrm{i}\theta}z_n = z_{n+1}$.
c. Démontrer que, pour tout entier naturel n, $z_n = e^{\mathrm{i}n\theta}z_0$.
d. Montrer que $\theta + \frac{\pi}{2}$ est un argument du nombre complexe z_0.
e. Pour tout entier naturel n, déterminer, en fonction de n et θ, un argument du nombre complexe z_n. Représenter θ sur la figure ci-avant.
Expliquer, pour tout entier naturel n, comment construire le point A_{n+1} à partir du point A_n.

Centres étrangers, juin 2016 — **5 pts** — 1 heure

81 Nombre complexe, Application à la géométrie, Suite, Algorithme

On veut modéliser dans le plan la coquille d'un nautile (photo ci-dessous) à l'aide d'une ligne brisée en forme de spirale. On s'intéresse à l'aire délimitée par cette ligne.

© Eugène Sim/Fotolia.com

On munit le plan d'un repère orthonormé direct $(O ; \vec{u}, \vec{v})$.
Soit n un entier supérieur ou égal à 2. Pour tout entier k allant de 0 à n, on définit les nombres complexes $z_k = \left(1 + \frac{k}{n}\right)e^{\mathrm{i}\frac{2k\pi}{n}}$, et on note M_k le point d'affixe z_k.

Dans ce modèle, le pourtour du nautile est la ligne brisée reliant tous les points M_k avec $0 \leq k \leq n$.
Par exemple, pour les entiers $n = 6$, $n = 10$ et $n = 20$, on obtient les figures ci-dessous :

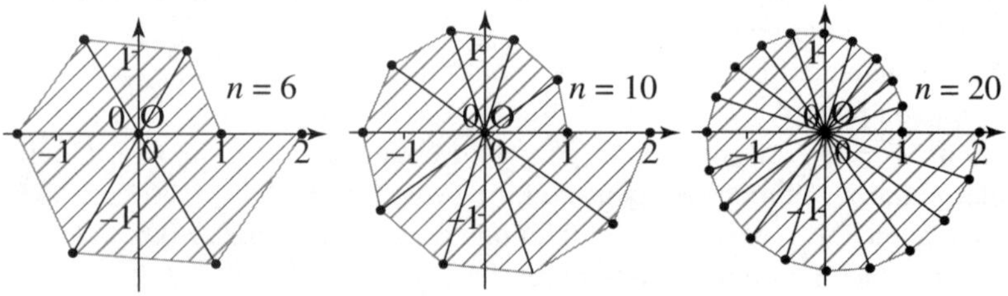

Partie A **Ligne brisée formée à partir de sept points**

Dans cette partie, on suppose que $n = 6$.

Ainsi, pour $0 \leq k \leq 6$, on a $z_k = \left(1 + \frac{k}{6}\right)e^{i\frac{2k\pi}{6}}$.

1 Déterminer la forme algébrique exacte de z_1.

2 Vérifier que z_0 et z_6 sont des entiers, que l'on déterminera.

3 Calculer la longueur de la hauteur issue de M_1 dans le triangle OM_0M_1, puis établir que l'aire de ce triangle est égale à $\frac{7\sqrt{3}}{24}$.

Partie B **Ligne brisée formée à partir de *n* + 1 points**

Dans cette partie, n est un entier quelconque supérieur ou égal à 2.

1 Pour tout entier k tel que $0 \leq k \leq n$, déterminer la longueur OM_k.

2 Pour k entier tel que $0 \leq k \leq n - 1$, déterminer une mesure des angles :

$$\left(\vec{u}, \overrightarrow{OM_k}\right) \text{ et } \left(\vec{u}, \overrightarrow{OM_{k+1}}\right).$$

En déduire une mesure de l'angle $\left(\overrightarrow{OM_k}, \overrightarrow{OM_{k+1}}\right)$.

3 Pour k entier tel que $0 \leq k \leq n - 1$, démontrer que la longueur de la hauteur issue de M_{k+1} dans le triangle OM_kM_{k+1} est égale à :

$$\left(1 + \frac{k+1}{n}\right) \times \sin\left(\frac{2\pi}{n}\right).$$

4 On admet que l'aire du triangle OM_kM_{k+1} est égale à :

$$a_k = \frac{1}{2}\sin\left(\frac{2\pi}{n}\right) \times \left(1 + \frac{k}{n}\right)\left(1 + \frac{k+1}{n}\right)$$

et que l'aire totale délimitée par la ligne brisée est égale à :

$$A_n = a_0 + a_1 + \ldots + a_{n-1}.$$

L'algorithme suivant permet de calculer l'aire A_n lorsqu'on entre l'entier n :

Variables : A est un nombre réel
k est un entier
n est un entier
Traitement : Lire la valeur de n
A prend la valeur 0
Pour k allant de 0 à $n-1$
    A prend la valeur
    $A + \frac{1}{2}\sin\left(\frac{2\pi}{n}\right) \times \left(1 + \frac{k}{n}\right)\left(1 + \frac{k+1}{n}\right)$
Fin Pour
Sortie : Afficher A

On entre dans l'algorithme $n = 10$.
Recopier et compléter le tableau ci-dessous qui illustre le fonctionnement de l'algorithme :

k	0	1	2	3	4	5	6	7	8	9
A	0,323	0,711	1,170	1,705	2,322	3,027	3,826	4,726		

5 On admet que $A_2 = 0$, que la suite (A_n) converge et que :

$$\lim_{n \to +\infty} A_n = \frac{7\pi}{3} \approx 7,3.$$

Recopier et compléter les lignes L6 et L13 de l'algorithme ci-dessous, qui permet de déterminer le plus petit entier n tel que $A_n \geq 7,2$. On ne demande pas de déterminer n.

L1 VARIABLES : A est un nombre réel
L2 k est un entier
L3 n est un entier
L4 TRAITEMENT : n prend la valeur 2
L5 A prend la valeur 0
L6 **Tant que……………**
L7 n prend la valeur $n + 1$
L8 A prend la valeur 0

	Pour k allant de 0 à $n-1$	
		A prend la valeur $A+\frac{1}{2}\sin\left(\frac{2\pi}{n}\right)\times\left(1+\frac{k}{n}\right)\left(1+\frac{k+1}{n}\right)$
	Fin Pour	
	Fin Tant que	
SORTIE :	**Afficher.......**	

Antilles-Guyane, juin 2013 — **5 pts** — 1 heure

82 Suite, Algorithme, Convergence

On considère la suite (z_n) à termes complexes définie par $z_0 = 1 + \mathrm{i}$ et, pour tout entier naturel n, par :

$$z_{n+1} = \frac{z_n + |z_n|}{3}.$$

Pour tout entier naturel n, on pose $z_n = a_n + \mathrm{i}b_n$, où a_n est la partie réelle de z_n et b_n est la partie imaginaire de z_n.
Le but de cet exercice est d'étudier la convergence des suites (a_n) et (b_n).

Partie A

1 Donner a_0 et b_0.

2 Calculer z_1, puis en déduire que $a_1 = \frac{1+\sqrt{2}}{3}$ et $b_1 = \frac{1}{3}$.

3 On considère l'algorithme suivant :

Variables :	A et B des nombres réels
	K et N des nombres entiers
Initialisation :	Affecter à A la valeur 1
	Affecter à B la valeur 1
Traitement :	
	Entrer la valeur de N
	Pour K variant de 1 à N
	Affecter à A la valeur $\frac{A+\sqrt{A^2+B^2}}{3}$
	Affecter à B la valeur $\frac{B}{3}$
	Fin Pour
	Afficher A

a. On exécute cet algorithme en saisissant N = 2. Recopier et compléter le tableau ci-dessous contenant l'état des variables au cours de l'exécution de l'algorithme (on arrondira les valeurs calculées à 10^{-4} près).

K	A	B
1		
2		

b. Pour un nombre N donné, à quoi correspond la valeur affichée par l'algorithme par rapport à la situation étudiée dans cet exercice ?

Partie B

1 Pour tout entier naturel n, exprimer z_{n+1} en fonction de a_n et b_n.
En déduire l'expression de a_{n+1} en fonction de a_n et b_n, et l'expression de b_{n+1} en fonction de b_n.

2 Quelle est la nature de la suite (b_n) ? En déduire l'expression de b_n en fonction de n, et déterminer la limite de la suite (b_n).

3 **a.** On rappelle que pour tous nombres complexes z et z' :

$$|z + z'| \leq |z| + |z'| \text{ (inégalité triangulaire).}$$

Montrer que pour tout entier naturel n :

$$|z_{n+1}| \leq \frac{2|z_n|}{3}.$$

b. Pour tout entier naturel n, on pose $u_n = |z_n|$.
Montrer par récurrence que pour tout entier naturel n :

$$u_n \leq \left(\frac{2}{3}\right)^n \sqrt{2}.$$

En déduire que la suite (u_n) converge vers une limite que l'on déterminera.
c. Montrer que, pour tout entier naturel n, $|a_n| = u_n$. En déduire que la suite (a_n) converge vers une limite que l'on déterminera.

Antilles-Guyane, juin 2007 — **5 pts** — 1 heure

83 Application géométrique

$(O\ ;\ \vec{u}, \vec{v})$ est un repère orthonormal direct du plan complexe.
Soit A le point d'affixe $1 + i$.
Au point M d'affixe z, on associe le point M′ d'affixe z' telle que :

$$z' = \frac{1}{2}(z + \mathrm{i}\bar{z}).$$

1 On pose $z = x + \mathrm{i}y$ et $z' = x' + \mathrm{i}y'$ avec x, y, x' et y' réels.

a. Démontrer les égalités suivantes :

$$x' = \frac{1}{2}(x + y) \text{ et } y' = \frac{1}{2}(x + y).$$

En déduire que le point M′ appartient à la droite (OA).

b. Déterminer l'ensemble des points M du plan tels que M = M′.

c. Démontrer que pour tout point M du plan, les vecteurs $\overrightarrow{MM'}$ et $\overrightarrow{OA}$ sont orthogonaux.

2 Soit r l'application du plan dans lui-même qui, à un point M(z), associe $M_1(z_1)$ tel que $z_1 = \mathrm{i}z$. M_2 est le point d'affixe $z_2 = \bar{z}$, M_3 le point d'affixe z_3 tel que le quadrilatère $OM_1M_3M_2$ soit un parallélogramme.

a. Dans cette question uniquement, M a pour affixe 4 + i.
Placer les points M, M_1, M_2, M_3.

b. Exprimer z_3 en fonction de z.

c. $OM_1M_3M_2$ est-il un losange ? Justifier.

d. Vérifier que $z' - z = \frac{1}{2}\mathrm{i}z_3$.

En déduire que $MM' = \frac{1}{2}OM_3$.

3 Démontrer que les points M, M_1, M_2 et M_3 appartiennent à un même cercle de centre O si, et seulement si, $MM' = \frac{1}{2}OM$.

Donner alors la mesure en radians de l'angle géométrique $\widehat{M'OM}$.

Inde, avril 2013 — **5 pts** — 1 heure

84 Application géométrique

Le plan complexe est muni d'un repère orthonormé direct $(O ; \vec{u}, \vec{v})$.
On note i le nombre complexe tel que $\mathrm{i}^2 = -1$.
On considère le point A d'affixe $Z_A = 1$ et le point B d'affixe $Z_B = \mathrm{i}$.
À tout point M d'affixe $Z_M = x + \mathrm{i}y$, avec x et y deux réels tels que $y \neq 0$, on associe le point M′ d'affixe $Z_{M'} = -\mathrm{i}Z_M$.
On désigne par I le milieu du segment [AM].

Le but de l'exercice est de montrer que pour tout point M n'appartenant pas à (OA), la médiane (OI) du triangle OAM est aussi une hauteur du triangle OBM′ (propriété 1) et que BM′ = 2OI (propriété 2).

1 Dans cette question et uniquement dans cette question, on prend :

$$Z_M = 2e^{-i\frac{\pi}{3}}.$$

a. Déterminer la forme algébrique de Z_M.
b. Montrer que $Z_M = -\sqrt{3} - i$. Déterminer le module et un argument de $Z_{M'}$.
c. Placer les points A, B, M, M′ et I dans le repère $(O ; \vec{u}, \vec{v})$ en prenant 2 cm pour unité graphique.
Tracer la droite (OI) et vérifier rapidement les propriétés 1 et 2 à l'aide du graphique.

2 On revient au cas général en prenant $Z_M = x + iy$ avec $y \neq 0$.
a. Déterminer l'affixe du point I en fonction de x et y.
b. Déterminer l'affixe du point M′ en fonction de x et y.
c. Écrire les coordonnées des points I, B et M′.
d. Montrer que la droite (OI) est une hauteur du triangle OBM′.
e. Montrer que BM′ = 2OI.

Asie, juin 2015 — 5 pts — 1 heure

85 Propriétés d'un nombre complexe

Le plan est muni du repère orthonormé direct $(O ; \vec{u}, \vec{v})$.

On donne le nombre complexe $j = -\frac{1}{2} + i\frac{\sqrt{3}}{2}$.

Le but de cet exercice est d'étudier quelques propriétés du nombre j, et de mettre en évidence un lien de ce nombre avec les triangles équilatéraux.

Partie A Propriétés du nombre j

1 **a.** Résoudre dans l'ensemble $\mathbb{C}$ des nombres complexes l'équation :

$$z^2 + z + 1 = 0.$$

b. Vérifier que le nombre complexe j est une solution de cette équation.

2 Déterminer le module et un argument du nombre complexe j, puis donner sa forme exponentielle.

3 Démontrer les égalités suivantes :

a. $j^3 = 1$;
b. $j^2 = -1 - j$.

4 On note P, Q, R les images respectives des nombres complexes 1, j et j^2 dans le plan.
Quelle est la nature du triangle PQR ? Justifier la réponse.

Partie B

Soit a, b, c trois nombres complexes vérifiant l'égalité $a + jb + j^2c = 0$.
On note A, B, C les images respectives des nombres a, b, c dans le plan.

1 En utilisant la question **A** **3** **b.**, démontrer l'égalité :

$$a - c = j(c - b).$$

2 En déduire que AC = BC.

3 Démontrer l'égalité :

$$a - b = j^2 (b - c).$$

4 En déduire que le triangle ABC est équilatéral.

Centres étrangers, juin 2005 — **5 pts** — 1 heure

86 Application géométrique, Ensemble de points

Le plan complexe est rapporté à un repère orthonormal direct $(O ; \vec{u}, \vec{v})$ d'unité graphique 8 cm.
On appelle A le point d'affixe -1 et B le point d'affixe 1.
On appelle $\mathscr{E}$ l'ensemble des points du plan distincts de A, O et B.
À tout point M d'affixe z appartenant à l'ensemble $\mathscr{E}$, on associe le point N d'affixe z^2 et le point P d'affixe z^3.

1 Prouver que les points M, N et P sont deux à deux distincts.

2 On se propose, dans cette question, de déterminer l'ensemble $\mathscr{C}$ des points M appartenant à $\mathscr{E}$ tels que le triangle MNP soit rectangle en P.
a. En utilisant le théorème de Pythagore, démontrer que MNP est rectangle en P si et seulement si $|z + 1|^2 + |z|^2 = 1$.
b. Démontrer que $|z + 1|^2 + |z|^2 = 1$ équivaut à $\left(z + \frac{1}{2}\right)\overline{\left(z + \frac{1}{2}\right)} = \frac{1}{4}$.
c. En déduire l'ensemble $\mathscr{C}$ cherché.

3 Soit M un point de $\mathscr{E}$ et z son affixe. On désigne par r le module de z et α l'argument de z, $\alpha \in]-\pi ; \pi]$.

a. Démontrer que l'ensemble $\mathscr{F}$ des points M de $\mathscr{E}$ tels que l'affixe de P soit un réel strictement positif est la réunion de trois demi-droites (éventuellement privées de points).

b. Représenter les ensembles $\mathscr{C}$ et $\mathscr{F}$ dans le repère $(O ; \vec{u}, \vec{v})$.

c. Déterminer les affixes des points M de $\mathscr{E}$ tels que le triangle MNP soit rectangle en P, l'affixe de P étant un réel strictement positif.

1 h 10

D'après sujet de Bac — 6 pts

87 Application géométrique, Ensemble de points, Construction géométrique

Le plan complexe est rapporté à un repère orthonormal $(O ; \vec{u}, \vec{v})$.
Dans tout l'exercice, z est un nombre complexe non nul.

À tout point M d'affixe z, on associe le point M′ d'affixe $z' = -\frac{1}{z}$, puis le point I milieu du segment [MM′]. L'affixe de I est donc $\frac{1}{2}\left(z - \frac{1}{z}\right)$.

Note : les questions **2**, **3** *et* **4** *sont largement indépendantes.*

1 **a.** Donner une relation entre les modules de z et z'.
Donner une relation entre leurs arguments.

b. Sur la figure ci-après est placé le point M_1 d'affixe z_1 sur le cercle de centre O et de rayon 2.
Expliquer comment on peut obtenir géométriquement le point M_1', puis le point I_1 milieu du segment $[M_1 ; M_1']$.
Effectuer cette construction.

2 Pour cette question, θ est un réel et M est le point d'affixe $z = e^{i\theta}$.

a. Calculer sous forme algébrique l'affixe de I.

b. Sur la figure ci-après est placé le point M_2 d'affixe z_2 sur le cercle $\mathscr{C}$ de centre O et de rayon 1. Expliquer comment, en utilisant le résultat de la question **2 a.**, on peut obtenir géométriquement le point I_2 milieu du segment $[M_2 ; M_2']$.
Effectuer cette construction.
Donner (sans justification) l'ensemble décrit par I lorsque M décrit $\mathscr{C}$.

EXERCICES

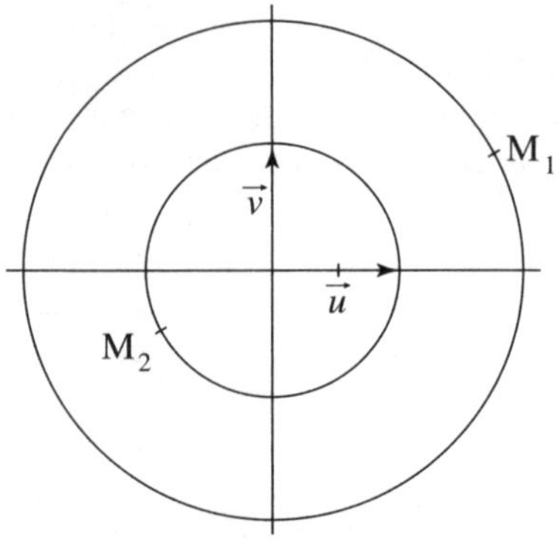

3 Dans cette question, M est un point du plan, distinct de O.

a. Déterminer les points M du plan complexe pour lesquels M et I sont confondus.

b. Développer $(z - 2i)^2 + 3$.

Déterminer les points M du plan complexe pour lesquels l'affixe de I est 2i.

4 Dans cette question, M est un point du plan, distinct de O, d'affixe $z = x + iy$ (x et y réels).

a. Exprimer en fonction de x et y la partie réelle et la partie imaginaire de l'affixe de I.

b. Déterminer l'ensemble $\mathscr{A}$ des points M du plan pour lesquels I appartient à l'axe des abscisses.

c. Déterminer l'ensemble $\mathscr{B}$ des points M du plan pour lesquels I appartient à l'axe des ordonnées.

Amérique du Sud, novembre 2004 — **5 pts** — 1 heure

88 Application géométrique, Ensemble de points

Partie A

Le plan complexe est rapporté à un repère orthonormal direct $(O ; \vec{u}, \vec{v})$.
Pour réaliser la figure, on prendra pour unité graphique 1 cm.
Soit P le point d'affixe p où $p = 10$ et Γ le cercle de diamètre [OP].
On désigne par Ω le centre de Γ.
Soit A, B, C les points d'affixes respectives a, b et c, où :

$$a = 5 + 5i,\ b = 1 + 3i \text{ et } c = 8 - 4i.$$

1 Montrer que A, B et C sont des points du cercle Γ.

2 Soit D le point d'affixe $2 + 2\mathrm{i}$.
Montrer que D est l'intersection de la droite (BC) et de la perpendiculaire à (BC) passant par O.

Partie B

À tout point M du plan différent de O, d'affixe z, on associe le point M′ d'affixe z' tel que $z' = \dfrac{20}{\bar{z}}$, où $\bar{z}$ désigne le nombre conjugué de z.

1 Montrer que les points O, M et M′ sont alignés.

2 Soit Δ la droite d'équation $x = 2$ et M un point de Δ d'affixe z. On se propose de déterminer géométriquement le point M′ associé au point M.
a. Vérifier que $z + \bar{z} = 4$.
b. Exprimer $z' + \overline{z'}$ en fonction de z et $\bar{z}$ et en déduire que :

$$5(z' + \overline{z'}) = z'\overline{z'}.$$

c. En déduire que M′ appartient à l'intersection de la droite (OM) et du cercle Γ. Placer M′ sur la figure.

Antilles-Guyane, septembre 2014 — **5 pts** — 1 heure

89 Application géométrique, Équation

On note $\mathbb{C}$ l'ensemble des nombres complexes.
Le plan complexe est muni d'un repère orthonormé $(\mathrm{O}\ ; \vec{u}, \vec{v})$. On prendra comme unité 2 cm sur chaque axe.
Le graphique sera fait sur une feuille de papier millimétré et complété au fur et à mesure des questions.
On considère la fonction f qui, à tout nombre complexe z associe :

$$f(z) = z^2 + 2z + 9.$$

1 Calculer l'image de $-1 + \mathrm{i}\sqrt{3}$ par la fonction f.

2 Résoudre dans $\mathbb{C}$ l'équation $f(z) = 5$.
Écrire sous forme exponentielle les solutions de cette équation.
Construire alors sur le graphique, à la règle et au compas, les points A et B dont l'affixe est solution de l'équation (A étant le point dont l'affixe a une partie imaginaire positive).
On laissera les traits de construction apparents.

3 Soit λ un nombre réel. On considère l'équation $f(z) = \lambda$ d'inconnue z.

Déterminer l'ensemble des valeurs de λ pour lesquelles l'équation $f(z) = \lambda$ admet deux solutions complexes conjuguées.

4 Soit (F) l'ensemble des points du plan complexe dont l'affixe z vérifie :

$$|f(z) - 8| = 3.$$

Prouver que (F) est le cercle de centre $\Omega(-1\,;\,0)$ et de rayon $\sqrt{3}$.
Tracer (F) sur le graphique.

5 Soit z un nombre complexe, tel que $z = x + \mathrm{i}y$ où x et y sont des nombres réels.

a. Montrer que la forme algébrique de $f(z)$ est :

$$x^2 - y^2 + 2x + 9 + \mathrm{i}\,(2xy + 2y).$$

b. On note (E) l'ensemble des points du plan complexe dont l'affixe z est telle que $f(z)$ soit un nombre réel.
Montrer que (E) est la réunion de deux droites D_1 et D_2 dont on précisera les équations.
Compléter le graphique en traçant ces droites.

6 Déterminer les coordonnées des points d'intersection des ensembles (E) et (F).

Polynésie, juin 2015 — **4 pts** — 50 min

90 Application géométrique

Le plan complexe est rapporté à un repère orthonormé $(\mathrm{O}\,;\,\vec{u},\,\vec{v})$. À tout point M d'affixe z du plan, on associe le point M′ d'affixe z' définie par :

$$z' = z^2 + 4z + 3.$$

1 Un point M est dit invariant lorsqu'il est confondu avec le point M′ associé. Démontrer qu'il existe deux points invariants. Donner l'affixe de chacun de ces points sous forme algébrique, puis sous forme exponentielle.

2 Soit A le point d'affixe $\dfrac{-3 - \mathrm{i}\sqrt{3}}{2}$ et B le point d'affixe $\dfrac{-3 + \mathrm{i}\sqrt{3}}{2}$.

Montrer que OAB est un triangle équilatéral.

3 Déterminer l'ensemble $\mathscr{E}$ des points M d'affixe $z = x + \mathrm{i}y$ où x et y sont réels, tels que le point M′ associé soit sur l'axe des réels.

4 Dans le plan complexe, représenter les points A et B ainsi que l'ensemble $\mathscr{E}$.

Polynésie, juin 2006 — 5 pts — 1 heure

91 Application géométrique, Ensemble de points, Construction géométrique

Le plan complexe est muni du repère orthonormal direct $(O\ ;\ \vec{u},\ \vec{v})$; unité graphique 2 cm.
On appelle A et B les points du plan d'affixes respectives $a = 1$ et $b = -1$.
On considère l'application f qui, à tout point M différent du point B, d'affixe z, fait correspondre le point M′ d'affixe z' définie par :

$$z' = \frac{z-1}{z+1}.$$

On fera une figure qui sera complétée tout au long de cet exercice.

1 Déterminer les points invariants de f, c'est-à-dire les points M tels que :

$$\mathrm{M} = f(\mathrm{M}).$$

2 **a.** Montrer que, pour tout nombre complexe z différent de -1 :

$$(z'-1)(z+1) = -2.$$

b. En déduire une relation entre $|z'-1|$ et $|z+1|$, puis entre $\arg(z'-1)$ et $\arg(z+1)$ pour tout nombre complexe z différent de -1.
Traduire ces deux relations en termes de distances et d'angles.

3 Montrer que si M appartient au cercle (C) de centre B et de rayon 2, alors M′ appartient au cercle (C′) de centre A et de rayon 1.

4 Soit le point P d'affixe $p = -2 + \mathrm{i}\sqrt{3}$.
a. Déterminer la forme exponentielle de $(p + 1)$.
b. Montrer que le point P appartient au cercle (C).
c. Soit Q le point d'affixe $q = -\overline{p}$ où $\overline{p}$ est le conjugué de p.
Montrer que les points A, P′ et Q sont alignés.
d. En utilisant les questions précédentes, proposer une construction de l'image P′ du point P par l'application f.

Géométrie dans l'espace

Nouvelle-Calédonie, novembre 2015 **5 pts** 1 heure

92 Plan, Droite

L'espace est rapporté à un repère orthonormé $(O ; \vec{i}, \vec{j}, \vec{k})$.
On donne les points A $(1 ; 0 ; -1)$, B $(1 ; 2 ; 3)$, C $(-5 ; 5 ; 0)$ et D $(11 ; 1 ; -2)$.
Les points I et J sont les milieux respectifs des segments [AB] et [CD].
Le point K est défini par $\overrightarrow{BK} = \frac{1}{3}\overrightarrow{BC}$.

1 **a.** Déterminer les coordonnées des points I, J et K.
b. Démontrer que les points I, J et K définissent un plan.
c. Montrer que le vecteur $\vec{n}$ de coordonnées $(3 ; 1 ; 4)$ est un vecteur normal au plan (IJK).
En déduire une équation cartésienne de ce plan.

2 Soit $\mathcal{P}$ le plan d'équation $3x + y + 4z - 8 = 0$.
a. Déterminer une représentation paramétrique de la droite (BD).
b. Démontrer que le plan $\mathcal{P}$ et la droite (BD) sont sécants et donner les coordonnées de L, point d'intersection du plan $\mathcal{P}$ et de la droite (BD).
c. Le point L est-il le symétrique du point D par rapport au point B ?

Antilles-Guyane, juin 2016 **5 pts** 1 heure

93 Géométrie dans l'espace, Équation d'un plan, Représentation paramétrique d'une droite

ABCDEFGH est un cube d'arête égale à 1.
L'espace est muni du repère orthonormé $(D ; \overrightarrow{DC}, \overrightarrow{DA}, \overrightarrow{DH})$.
Dans ce repère, on a :
$D(0 ; 0 ; 0)$, $C(1 ; 0 ; 0)$, $A(0 ; 1 ; 0)$, $H(0 ; 0 ; 1)$ et $E(0 ; 1 ; 1)$.
Soit I le milieu de [AB].
Soit $\mathcal{P}$ le plan parallèle au plan (BGE) et passant par le point I.

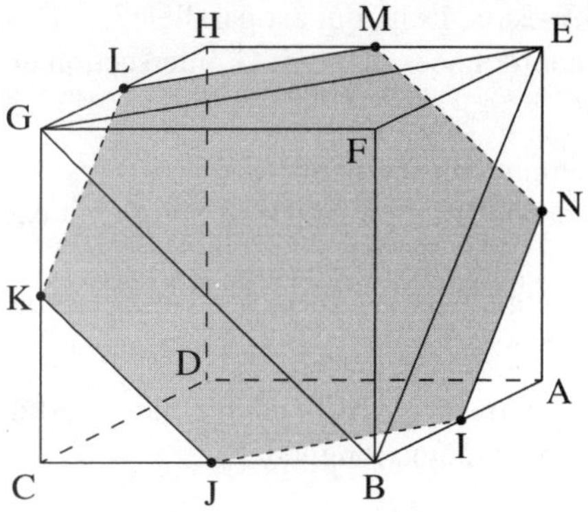

On admet que la section du cube par le plan $\mathcal{P}$ représentée ci-avant est un hexagone dont les sommets I, J, K, L, M et N appartiennent respectivement aux arêtes [AB], [BC], [CG], [GH], [HE] et [AE].

1 **a.** Montrer que le vecteur $\overrightarrow{DF}$ est normal au plan (BGE).
b. En déduire une équation cartésienne du plan $\mathcal{P}$.

2 Montrer que le point N est le milieu du segment [AE].

3 **a.** Déterminer une représentation paramétrique de la droite (HB).
b. En déduire que la droite (HB) et le plan $\mathcal{P}$ sont sécants en un point T dont on précisera les coordonnées.

4 Calculer, en unités de volume, le volume du tétraèdre FBGE.

France métropolitaine, septembre 2014 — **5 pts** — 1 heure

94 Plan, Triangle, Tétraèdre

Dans l'espace muni d'un repère orthonormé $(O\,;\vec{i},\vec{j},\vec{k})$, on considère le tétraèdre ABCD dont les sommets ont pour coordonnées :

$$A(1\,;-\sqrt{3}\,;0)\,;\ B(1\,;\sqrt{3}\,;0)\,;\ C(-2\,;0\,;0)\,;\ D(0\,;0\,;2\sqrt{2}).$$

1 Démontrer que le plan (ABD) a pour équation cartésienne $4x + z\sqrt{2} = 4$.

2 On note $\mathcal{D}$ la droite dont une représentation paramétrique est :

$$\begin{cases} x = t \\ y = 0 \\ z = t\sqrt{2} \end{cases},\ t \in \mathbb{R}.$$

a. Démontrer que $\mathcal{D}$ est la droite qui est parallèle à (CD) et passe par O.
b. Déterminer les coordonnées du point G, intersection de la droite $\mathcal{D}$ et du plan (ABD).

3 **a.** On note L le milieu du segment [AC].
Démontrer que la droite (BL) passe par le point O et est orthogonale à la droite (AC).
b. Prouver que le triangle ABC est équilatéral et déterminer le centre de son cercle circonscrit.

4 Démontrer que le tétraèdre ABCD est régulier, c'est-à-dire un tétraèdre dont les six arêtes ont la même longueur.

Liban, mai 2013 **4 pts** 50 min

95 Plan, Droite, Position relative de droites et de plans

Cet exercice est un questionnaire à choix multiples. Aucune justification n'est demandée. Pour chacune des questions, une seule des propositions est correcte.

Chaque réponse correcte rapporte un point. Une réponse erronée ou une absence de réponse n'ôte pas de point. On notera sur la copie le numéro de la question, suivi de la lettre correspondant à la proposition choisie.

L'espace est rapporté à un repère orthonormé $(O\,;\vec{i},\vec{j},\vec{k})$.
Les points A, B, C et D ont pour coordonnées respectives A(1 ; –1 ; 2), B(3 ; 3 ; 8), C(–3 ; 5 ; 4) et D(1 ; 2 ; 3).
On note $\mathcal{D}$ la droite ayant pour représentation paramétrique :

$$\begin{cases} x = t + 1 \\ y = 2t - 1,\ t \in \mathbb{R}, \\ z = 3t + 2 \end{cases}$$

et $\mathcal{D}'$ la droite ayant pour représentation paramétrique :

$$\begin{cases} x = k + 1 \\ y = k + 3 \quad ,\ k \in \mathbb{R}. \\ z = -k + 4 \end{cases}$$

On note $\mathcal{P}$ le plan d'équation $x + y - z + 2 = 0$.

1 **a.** Les droites $\mathcal{D}$ et $\mathcal{D}'$ sont parallèles.
b. Les droites $\mathcal{D}$ et $\mathcal{D}'$ sont coplanaires.

c. Le point C appartient à la droite $\mathcal{D}$.
d. Les droites $\mathcal{D}$ et $\mathcal{D}'$ sont orthogonales.

2 **a.** Le plan $\mathcal{P}$ contient la droite $\mathcal{D}$ et est parallèle à la droite $\mathcal{D}'$.
b. Le plan $\mathcal{P}$ contient la droite $\mathcal{D}'$ et est parallèle à la droite $\mathcal{D}$.
c. Le plan $\mathcal{P}$ contient la droite $\mathcal{D}$ et est orthogonal à la droite $\mathcal{D}'$.
d. Le plan $\mathcal{P}$ contient les droites $\mathcal{D}$ et $\mathcal{D}'$.

3 **a.** Les points A, D et C sont alignés.
b. Le triangle ABC est rectangle en A.
c. Le triangle ABC est équilatéral.
d. Le point D est le milieu du segment [AB].

4 On note $\mathcal{P}'$ le plan contenant la droite $\mathcal{D}'$ et le point A. Un vecteur normal à ce plan est :

a. $\vec{n}(-1 ; 5 ; 4)$;

b. $\vec{n}(3 ; -1 ; 2)$;

c. $\vec{n}(1 ; 2 ; 3)$;

d. $\vec{n}(1 ; 1 ; -1)$.

Inde, avril 2008 — **4 pts** — 50 min

96 Tétraèdre, Plan, Droite, Position relative de droites et de plans

EXERCICES

On considère un tétraèdre ABCD.
On note I, J, K, L, M, N les milieux respectifs des arêtes :

[AB], [CD], [BC], [AD], [AC] et [BD].

On désigne par G le point tel que $\overrightarrow{GA} + \overrightarrow{GB} + \overrightarrow{GC} + \overrightarrow{GD} = \vec{0}$.

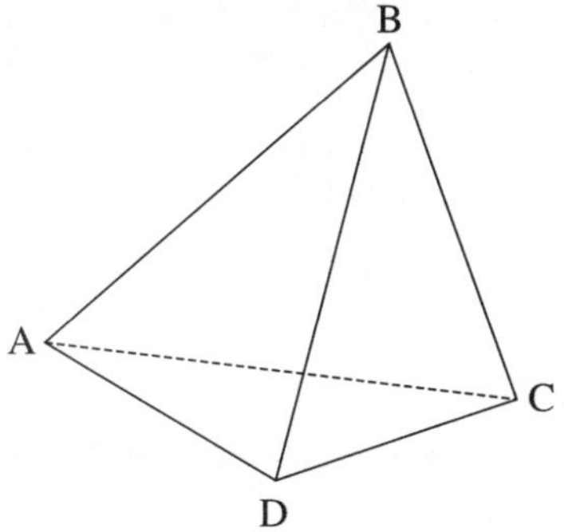

1 Montrer que les droites (IJ), (KL) et (MN) sont concourantes en G.
On suppose dans la suite que AB = CD, BC = AD et AC = BD.

2 **a.** Quelle est la nature du quadrilatère IKJL ? Préciser également la nature des quadrilatères IMJN et KNLM.
b. En déduire que (IJ) et (KL) sont orthogonales. On admettra que, de même, les droites (IJ) et (MN) sont orthogonales et les droites (KL) et (MN) sont orthogonales.

3 **a.** Montrer que la droite (IJ) est orthogonale au plan (MKN).
b. Quelle est la valeur du produit scalaire $\overrightarrow{IJ} \cdot \overrightarrow{MK}$? En déduire que (IJ) est orthogonale à la droite (AB). Montrer de même que (IJ) est orthogonale à la droite (CD).
c. Montrer que G appartient aux plans médiateurs de [AB] et [CD].
d. *Dans cette question, toute trace de recherche, même incomplète, ou d'initiative, même non fructueuse, sera prise en compte dans l'évaluation.*
Comment démontrerait-on que G est le centre de la sphère circonscrite au tétraèdre ABCD ?

Liban, mai 2016 — **4 pts** — 50 min

97 Géométrie dans l'espace, Position relative de deux plans, Construction géométrique

On considère un solide ADECBF constitué de deux pyramides identiques ayant pour base commune le carré ABCD de centre I. Une représentation en perspective de ce solide est donnée ci-dessous. Toutes les arêtes sont de longueur 1.

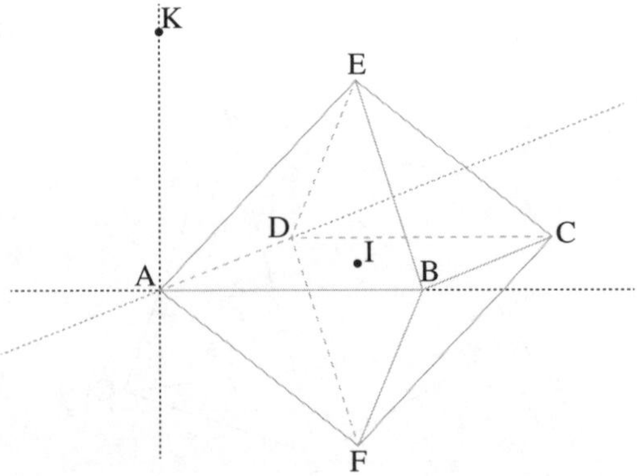

L'espace est rapporté au repère orthonormé $(A~;~\overrightarrow{AB}, \overrightarrow{AD}, \overrightarrow{AK})$.

1 a. Montrer que $IE = \frac{\sqrt{2}}{2}$. En déduire les coordonnées des points I, E et F.

b. Montrer que le vecteur $\vec{n}\begin{pmatrix} 0 \\ -2 \\ \sqrt{2} \end{pmatrix}$ est normal au plan (ABE).

c. Déterminer une équation cartésienne du plan (ABE).

2 On nomme M le milieu du segment [DF] et N celui du segment [AB].
a. Démontrer que les plans (FDC) et (ABE) sont parallèles.
b. Déterminer l'intersection des plans (EMN) et (FDC).
c. Construire sur la figure précédente la section du solide ADECBF par le plan (EMN).

D'après sujet de Bac — 4 pts — 50 min

98 Plan, Droite, Position relative de droites et de plans

On se propose d'étudier une modélisation d'une tour de contrôle de trafic aérien, chargée de surveiller deux routes aériennes représentées par deux droites de l'espace.
L'espace est rapporté à un repère orthonormal $(O~;~\vec{i}, \vec{j}, \vec{k})$ d'unité 1 km.
Le plan $(O~;~\vec{i}, \vec{j})$ représente le sol.
Les deux « routes aériennes » à contrôler sont représentées par deux droites (D_1) et (D_2), dont on connaît des représentations paramétriques :

$$(D_1)\begin{cases} x = 3 + a \\ y = 9 + 3a \text{ avec } a \in \mathbb{R}~; \\ z = 2 \end{cases} \quad (D_2)\begin{cases} x = 0{,}5 + 2b \\ y = 4 + b \quad \text{avec } b \in \mathbb{R}. \\ z = 4 - b \end{cases}$$

1 a. Indiquer les coordonnées d'un vecteur $\vec{u}_1$ directeur de la droite (D_1) et d'un vecteur $\vec{u}_2$ directeur de la droite (D_2).
b. Prouver que les droites (D_1) et (D_2) ne sont pas coplanaires.

2 On veut installer au sommet S de la tour de contrôle, de coordonnées S(3 ; 4 ; 0,1), un appareil de surveillance qui émet un rayon représenté par une droite notée (R). Soit (P_1) le plan contenant S et (D_1) et soit (P_2) le plan contenant S et (D_2).

a. Montrer que (D_2) est sécante à (P_1).

b. Montrer que (D_1) est sécante à (P_2).

c. Un technicien affirme qu'il est possible de choisir la direction de (R) pour que cette droite coupe chacune des droites (D_1) et (D_2).

Cette affirmation est-elle vraie ? Justifier la réponse.

France métropolitaine, juin 2014 — **5 pts** — 1 heure

99 Tétraèdre, Plan, Droite, Position relative de droites et de plans, Fonction trigonométrique

Dans l'espace, on considère un tétraèdre ABCD dont les faces ABC, ACD et ABD sont des triangles rectangles et isocèles en A. On désigne par E, F et G les milieux respectifs des côtés [AB], [BC] et [CA].

On choisit AB pour unité de longueur et on se place dans le repère orthonormé $(A ; \overrightarrow{AB}, \overrightarrow{AC}, \overrightarrow{AD})$ de l'espace.

1 On désigne par $\mathcal{P}$ le plan qui passe par A et qui est orthogonal à la droite (DF).

On note H le point d'intersection du plan $\mathcal{P}$ et de la droite (DF).

a. Donner les coordonnées des points D et F.

b. Donner une représentation paramétrique de la droite (DF).

c. Déterminer une équation cartésienne du plan $\mathcal{P}$.

d. Calculer les coordonnées du point H.

e. Démontrer que l'angle $\widehat{EHG}$ est un angle droit.

2 On désigne par M un point de la droite (DF) et par t le réel tel que $\overrightarrow{DM} = t\overrightarrow{DF}$. On note α la mesure en radians de l'angle géométrique $\widehat{EMG}$.

Le but de cette question est de déterminer la position du point M pour que α soit maximale.

a. Démontrer que $ME^2 = \frac{3}{2}t^2 - \frac{5}{2}t + \frac{5}{4}$.

b. Démontrer que le triangle MEG est isocèle en M.

En déduire que $ME \sin\left(\frac{\alpha}{2}\right) = \frac{1}{2\sqrt{2}}$.

c. Justifier que α est maximale si et seulement si $\sin\left(\frac{\alpha}{2}\right)$ est maximal.

En déduire que α est maximale si et seulement si ME^2 est minimal.

d. Conclure.

Amérique du Sud, novembre 2013 **4 pts** 50 min

100 Cube, Droite, Aire, Volume

On considère le cube ABCDEFGH, d'arête de longueur 1, représenté ci-dessous et on munit l'espace du repère orthonormé $(A ; \overrightarrow{AB}, \overrightarrow{AD}, \overrightarrow{AE})$.

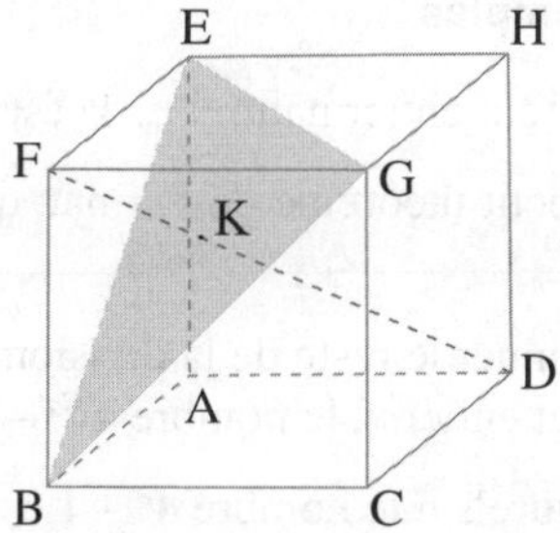

1 Déterminer une représentation paramétrique de la droite (FD).

2 Démontrer que le vecteur $\vec{n}\begin{pmatrix}1\\-1\\1\end{pmatrix}$ est un vecteur normal au plan (BGE) et déterminer une équation du plan (BGE).

3 Montrer que la droite (FD) est perpendiculaire au plan (BGE) en un point K de coordonnées $K\left(\frac{2}{3} ; \frac{1}{3} ; \frac{2}{3}\right)$.

4 Quelle est la nature du triangle BEG ? Déterminer son aire.

5 En déduire le volume du tétraèdre BEGD.

EXERCICES

Arithmétique (spécialité)

Centres étrangers, juin 2006 **5 pts** 1 heure

101 Divisibilité

Le but de l'exercice est d'étudier certaines propriétés de divisibilité de l'entier $4^n - 1$, lorsque n est un entier naturel.
On rappelle la propriété connue sous le nom de petit théorème de Fermat : « si p est un nombre premier et a un entier naturel premier avec p, alors $a^{p-1} - 1 \equiv 0$ modulo p ».

Partie A Quelques exemples

1 Démontrer que, pour tout entier naturel n, 4^n est congru à 1 modulo 3.

2 Prouver, à l'aide du petit théorème de Fermat, que $4^{28} - 1$ est divisible par 29.

3 Pour $1 \leq n \leq 4$, déterminer le reste de la division de 4^n par 17.
En déduire que, pour tout entier k, le nombre $4^{4k} - 1$ est divisible par 17.

4 Pour quels entiers naturels n le nombre $4^n - 1$ est-il divisible par 5 ?

5 À l'aide des questions précédentes, déterminer quatre diviseurs premiers de $4^{28} - 1$.

Partie B Divisibilité par un nombre premier

Soit p un nombre premier différent de 2.

1 Démontrer qu'il existe un entier $n \geq 1$ tel que $4^n \equiv 1$ modulo p.

2 Soit $n \geq 1$ un entier naturel tel que $4^n \equiv 1$ modulo p. On note b le plus petit entier strictement positif tel que $4^b \equiv 1$ modulo p, et r le reste de la division euclidienne de n par b.

a. Démontrer que $4^r \equiv 1$ modulo p. En déduire que $r = 0$.

b. Prouver l'équivalence :

$4^n - 1$ est divisible par p si, et seulement si, n est multiple de b.

c. En déduire que b divise $p - 1$.

La Réunion, juin 2005 — 5 pts — 1 heure

102 Suite, PGCD, Condition de primalité

Dans cet exercice, on pourra utiliser le résultat suivant :
« Étant donnés deux entiers naturels a et b non nuls, si PGCD $(a, b) = 1$ alors PGCD $(a^2, b^2) = 1$ ».

Une suite (S_n) est définie pour $n > 0$ par $S_n = \sum_{p=1}^{n} p^3$. On se propose de calculer, pour tout entier naturel non nul n, le plus grand commun diviseur de S_n et S_{n+1}.

1 Démontrer que, pour tout $n > 0$, $S_n = \left(\frac{n(n+1)}{2}\right)^2$.

2 **Étude du cas où *n* est pair**

Soit k l'entier naturel non nul tel que $n = 2k$.

a. Démontrer que PGCD $(S_{2k}, S_{2k+1}) = (2k+1)^2$ PGCD $(k^2, (k+1)^2)$.

b. Calculer PGCD $(k, k+1)$.

c. Calculer PGCD (S_{2k}, S_{2k+2}).

3 **Étude du cas où *n* est impair**

Soit k l'entier naturel non nul tel que $n = 2k + 1$.

a. Démontrer que les entiers $2k + 1$ et $2k + 3$ sont premiers entre eux.

b. Calculer PGCD (S_{2k+1}, S_{2k+2}).

4 Déduire des questions précédentes qu'il existe une unique valeur de n, que l'on déterminera, pour laquelle S_n et S_{n+1} sont premiers entre eux.

EXERCICES

D'après sujet de Bac — 3 pts — 40 min

103 PGCD

Soit n un entier naturel non nul.
On considère les nombres a et b tels que :

$$a = 2n^3 + 5n^2 + 4n + 1 \text{ et } b = 2n^2 + n.$$

1 Montrer que $2n + 1$ divise a et b.

2 Un élève affirme que le PGCD de a et b est $2n + 1$.
Son affirmation est-elle vraie ou fausse ? (La réponse sera justifiée).

D'après sujet de Bac **3 pts** 40 min

104 PGCD, PPCM, Système d'équations

1 Soit a et b des entiers naturels non nuls tels que PGCD $(a + b\ ;\ ab) = p$, où p est un nombre premier.
a. Démontrer que p divise a^2.
(On remarquera que $a^2 = a(a + b) - ab$.)
b. En déduire que p divise a.
On constate donc, de même, que p divise b.
c. Démontrer que PGCD $(a\ ;\ b) = p$.

2 On désigne par a et b des entiers naturels tels que $a \leq b$.
a. Résoudre le système :

$$\begin{cases} \text{PGCD}(a, b) = 5 \\ \text{PPCM}(a, b) = 170 \end{cases}$$

b. En déduire les solutions du système :

$$\begin{cases} \text{PGCD}(a + b, ab) = 5 \\ \text{PPCM}(a, b) = 170 \end{cases}$$

Centres étrangers, juin 2005 **5 pts** 1 heure

105 Décomposition, Équation, Congruence

Partie A

Soit N un entier naturel, impair non premier.
On suppose que $N = a^2 - b^2$ où a et b sont deux entiers naturels.

1 Montrer que a et b n'ont pas la même parité.

2 Montrer que N peut s'écrire comme produit de deux entiers naturels p et q.

3 Quelle est la parité de p et de q ?

Partie B

On admet que 250 507 n'est pas premier.
On se propose de chercher des couples d'entiers naturels $(a\ ;\ b)$ vérifiant la relation (E) $a^2 - 250\,507 = b^2$.

1 Soit X un tentier naturel.
a. Donner dans un tableau, les restes possibles de X modulo 9 ; puis ceux de X^2 modulo 9.

b. Sachant que $a^2 - 250\,507 = b^2$, déterminer les restes possibles modulo 9 de $a^2 - 250\,507$; en déduire les restes possibles modulo 9 de a^2.
c. Montrer que les restes possibles modulo 9 de a sont 1 et 8.

2 Justifier que si le couple $(a\ ;\ b)$ vérifie la relation (E), alors $a \geq 501$. Montrer qu'il n'existe pas de solution du type $(501\ ;\ b)$.

3 On suppose que le couple $(a\ ;\ b)$ vérifie la relation (E).
a. Démontrer que a est congru à 503 ou à 505 modulo 9.
b. Déterminer le plus petit entier naturel k tel que le couple $(505 + 9k\ ;\ b)$ soit solution de (E), puis donner le couple solution correspondant.

Partie C

1 Déduire des parties précédentes une écriture de 250 507 en un produit de deux facteurs.

2 Les deux facteurs sont-ils premiers entre eux ?

3 Cette écriture est-elle unique ?

Antilles-Guyane, juin 2015 — **5 pts** — 1 heure

106 PGCD, Codage

Les parties A et B peuvent être traitées de façon indépendante.

Partie A

Pour deux entiers naturels non nuls a et b, on note $r(a, b)$ le reste dans la division euclidienne de a par b.
On considère l'algorithme suivant :

Variables :	c est un entier naturel
	a et b sont des entiers naturels non nuls
Entrées :	Demander a
	Demander b
Traitement :	Affecter à c le nombre $r(a, b)$
	Tant que $c \neq 0$
	Affecter à a le nombre b
	Affecter à b la valeur de c
	Affecter à c le nombre $r(a, b)$
	Fin Tant que
Sortie :	Afficher b

EXERCICES

1 Faire fonctionner cet algorithme avec $a = 26$ et $b = 9$ en indiquant les valeurs de a, b et c à chaque étape.

2 Cet algorithme donne en sortie le PGCD des entiers naturels non nuls a et b. Le modifier pour qu'il indique si deux entiers naturels non nuls a et b sont premiers entre eux ou non.

Partie B

À chaque lettre de l'alphabet, on associe grâce au tableau ci-dessous un nombre entier compris entre 0 et 25.

A	B	C	D	E	F	G	H	I	J	K	L	M
0	1	2	3	4	5	6	7	8	9	10	11	12

N	O	P	Q	R	S	T	U	V	W	X	Y	Z
13	14	15	16	17	18	19	20	21	22	23	24	25

On définit un procédé de codage de la façon suivante :

Étape 1 : on choisit deux entiers naturels p et q compris entre 0 et 25.

Étape 2 : à la lettre que l'on veut coder, on associe l'entier x correspondant dans le tableau ci-dessus.

Étape 3 : on calcule l'entier x' défini par les relations :

$$x' \equiv px + q\ [26] \quad \text{et} \quad 0 \leq x' \leq 25.$$

Étape 4 : à l'entier x', on associe la lettre correspondante dans le tableau.

1 Dans cette question, on choisit $p = 9$ et $q = 2$.

a. Démontrer que la lettre V est codée par la lettre J.

b. Citer le théorème qui permet d'affirmer l'existence de deux entiers relatifs u et v tels que $9u + 26v = 1$. Donner sans justifier un couple (u, v) qui convient.

c. Démontrer que $x' \equiv 9x + 2\ [26]$ équivaut à $x \equiv 3x' + 20\ [26]$.

d. Décoder la lettre R.

2 Dans cette question, on choisit $q = 2$ et p est inconnu. On sait que J est codé par D. Déterminer la valeur de p (on admettra que p est unique).

3 Dans cette question, on choisit $p = 13$ et $q = 2$. Coder les lettres B et D. Que peut-on dire de ce codage ?

Asie, juin 2008 **5 pts**

107 Représentation graphique, Réseau, Équation diophantienne

Soit a et b deux entiers naturels non nuls ; on appelle « réseau » associé aux entiers a et b l'ensemble des points du plan, muni d'un repère orthonormal, dont les coordonnées $(x\ ;\ y)$ sont des entiers vérifiant les conditions : $0 \leq x \leq a$ et $0 \leq y \leq b$. On note $R_{a,\,b}$ ce réseau.
Le but de l'exercice est de relier certaines propriétés arithmétiques des entiers x et y à des propriétés géométriques des points correspondants du réseau.

Partie A Représentation graphique de quelques ensembles

Dans cette question, les réponses sont attendues sans explication, sous la forme d'un graphique qui sera dûment complété.
Représenter graphiquement les points $M(x\ ;\ y)$ du réseau $R_{8,\,8}$ vérifiant :

1 $x \equiv 2$ (modulo 3) et $y \equiv 1$ (modulo 3).

2 $x + y \equiv 1$ (modulo 3).

3 $x \equiv y$ (modulo 3).

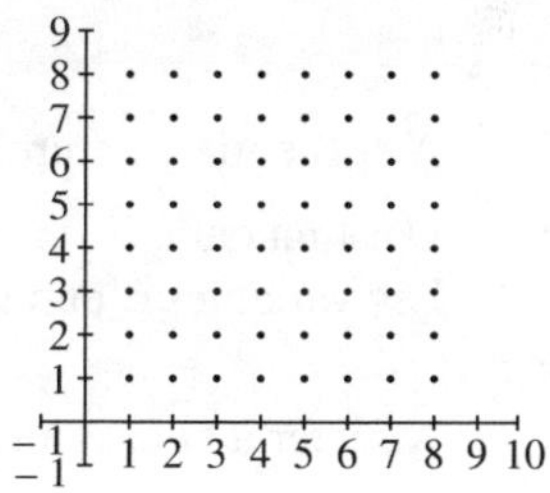

Partie B Résolution d'une équation

On considère l'équation (E) $7x - 4y = 1$, où les inconnues x et y sont des entiers relatifs.

1 Déterminer un couple d'entiers relatifs $(x_0\ ;\ y_0)$ solution de l'équation (E).

2 Déterminer l'ensemble des couples d'entiers relatifs solutions de l'équation (E).

3 Démontrer que l'équation (E) admet une unique solution $(x\ ;\ y)$ pour laquelle le point $M(x\ ;\ y)$ correspondant appartient au réseau $R_{4,\,7}$.

Partie C Une propriété des points situés sur la diagonale du réseau

Si a et b sont deux entiers naturels non nuls, on considère la diagonale [OA] du réseau $R_{a,\,b}$ avec $O(0\ ;\ 0)$ et $A(a\ ;\ b)$.

1 Démontrer que les points du segment [OA] sont caractérisés par les conditions :

$$0 \leq x \leq a \; ; \; 0 \leq y \leq b \; ; \; ay = bx.$$

2 Démontrer que si a et b sont premiers entre eux, alors les points O et A sont les seuls points du segment [OA] appartenant au réseau $R_{a,\,b}$.

3 Démontrer que si a et b ne sont pas premiers entre eux, alors le segment [OA] contient au moins un autre point du réseau.
(On pourra considérer le PGCD d des nombres a et b et poser $a = da'$ et $b = db'$.)

Nouvelle-Calédonie, novembre 2014 — **5 pts** — 1 heure

108 PGCD, Algorithme

On considère l'algorithme suivant, où A et B sont des entiers naturels tels que A < B :

```
Entrées :      A et B entiers naturels tels que A < B
Variables :    D est un entier
               Les variables d'entrées A et B
Traitement :
               Affecter à D la valeur de B – A

               Tant que D > 0
               B prend la valeur de A
               A prend la valeur de D
                  Si B > A Alors
                     D prend la valeur de B – A
                  Sinon
                     D prend la valeur de A – B
                  Fin Si
               Fin Tant que
Sortie :       Afficher A
```

1 On entre A = 12 et B = 14.
En remplissant le tableau donné ci-après, déterminer la valeur affichée par l'algorithme.

A	B	D
12	14	

2 Cet algorithme calcule la valeur du PGCD des nombres A et B.
En entrant A = 221 et B = 331, l'algorithme affiche la valeur 1.

a. Justifier qu'il existe des couples $(x\ ;\ y)$ d'entiers relatifs solutions de l'équation :

$$\text{(E)} \quad 221x - 331y = 1.$$

b. Vérifier que le couple (3 ; 2) est une solution de l'équation (E).
En déduire l'ensemble des couples $(x\ ;\ y)$ d'entiers relatifs solutions de l'équation (E).

3 On considère les suites d'entiers naturels (u_n) et (v_n) définies pour tout entier naturel n par :

$$u_n = 2 + 221n \quad \text{et} \quad \begin{cases} v_0 = 3 \\ v_{n+1} = v_n + 331 \end{cases}$$

a. Exprimer v_n en fonction de l'entier naturel n.

b. Déterminer tous les couples d'entiers naturels $(p\ ;\ q)$ tels que :

$$u_p = v_q, \quad 0 \leq p \leq 500 \quad \text{et} \quad 0 \leq q \leq 500.$$

EXERCICES

1 heure

Antilles-Guyane, septembre 2011 **2 pts**

109 Algorithme d'Euclide, Suite

1 **a.** Calculer $(1+\sqrt{6})^2$, $(1+\sqrt{6})^4$, $(1+\sqrt{6})^6$.
b. Appliquer l'algorithme d'Euclide à 847 et 342. Que peut-on en déduire ?

2 Soit n un entier naturel non nul. On note a_n et b_n les entiers naturels tels que $(1+\sqrt{6})^n = a_n + b_n\sqrt{6}$. Que valent a_1 et b_1 ? D'après les calculs de la question **1** **a.**, donner d'autres valeurs de a_n et b_n.

3 **a.** Calculer a_{n+1} et b_{n+1} en fonction de a_n et b_n.
b. Démontrer que, si 5 ne divise pas $a_n + b_n$, alors 5 ne divise pas non plus $a_{n+1} + b_{n+1}$. En déduire que, quel que soit n entier naturel non nul, 5 ne divise pas $a_n + b_n$.
c. Démontrer que, si a_n et b_n sont premiers entre eux, alors a_{n+1} et b_{n+1} sont premiers entre eux. En déduire que, quel que soit n entier naturel non nul, a_n et b_n sont premiers entre eux.

1 heure

Inde, avril 2012 **5 pts**

110 Équation diophantienne, Chiffrement de Hill, Congruence, Système d'équations

Partie A Restitution organisée de connaissances

Soit a, b, c, d des entiers relatifs et n un entier naturel non nul.
Montrer que si $a \equiv b \pmod{n}$ et $c \equiv d \pmod{n}$, alors :

$$ac \equiv bd \pmod{n}.$$

Partie B Inverse de 23 modulo 26

On considère l'équation (E) $23x - 26y = 1$,
où x et y désignent deux entiers relatifs.

1 Vérifier que le couple $(-9\,;-8)$ est solution de l'équation (E).

2 Résoudre alors l'équation (E).

3 En déduire un entier a tel que $0 \leq a \leq 25$ et $23a \equiv 1 \pmod{26}$.

Partie C **Chiffrement de Hill**

On veut coder un mot de deux lettres selon la procédure suivante.

Étape 1 Chaque lettre du mot est remplacée par un entier en utilisant le tableau ci-dessous :

A	B	C	D	E	F	G	H	I	J	K	L	M	N	O	P	Q	R	S	T	U	V	W	X	Y	Z
0	1	2	3	4	5	6	7	8	9	10	11	12	13	14	15	16	17	18	19	20	21	22	23	24	25

On obtient un couple d'entiers $(x_1 ; x_2)$ où x_1 correspond à la première lettre du mot et x_2 correspond à la deuxième lettre du mot.

Étape 2 $(x_1 ; x_2)$ est transformé en $(y_1 ; y_2)$ tel que :

$$(S_1)\begin{cases} y_1 \equiv 11x_1 + 3x_2 \pmod{26} \\ y_2 \equiv 7x_1 + 4x_2 \pmod{26} \end{cases} \quad \text{avec } 0 \leq y_1 \leq 25 \text{ et } 0 \leq y_2 \leq 25.$$

Étape 3 $(y_1 ; y_2)$ est transformé en un mot de deux lettres en utilisant le tableau de correspondance donné dans l'étape 1.

Exemple : $\underbrace{\text{TE}}_{\text{mot en clair}} \overset{\text{étape 1}}{\Rightarrow} (19, 4) \overset{\text{étape 2}}{\Rightarrow} (13, 19) \overset{\text{étape 3}}{\Rightarrow} \underbrace{\text{NT}}_{\text{mot codé}}$

1 Coder le mot ST.

2 On veut maintenant déterminer la procédure de décodage.

a. Montrer que tout couple $(x_1 ; x_2)$ vérifiant les équations du système (S_1), vérifie les équations du système :

$$(S_2)\begin{cases} 23x_1 \equiv 4y_1 + 23y_2 \pmod{26} \\ 23x_2 \equiv 19y_1 + 11y_2 \pmod{26} \end{cases}$$

b. À l'aide de la **partie B**, montrer que tout couple $(x_1 ; x_2)$ vérifiant les équations du système (S_2), vérifie les équations du système

$$(S_3)\begin{cases} x_1 \equiv 16y_1 + y_2 \pmod{26} \\ x_2 \equiv 11y_1 + 5y_2 \pmod{26} \end{cases}$$

c. Montrer que tout couple $(x_1 ; x_2)$ vérifiant les équations du système (S_3), vérifie les équations du système (S_1).

d. Décoder le mot YJ.

D'après sujet de Bac 5 pts 1 heure

111 Décomposition, PGCD

Pour tout entier naturel n supérieur ou égal à 5, on considère les nombres :

$$a = n^3 - n^2 - 12n \quad \text{et} \quad b = 2n^2 - 7n - 4.$$

1 Montrer, après factorisation, que a et b sont des entiers naturels divisibles par $n - 4$.

2 On pose $\alpha = 2n + 1$ et $\beta = n + 3$. On note d le PGCD de α et β.
a. Établir une relation entre α et β indépendante de n.
b. Démontrer que d est un diviseur de 5.
c. Démontrer que les nombres α et β sont multiples de 5 si et seulement si $n - 2$ est multiple de 5.

3 Montrer que $2n + 1$ et n sont premiers entre eux.

4 **a.** Déterminer, suivant les valeurs de n et en fonction de n, le PGCD de a et b.
b. Vérifier les résultats obtenus dans les cas particuliers $n = 11$ et $n = 12$.

D'après sujet de Bac 3 pts 40 min

112 PGCD

Soit a et b deux entiers premiers entre eux.

1 Montrer que $a + b$ et ab sont premiers entre eux. En déduire que les nombres $a + b$ et $a^2 - ab + b^2$ sont premiers entre eux ou divisibles par 3.

2 Démontrer l'égalité :

$$\text{PGCD}(a + b, a^2 - ab + b^2) = \text{PGCD}(a + b, 3).$$

Antilles-Guyane, juin 2009 5 pts 1 heure

113 Équation diophantienne, Congruence, Factorielle

Soit A l'ensemble des entiers naturels de l'intervalle [1 ; 46].

1 On considère l'équation (E) $23x + 47y = 1$ où x et y sont des entiers relatifs.

a. Donner une solution particulière $(x_0 ; y_0)$ de (E).
b. Déterminer l'ensemble des couples $(x ; y)$ solutions de (E).
c. En déduire qu'il existe un unique entier x appartenant à A tel que :

$$23x \equiv 1\ (47).$$

2 Soit a et b deux entiers relatifs.
a. Montrer que si $ab \equiv 0\ (47)$, alors $a \equiv 0\ (47)$ ou $b \equiv 0\ (47)$.
b. En déduire que si $a^2 \equiv 1\ (47)$, alors $a \equiv 1\ (47)$ ou $a \equiv -1\ (47)$.

3 **a.** Montrer que pour tout entier p de A, il existe un entier relatif q tel que :

$$p \times q \equiv 1\ (47).$$

Pour la suite, on admet que pour tout entier p de A, il existe un unique entier, noté $\text{inv}(p)$, appartenant à A tel que $p \times \text{inv}(p) \equiv 1\ (47)$.
Par exemple :
$\text{inv}(1) = 1$ car $1 \times 1 \equiv 1\ (47)$, $\text{inv}(2) = 24$ car $2 \times 24 \equiv 1\ (47)$,
$\text{inv}(3) = 16$ car $3 \times 16 \equiv 1\ (47)$...
b. Quels sont les entiers p de A qui vérifient $p = \text{inv}(p)$?
c. Montrer que $46! \equiv -1\ (47)$.

Centres étrangers, juin 2015 — 5 pts — 1 heure

114 Triplets pythagoriciens

Dans cet exercice, on s'intéresse aux triplets d'entiers naturels non nuls (x, y, z) tels que $x^2 + y^2 = z^2$. Ces triplets seront nommés « triplets pythagoriciens » en référence aux triangles rectangles dont ils mesurent les côtés, et notés en abrégé « TP ».
Ainsi (3, 4, 5) est un TP car $3^2 + 4^2 = 9 + 16 = 25 = 5^2$.

Partie A Généralités

1 Démontrer que, si (x, y, z) est un TP, et p un entier naturel non nul, alors le triplet (px, py, pz) est lui aussi un TP.

2 Démontrer que, si (x, y, z) est un TP, alors les entiers naturels x, y et z ne peuvent pas être tous les trois impairs.

3 Pour cette question, on admet que tout entier naturel non nul n peut s'écrire d'une façon unique sous la forme du produit d'une puissance de 2 par un entier impair : $n = 2^\alpha \times k$ où α est un entier naturel (éventuellement nul) et k un entier naturel impair.
L'écriture $n = 2^\alpha \times k$ est nommée *décomposition* de n.

Voici par exemple les *décompositions* des entiers 9 et 120 :

$$9 = 2^0 \times 9,\ 120 = 2^3 \times 15.$$

a. Donner la *décomposition* de l'entier 192.

b. Soient x et z deux entiers naturels non nuls, dont les *décompositions* sont :

$$x = 2^\alpha \times k \text{ et } z = 2^\beta \times m.$$

Écrire la *décomposition* des entiers naturels $2x^2$ et z^2.

c. En examinant l'exposant de 2 dans la *décomposition* de $2x^2$ et dans celle de z^2, montrer qu'il n'existe pas de couple d'entiers naturels non nuls (x, z) tels que $2x^2 = z^2$.

On admet que la question **A 3** permet d'établir que les trois entiers naturels x, y et z sont deux à deux distincts. Comme, de plus, les entiers naturels x, y jouent un rôle symétrique, dans la suite, pour tout TP (x, y, z), les trois entiers naturels x, y et z seront rangés dans l'ordre suivant :

$$x < y < z.$$

Partie B Recherche de triplets pythagoriciens contenant l'entier 2015

1 Décomposer en produit de facteurs premiers l'entier 2015, puis, en utilisant le TP donné dans le préambule, déterminer un TP de la forme $(x, y, 2015)$.

2 On admet que, pour tout entier naturel n :

$$(2n + 1)^2 + (2n^2 + 2n)^2 = (2n^2 + 2n + 1)^2.$$

Déterminer un TP de la forme $(2015, y, z)$.

3 **a.** En remarquant que $403^2 = 169 \times 961$, déterminer un couple d'entiers naturels non nuls (x, z) tels que $z^2 - x^2 = 403^2$, avec $x < 403$.

b. En déduire un TP de la forme $(x, 2015, z)$.

D'après sujet de Bac — **5 pts** — 1 heure

115 PGCD, PPCM

Dans tout l'exercice, x et y désignent des entiers naturels non nuls vérifiant $x < y$.

S est l'ensemble des couples $(x ; y)$ tels que PGCD $(x ; y) = y - x$.

1 **a.** Calculer PGCD (363 ; 484).

b. Le couple (363 ; 484) appartient-il à S ?

2 Soit n un entier naturel non nul ; le couple $(n ; n + 1)$ appartient-il à S ? Justifier votre réponse.

3 a. Montrer que $(x\,;y)$ appartient à S si et seulement si il existe un entier naturel k non nul tel que $x = k(y - x)$ et $y = (k + 1)(y - x)$.
b. En déduire que pour tout couple $(x\,;y)$ de S :

$$\text{PPCM}\,(x\,;y) = k(k + 1)(y - x).$$

4 a. Déterminer l'ensemble des entiers naturels diviseurs de 228.
b. En déduire l'ensemble des couples $(x\,;y)$ de S tels que PPCM $(x\,;y) = 228$.

Antilles-Guyane, juin 2014 **5 pts** 1 heure

116 Équation diophantienne, Algorithme

En montagne, un randonneur a effectué des réservations dans deux types d'hébergements : l'hébergement A et l'hébergement B.
Une nuit en hébergement A coûte 24 € et une nuit en hébergement B coûte 45 €.
Il se rappelle que le coût total de sa réservation est de 438 €.
On souhaite retrouver les nombres x et y de nuitées passées respectivement en hébergement A et en hébergement B.

1 a. Montrer que les nombres x et y sont respectivement inférieurs ou égaux à 18 et à 9.
b. Recopier et compléter les lignes (1), (2) et (3) de l'algorithme suivant afin qu'il affiche les couples $(x\,;y)$ possibles.

```
Entrée :         x et y sont deux nombres
Traitement :     Pour x variant de 0 à …            (1)
                 | Pour y variant de 0 à …          (2)
                 | | Si …….                         (3)
                 | |   | Afficher x et y
                 | | Fin Si
                 | Fin Pour
                 Fin Pour
Fin traitement
```

2 Justifier que le coût total de la réservation est un multiple de 3.

3 a. Justifier que l'équation $8x + 15y = 1$ admet pour solution au moins un couple d'entiers relatifs.
b. Déterminer une telle solution.
c. Résoudre l'équation (E) $8x + 15y = 146$ où x et y sont des nombres entiers relatifs.

4 Le randonneur se souvient avoir passé au maximum 13 nuits en hébergement A.
Montrer alors qu'il peut retrouver le nombre exact de nuits passées en hébergement A et celui des nuits passées en hébergement B.
Calculer ces nombres.

D'après sujet de Bac — 3 pts — 40 min

117 Divisibilité

Le nombre n désigne un entier naturel.

1 Démontrer que $n^2 + 5n + 4$ et $n^2 + 3n + 2$ sont divisibles par $n + 1$.

2 Déterminer l'ensemble des valeurs de n pour lesquelles $3n^2 + 15n + 19$ est divisible par $n + 1$.

3 En déduire que, quel que soit n, $3n^2 + 15n + 19$ n'est pas divisible par :

$$n^2 + 3n + 2.$$

D'après sujet de Bac — 3 pts — 40 min

118 PGCD

k étant un entier relatif, on pose :

$$x = 2k - 1 \text{ et } y = 9k + 4.$$

Montrer que tout diviseur commun à x et à y divise 17. En déduire, suivant les valeurs de k, le plus grand diviseur commun de x et y.

D'après sujet de Bac — 3 pts — 40 min

119 PGCD

1 Établir que, quel que soit $(a, b, q) \in \mathbb{Z}^3$,

$$a \wedge b = b \wedge (a - bq).$$

La notation $a \wedge b$ désigne le PGCD des entiers relatifs a et b.

2 Montrer que, quel que soit $n \in \mathbb{Z}$,

$$(5n^3 - n) \wedge (n + 2) = (n + 2) \wedge 38.$$

3 Déterminer l'ensemble des entiers relatifs n tels que $(n + 2)$ divise $(5n^3 - n)$.

4 Quelles sont les valeurs possibles du PGCD de $(5n^3 - n)$ et $(n + 2)$?
Déterminer l'ensemble des entiers relatifs n tels que :

$$(5n^3 - n) \wedge (n + 2) = 19.$$

1 heure

D'après sujet de Bac — 5 pts

120 Suite, Divisibilité

1 Calculer en fonction de n la somme des n premiers entiers naturels non nuls.

2 Démontrer que, pour tout entier naturel non nul :

$$\sum_{p=1}^{p=n} p^3 = \left(\sum_{p=1}^{p=n} p\right)^2.$$

(Le candidat pourra utiliser un raisonnement « par récurrence ».)
Soit s la suite de terme général :

$$s_n = \sum_{p=1}^{p=n} p^3.$$

Exprimer s_n en fonction de n.

3 Soit D_n le plus grand diviseur commun des nombres s_n et s_{n+1}.
Calculer D_n lorsque :
a. $n = 2k$;
b. $n = 2k + 1$.

4 En déduire que, pour $n > 1$, D_n est différent de 1 et que trois termes consécutifs s_n, s_{n+1}, s_{n+2} de la suite s sont premiers entre eux dans leur ensemble.

1 heure

Polynésie, juin 2005 — 5 pts

121 Suite, Écriture décimale, PGCD

On considère la suite (u_n) d'entiers naturels définie par :

$$\begin{cases} u_0 = 14 \\ \text{pour tout entier naturel } n,\ u_{n+1} = 5u_n - 6. \end{cases}$$

EXERCICES

1 Calculer u_1, u_2, u_3 et u_4. Quelle conjecture peut-on émettre concernant les deux derniers chiffres de u_n ?

2 Montrer que, pour tout entier naturel n, $u_{n+2} \equiv u_n$ (modulo 4).
En déduire que pour tout entier naturel k :

$$u_{2k} \equiv 2 \text{ et } u_{2k+1} \equiv 0 \text{ (modulo 4).}$$

3 **a.** Montrer par récurrence que pour tout entier naturel n, $2u_n = 5^{n+2} + 3$.
b. En déduire que, pour tout entier naturel n, $2u_n \equiv 28$ (modulo 100).

4 Déterminer les deux derniers chiffres de l'écriture décimale de u_n suivant les valeurs de n.

5 Montrer que le PGCD de deux termes consécutifs de la suite (u_n) est constant. Préciser sa valeur.

France métropolitaine, septembre 2015 — **5 pts** — 1 heure

122 Nombre de Mersenne

Les nombres de la forme $2^n - 1$, où n est un entier naturel non nul, sont appelés **nombres de Mersenne**.

1 On désigne par a, b et c trois entiers naturels non nuls tels que :

$$\text{PGCD}(b\,;c) = 1.$$

Prouver, à l'aide du théorème de Gauss, que si b divise a et c divise a, alors le produit bc divise a.

2 On considère le nombre de Mersenne $2^{33} - 1$.
Un élève utilise sa calculatrice et obtient les résultats ci-dessous.

$(2^{33} - 1) \div 3$	2863311530
$(2^{33} - 1) \div 4$	2147483648
$(2^{33} - 1) \div 12$	715827882,6

Il affirme que 3 divise $(2^{33} - 1)$ et 4 divise $(2^{33} - 1)$ et 12 ne divise pas $(2^{33} - 1)$.
a. En quoi cette affirmation contredit-elle le résultat démontré à la question **1** ?
b. Justifier que, en réalité, 4 ne divise pas $(2^{33} - 1)$.
c. En remarquant que $2 \equiv -1[3]$, montrer que, en réalité, 3 ne divise pas $2^{33} - 1$.

d. Calculer la somme $S = 1 + 2^3 + (2^3)^2 + (2^3)^3 + \ldots + (2^3)^{10}$.
e. En déduire que 7 divise $(2^{33} - 1)$.

3 On considère le nombre de Mersenne $2^7 - 1$. Est-il premier ? Justifier.

4 On donne l'algorithme suivant, où MOD(N, k) représente le reste de la division euclidienne de N par k.

Variables :	n entier naturel supérieur ou égal à 3
	k entier naturel supérieur ou égal à 2
Initialisation :	Demander à l'utilisateur la valeur de n.
	Affecter à k la valeur 2.
Traitement :	Tant que MOD$(2^n - 1, k) \neq 0$ et $k \leq \sqrt{2^n - 1}$
	Affecter à k la valeur $k + 1$
	Fin de Tant que.
Sortie :	**Afficher** k.
	Si $k > \sqrt{2^n - 1}$
	Afficher « CAS 1 »
	Sinon
	Afficher « CAS 2 »
	Fin de Si.

a. Qu'affiche cet algorithme si on saisit $n = 33$? Et si on saisit $n = 7$?
b. Que représente le CAS 2 pour le nombre de Mersenne étudié ? Que représente alors le nombre k affiché pour le nombre de Mersenne étudié ?
c. Que représente le CAS 1 pour le nombre de Mersenne étudié ?

EXERCICES

Asie, juin 2014 — 5 pts — 1 heure

123 Décomposition, Nombre de Mersenne, Algorithme de Lucas Lehmer

Partie A

Le but de cette partie est de démontrer que l'ensemble des nombres premiers est infini, en raisonnant par l'absurde.

1 On suppose qu'il existe un nombre fini n de nombres premiers, notés p_1, p_2, …, p_n. On considère le nombre E, produit de tous les nombres premiers augmenté de 1 : $E = p_1 \times p_2 \times \ldots \times p_n + 1$.

Démontrer que E est un entier supérieur ou égal à 2, et que E est premier avec chacun des nombres $p_1, p_2, \ldots, p_n$.

2 En utilisant le fait que E admet un diviseur premier, conclure.

Partie B

Pour tout entier naturel $k \geq 2$, on pose $M_k = 2^k - 1$.
On dit que M_k est le k-ième nombre de Mersenne.

1 **a.** Reproduire et compléter le tableau suivant, qui donne quelques valeurs de M_k.

k	2	3	4	5	6	7	8	9	10
M_k	3								

b. D'après le tableau précédent, si k est un nombre premier, peut-on conjecturer que le nombre M_k est premier ?

2 Soit p et q deux entiers naturels non nuls.

a. Justifier l'égalité :

$$1 + 2^p + (2^p)^2 + (2^p)^3 + \ldots + (2^p)^{q-1} = \frac{(2^p)^q - 1}{2^p - 1}.$$

b. En déduire que $2^{pq} - 1$ est divisible par $2^p - 1$.
c. En déduire que, si un entier k supérieur ou égal à 2 n'est pas premier, alors M_k ne l'est pas non plus.

3 **a.** Prouver que le nombre de Mersenne M_{11} n'est pas premier.
b. Que peut-on en déduire concernant la conjecture de la question **1 b.** ?

Partie C

Le test de Lucas-Lehmer permet de déterminer si un nombre de Mersenne donné est premier. Ce test utilise la suite numérique (u_n) définie par $u_0 = 4$ et, pour tout entier naturel n $u_{n+1} = u_n^2 - 2$.
Si n est un entier naturel supérieur ou égal à 2, le test permet d'affirmer que le nombre M_n est premier si et seulement si $u_{n-2} \equiv 0$ modulo M_n. Cette propriété est admise dans la suite.

1 Utiliser le test de Lucas-Lehmer pour vérifier que le nombre de Mersenne M_5 est premier.

2 Soit n un entier naturel supérieur ou égal à 3.
L'algorithme suivant, qui est incomplet, doit permettre de vérifier si le nombre de Mersenne M_n est premier, en utilisant le test de Lucas-Lehmer.

Variables :	u, M, n et i sont des entiers naturels
Initialisation :	u prend la valeur 4

Traitement :	Demander un entier $n \geq 3$
	M prend la valeur.........
	Pour i allant de 1 à .... faire
	    u prend la valeur ......
	Fin Pour
	Si M divise u alors afficher « M .... »
	    sinon afficher « M .... »

Recopier et compléter cet algorithme de façon à ce qu'il remplisse la condition voulue.

Asie, juin 2009 — 5 pts — 1 heure

124 Reste chinois, Équation diophantienne

1 On se propose, dans cette question, de déterminer tous les entiers relatifs N tels que $\begin{cases} N \equiv 5 \text{ (modulo 13)} \\ N \equiv 1 \text{ (modulo 17)} \end{cases}$

a. Vérifier que 239 est solution de ce système.

b. Soit N un entier relatif solution de ce système.
Démontrer que N peut s'écrire sous la forme $N = 1 + 17x = 5 + 13y$ où x et y sont deux entiers relatifs vérifiant la relation $17x - 13y = 4$.

c. Résoudre l'équation $17x - 13y = 4$ où x et y sont des entiers relatifs.

d. En déduire qu'il existe un entier relatif k tel que $N = 18 + 221k$.

e. Démontrer l'équivalence entre $N \equiv 18$ (221) et $\begin{cases} N \equiv 5 & \text{(modulo 13)} \\ N \equiv 1 & \text{(modulo 17)} \end{cases}$

2 *Dans cette question, toute trace de recherche, même incomplète, ou d'initiative, même infructueuse, sera prise en compte dans l'évaluation.*

a. Existe-t-il un entier naturel k tel que $10^k \equiv 1$ (modulo 17) ?

b. Existe-t-il un entier naturel ℓ tel que $10^\ell \equiv 18$ (modulo 221) ?

Matrices (spécialité)

Polynésie, juin 2015 **5 pts** 1 heure

125 Matrice, Suite, Puissance d'une matrice

On considère la matrice $A = \begin{pmatrix} -4 & 6 \\ -3 & 5 \end{pmatrix}$.

1 On appelle I la matrice identité d'ordre 2.
Vérifier que $A^2 = A + 2I$.

2 En déduire une expression de A^3 et une expression de A^4 sous la forme $\alpha A + \beta I$, où α et β sont des réels.

3 On considère les suites (r_n) et (s_n) définies par $r_0 = 0$ et $s_0 = 1$ et, pour tout entier naturel n :

$$\begin{cases} r_{n+1} = r_n + s_n \\ s_{n+1} = 2r_n \end{cases}$$

Démontrer que, pour tout entier naturel n, $A^n = r_n A + s_n I$.

4 Démontrer que la suite (k_n) définie pour tout entier naturel n par :

$$k_n = r_n - s_n$$

est géométrique de raison –1. En déduire, pour tout entier naturel n, une expression explicite de k_n en fonction de n.

5 On admet que la suite (t_n) définie pour tout entier naturel n par :

$$t_n = r_n + \frac{(-1)^n}{3}$$

est géométrique de raison 2. En déduire, pour tout entier naturel n, une expression explicite de t_n en fonction de n.

6 Déduire des questions précédentes, pour tout entier naturel n, une expression explicite de r_n et s_n en fonction de n.

7 En déduire alors, pour tout entier naturel n, une expression des coefficients de la matrice A^n.

Exercice-type 4 pts 50 min

126 Puissance d'une matrice

1 Soit $A = \begin{pmatrix} 2 & 4 \\ -1 & -2 \end{pmatrix}$ et $I_2 = \begin{pmatrix} 1 & 0 \\ 0 & 1 \end{pmatrix}$.

a. Calculer A^2.

b. Montrer par récurrence que pour tout entier naturel n non nul :

$$(I_2 + A)^n = I_2 + nA.$$

2 Application

a. Soit $M_1 = \begin{pmatrix} 3 & 4 \\ -1 & -1 \end{pmatrix}$.

Calculer, pour tout entier naturel n non nul, la matrice M_1^n.

b. Même question pour la matrice $M_2 = \begin{pmatrix} -2 & 1 \\ -9 & 4 \end{pmatrix}$.

3 Soit $T = \begin{pmatrix} 3 & 3 \\ -2 & -2 \end{pmatrix}$.

a. Calculer T^2.

b. Montrer par récurrence que pour tout entier naturel n non nul :

$$(I_2 + T)^n = I_2 + (2^n - 1)T.$$

c. Calculer pour tout entier naturel n non nul $\begin{pmatrix} 4 & 3 \\ -2 & -1 \end{pmatrix}^n$.

Exercice-type 4 pts 50 min

127 Puissance d'une matrice, Inversibilité

Pour tout réel α non nul, on considère les matrices :

$$A = \begin{pmatrix} 0 & \alpha & \alpha^2 \\ \frac{1}{\alpha} & 0 & \alpha \\ \frac{1}{\alpha^2} & \frac{1}{\alpha} & 0 \end{pmatrix} \text{ et } I = \begin{pmatrix} 1 & 0 & 0 \\ 0 & 1 & 0 \\ 0 & 0 & 1 \end{pmatrix}.$$

1 **a.** Calculer $(A + I)(2I - A)$.

b. En déduire que $I = \frac{1}{2}(A - I)A$, puis que A est inversible.

Préciser l'inverse de A.

2 On pose $B = \frac{1}{3}(A + I)$ et $C = \frac{1}{3}(2I - A)$.

a. Montrer que $B + C = I$ et $A = 2B - C$.

b. Montrer que $B^2 = B$ et $C^2 = C$.

3 On note $A^0 = I$. Montrer, par récurrence, que pour tout entier naturel n :

$$A^n = 2^n B + (-1)^n C.$$

1 heure

Asie, juin 2015 **5 pts**

128 Équation diophantienne, Matrice, Nombres triangulaires

On dit qu'un entier naturel non nul N est un nombre triangulaire s'il existe un entier naturel n tel que :

$$N = 1 + 2 + \ldots + n.$$

Par exemple, 10 est un nombre triangulaire car $10 = 1 + 2 + 3 + 4$.
Le but de ce problème est de déterminer des nombres triangulaires qui sont les carrés d'un entier.
On rappelle que, pour tout entier naturel non nul n :

$$1 + 2 + \ldots + n = \frac{n(n+1)}{2}.$$

Partie A Nombres triangulaires et carrés d'entiers

1 Montrer que 36 est un nombre triangulaire, et qu'il est aussi le carré d'un entier.

2 **a.** Montrer que le nombre $1 + 2 + \ldots + n$ est le carré d'un entier si et seulement s'il existe un entier naturel p tel que :

$$n^2 + n - 2p^2 = 0.$$

b. En déduire que le nombre $1 + 2 + \ldots + n$ est le carré d'un entier si et seulement s'il existe un entier naturel p tel que :

$$(2n + 1)^2 - 8p^2 = 1.$$

Partie B **Étude de l'équation diophantienne associée**

On considère (E) l'équation diophantienne $x^2 - 8y^2 = 1$, où x et y désignent deux entiers relatifs.

1 Donner deux couples d'entiers naturels inférieurs à 10 qui sont solution de (E).

2 Démontrer que, si un couple d'entiers relatifs non nuls (x, y) est solution de (E), alors les entiers relatifs x et y sont premiers entre eux.

Partie C **Lien avec le calcul matriciel**

Soit x et y deux entiers relatifs. On considère la matrice $A = \begin{pmatrix} 3 & 8 \\ 1 & 3 \end{pmatrix}$.

On définit les entiers relatifs x' et y' par l'égalité $\begin{pmatrix} x' \\ y' \end{pmatrix} = A\begin{pmatrix} x \\ y \end{pmatrix}$.

1 Exprimer x' et y' en fonction de x et de y.

2 Déterminer la matrice A^{-1}, puis exprimer x et y en fonction de x' et y'.

3 Démontrer que (x, y) est solution de (E) si et seulement si (x', y') est solution de (E).

4 On considère les suites (x_n) et (y_n) définies par $x_0 = 3$, $y_0 = 1$ et, pour tout entier naturel n, $\begin{pmatrix} x_{n+1} \\ y_{n+1} \end{pmatrix} = A\begin{pmatrix} x_n \\ y_n \end{pmatrix}$. On admet que, ainsi définis, les nombres x_n et y_n sont des entiers naturels pour toute valeur de l'entier n.
Démontrer par récurrence que, pour tout entier naturel n, le couple (x_n, y_n) est solution de (E).

Partie D **Retour au problème initial**

À l'aide des parties précédentes, déterminer un nombre triangulaire supérieur à 2015, qui est le carré d'un entier.

France métropolitaine, septembre 2013 **5 pts** 1 heure

129 Graphe probabiliste, Puissance d'une matrice, Suite

Les parties A et B peuvent être traitées indépendamment l'une de l'autre.

Dans un village imaginaire isolé, une nouvelle maladie contagieuse, mais non mortelle, a fait son apparition.

Rapidement, les scientifiques ont découvert qu'un individu pouvait être dans l'un des trois états suivants :
S « l'individu est sain, c'est-à-dire non malade et non infecté » ;
I « l'individu est porteur sain, c'est-à-dire non malade mais infecté » ;
M « l'individu est malade et infecté ».

Partie A

Les scientifiques estiment qu'un seul individu est à l'origine de la maladie sur les 100 personnes que compte la population et que, d'une semaine à la suivante, un individu change d'état suivant le processus suivant :

- parmi les individus sains, la proportion de ceux qui deviennent porteurs sains est égale à $\frac{1}{3}$ et la proportion de ceux qui deviennent malades est égale à $\frac{1}{3}$;
- parmi les individus porteurs sains, la proportion de ceux qui deviennent malades est égale à $\frac{1}{2}$.

La situation peut être représentée par un graphe probabiliste comme ci-dessous.

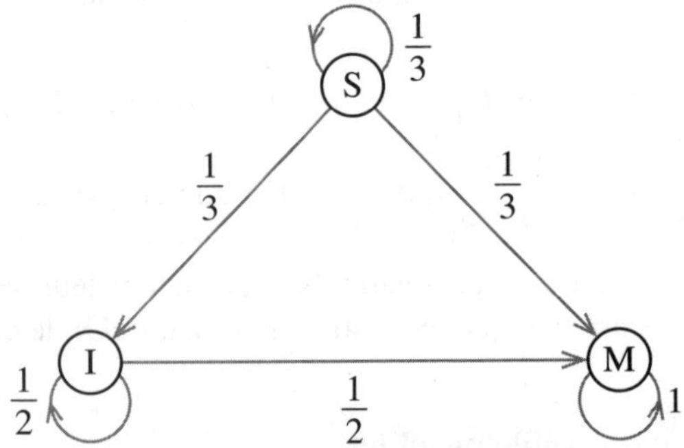

On note $P_n = (s_n \quad i_n \quad m_n)$ la matrice ligne donnant l'état probabiliste au bout de n semaines où s_n, i_n et m_n désignent respectivement la probabilité que l'individu soit sain, porteur sain ou malade la n-ième semaine.

On a alors $P_0 = (0{,}99 \quad 0 \quad 0{,}01)$ et, pour tout entier naturel n :

$$\begin{cases} s_{n+1} = \frac{1}{3}s_n \\ i_{n+1} = \frac{1}{3}s_n + \frac{1}{2}i_n \\ m_{n+1} = \frac{1}{3}s_n + \frac{1}{2}i_n + m_n \end{cases}$$

1 Écrire la matrice A appelée matrice de transition, telle que pour tout entier naturel n, $P_{n+1} = P_n \times A$.

2 Démontrer par récurrence que pour tout entier naturel n non nul :

$$P_n = P_0 \times A^n.$$

3 Déterminer l'état probabiliste P_4 au bout de quatre semaines. On pourra arrondir les valeurs à 10^{-2}.
Quelle est la probabilité qu'un individu soit sain au bout de quatre semaines ?

Partie B

La maladie n'évolue en réalité pas selon le modèle précédent puisqu'au bout de 4 semaines de recherche, les scientifiques découvrent un vaccin qui permet d'enrayer l'endémie et traitent immédiatement l'ensemble de la population.
L'évolution hebdomadaire de la maladie après vaccination est donnée par la matrice de transition :

$$B = \begin{pmatrix} \frac{5}{12} & \frac{1}{4} & \frac{1}{3} \\ \frac{5}{12} & \frac{1}{4} & \frac{1}{3} \\ \frac{1}{6} & \frac{1}{2} & \frac{1}{3} \end{pmatrix}.$$

On note Q_n la matrice ligne donnant l'état probabiliste au bout de n semaines après la mise en place de ces nouvelles mesures de vaccination. Ainsi $Q_n = (S_n \quad I_n \quad M_n)$ où S_n, I_n et M_n désignent respectivement la probabilité que l'individu soit sain, porteur sain et malade la n-ième semaine après la vaccination.
Pour tout entier naturel n, on a alors $Q_{n+1} = Q_n \times B$.
D'après la **partie A**, $Q_0 = P_4$. Pour la suite, on prend $Q_0 = (0{,}01 \quad 0{,}10 \quad 0{,}89)$ où les coefficients ont été arrondis à 10^{-2}.

1 Exprimer S_{n+1}, I_{n+1} et M_{n+1} en fonction de S_n, I_n et M_n.

2 Déterminer la constante réelle k telle que $B^2 = kJ$ où J est la matrice carrée d'ordre 3 dont tous les coefficients sont égaux à 1.
On en déduit que pour tout entier n supérieur ou égal à 2, $B^n = B^2$.

3 **a.** Démontrer que pour tout entier n supérieur ou égal à 2 :

$$Q_n = \begin{pmatrix} \frac{1}{3} & \frac{1}{3} & \frac{1}{3} \end{pmatrix}.$$

b. Interpréter ce résultat en terme d'évolution de la maladie.
Peut-on espérer éradiquer la maladie grâce au vaccin ?

EXERCICES

Amérique du Nord, juin 2015 — 5 pts — 1 heure

130 Matrice inversible, Congruence

On donne les matrices :

$$M = \begin{pmatrix} 1 & 1 & 1 \\ 1 & -1 & 1 \\ 4 & 2 & 1 \end{pmatrix} \text{ et } I = \begin{pmatrix} 1 & 0 & 0 \\ 0 & 1 & 0 \\ 0 & 0 & 1 \end{pmatrix}.$$

Partie A

1 Déterminer la matrice M^2. On donne $M^3 = \begin{pmatrix} 20 & 10 & 11 \\ 12 & 2 & 9 \\ 42 & 20 & 21 \end{pmatrix}$.

2 Vérifier que $M^3 = M^2 + 8M + 6I$.

3 En déduire que M est inversible et que :

$$M^{-1} = \frac{1}{6}(M^2 - M - 8I).$$

Partie B Étude d'un cas particulier

On cherche à déterminer trois nombres entiers a, b et c tels que la parabole d'équation $y = ax^2 + bx + c$ passe par les points :

$$A(1\,;1),\ B(-1\,;-1),\ C(2\,;5).$$

1 Démontrer que le problème revient à chercher trois entiers a, b et c tels que :

$$M\begin{pmatrix} a \\ b \\ c \end{pmatrix} = \begin{pmatrix} 1 \\ -1 \\ 5 \end{pmatrix}.$$

2 Calculer les nombres a, b et c et vérifier que ces nombres sont des entiers.

Partie C Retour au cas général

Les nombres a, b, c, p, q, r sont des entiers.

Dans un repère $(O\,;\vec{i}, \vec{j})$, on considère les points $A(1\,;p)$, $B(-1\,;q)$ et $C(2\,;r)$.

On cherche des valeurs de p, q et r pour qu'il existe une parabole d'équation $y = ax^2 + bx + c$ passant par A, B et C.

1 Démontrer que si $\begin{pmatrix} a \\ b \\ c \end{pmatrix} = M^{-1}\begin{pmatrix} p \\ q \\ r \end{pmatrix}$, avec a, b et c entiers, alors :

$$\begin{cases} -3p + q + 2r \equiv 0\ [6] \\ 3p - 3q \equiv 0\ [6] \\ 6p + 2q - 2r \equiv 0\ [6] \end{cases}$$

2 En déduire que :

$$\begin{cases} q - r \equiv 0\ [3] \\ p - q \equiv 0\ [2] \end{cases}$$

3 Réciproquement, on admet que si $\begin{cases} q - r \equiv 0\ [3] \\ p - q \equiv 0\ [2] \\ \text{A, B, C ne sont pas alignés} \end{cases}$, alors il existe trois entiers a, b et c tels que la parabole d'équation $y = ax^2 + bx + c$ passe par les points A, B et C.

a. Montrer que les points A, B et C sont alignés si et seulement si :

$$2r + q - 3p = 0.$$

b. On choisit $p = 7$. Déterminer des entiers q, r, a, b et c tels que la parabole d'équation $y = ax^2 + bx + c$ passe par les points A, B et C.

Centres étrangers, juin 2016 — **5 pts** — 1 heure

131 Chiffrement de Hill, Congruence, Matrice

Le but de cet exercice est d'étudier, sur un exemple, une méthode de chiffrement publiée en 1929 par le mathématicien et cryptologue américain Lester Hill. Ce chiffrement repose sur la donnée d'une matrice A, connue uniquement de l'émetteur et du destinataire.

Dans tout l'exercice, on note A la matrice définie par :

$$A = \begin{pmatrix} 5 & 2 \\ 7 & 7 \end{pmatrix}.$$

Partie A Chiffrement de Hill

Voici les différentes étapes de chiffrement pour un mot comportant un nombre pair de lettres (page suivante).

Question : utiliser la méthode de chiffrement exposée pour chiffrer le mot « HILL ».

Étape 1	On divise le mot en blocs de deux lettres consécutives puis, pour chaque bloc, on effectue chacune des étapes suivantes.
Étape 2	On associe aux deux lettres du bloc les deux entiers x_1 et x_2, tous deux compris entre 0 et 25, qui correspondent aux deux lettres dans le même ordre, dans le tableau suivant :
Étape 3	On transforme la matrice $X = \begin{pmatrix} x_1 \\ x_2 \end{pmatrix}$ en la matrice $Y = \begin{pmatrix} y_1 \\ y_2 \end{pmatrix}$, vérifiant $Y = AX$.
Étape 4	On transforme la matrice $Y = \begin{pmatrix} y_1 \\ y_2 \end{pmatrix}$ en la matrice $R = \begin{pmatrix} r_1 \\ r_2 \end{pmatrix}$, où r_1 est le reste de la division euclidienne de y_1 par 26 et r_2 celui de la division euclidienne de y_2 par 26.
Étape 5	On associe aux entiers r_1 et r_2 les deux lettres correspondantes du tableau de l'étape 2. Le bloc chiffré est le bloc obtenu en juxtaposant ces deux lettres.

Tableau de l'étape 2 :

A	B	C	D	E	F	G	H	I
0	1	2	3	4	5	6	7	8
J	K	L	M	N	O	P	Q	R
9	10	11	12	13	14	15	16	17
S	T	U	V	W	X	Y	Z	
18	19	20	21	22	23	24	25	

Partie B Quelques outils mathématiques nécessaires au déchiffrement

1 Soit a un entier relatif premier avec 26.
Démontrer qu'il existe un entier relatif u tel que :

$$u \times a \equiv 1 \text{ modulo } 26.$$

2 On considère l'algorithme suivant :

Variables :	a, u, et r sont des nombres (a est naturel et premier avec 26)

Traitement :	Lire a
	u prend la valeur 0, et r prend la valeur 0
	Tant que $r \neq 1$
	    u prend la valeur $u + 1$
	    r prend la valeur du reste de la division euclidienne de $u \times a$ par 26
	Fin du Tant que

Sortie :	Afficher u

On entre la valeur $a = 21$ dans cet algorithme.

a. Reproduire sur la copie et compléter le tableau suivant, jusqu'à l'arrêt de l'algorithme.

u	0	1	2	…
r	0	21	…	…

b. En déduire que $5 \times 21 \equiv 1$ modulo 26.

3 On rappelle que A est la matrice $A = \begin{pmatrix} 5 & 2 \\ 7 & 7 \end{pmatrix}$ et on note I la matrice :

$$I = \begin{pmatrix} 1 & 0 \\ 0 & 1 \end{pmatrix}.$$

a. Calculer la matrice $12A - A^2$.

b. En déduire la matrice B telle que $BA = 21I$.

c. Démontrer que si $AX = Y$, alors $21X = BY$.

Partie C Déchiffrement

On veut déchiffrer le mot VLUP.

On note $X = \begin{pmatrix} x_1 \\ x_2 \end{pmatrix}$ la matrice associée, selon le tableau de correspondance, à un bloc de deux lettres avant chiffrement, et $Y = \begin{pmatrix} y_1 \\ y_2 \end{pmatrix}$ la matrice définie par l'égalité :

$$Y = AX = \begin{pmatrix} 5 & 2 \\ 7 & 7 \end{pmatrix} X.$$

Si r_1 et r_2 sont les restes respectifs de y_1 et y_2 dans la division euclidienne par 26, le bloc de deux lettres après chiffrement est associé à la matrice :

$$R = \begin{pmatrix} r_1 \\ r_2 \end{pmatrix}.$$

1 Démontrer que $\begin{cases} 21x_1 = 7y_1 - 2y_2 \\ 21x_2 = -7y_1 + 5y_2 \end{cases}$

2 En utilisant la question **B 2**, établir que :

$$\begin{cases} x_1 \equiv 9r_1 + 16r_2 \text{ modulo } 26 \\ x_2 \equiv 17r_1 + 25r_2 \text{ modulo } 26 \end{cases}$$

3 Déchiffrer le mot VLUP, associé aux matrices $\begin{pmatrix} 21 \\ 11 \end{pmatrix}$ et $\begin{pmatrix} 20 \\ 15 \end{pmatrix}$.

EXERCICES

Antilles-Guyane, juin 2016 — **5 pts** — 1 heure

132 Arithmétique, Algorithme, Matrice

Les parties A et B sont indépendantes.

Partie A

On considère l'équation suivante d'inconnues x et y entiers relatifs :

$$7x - 3y = 1 \text{ (E)}.$$

1 Un algorithme incomplet est donné ci-dessous. Le recopier et le compléter, en écrivant ses lignes manquantes (1) et (2) de manière à ce qu'il donne les solutions entières $(x\,;\,y)$ de l'équation (E) vérifiant :

$$-5 \leq x \leq 10 \quad \text{et} \quad -5 \leq y \leq 10.$$

```
Variables :   X est un nombre entier
              Y est un nombre entier
Début :       Pour X variant de –5 à 10
                  (1)..................
                          (2)..................
                          Alors Afficher X et Y
                          Fin Si
                  Fin Pour
              Fin Pour
Fin
```

2 **a.** Donner une solution particulière de l'équation (E).

b. Déterminer l'ensemble des couples d'entiers relatifs solutions de l'équation (E).

c. Déterminer l'ensemble des couples $(x\,;\,y)$ d'entiers relatifs solutions de l'équation (E) tels que :

$$-5 \leq x \leq 10 \text{ et } -5 \leq y \leq 10.$$

Partie B

Le plan est rapporté à un repère orthonormé $(O\,;\,\vec{u}, \vec{v})$.

On considère la droite $\mathcal{D}$ d'équation :

$$7x - 3y - 1 = 0.$$

On définit la suite (A_n) de points du plan de coordonnées $(x_n\,;\,y_n)$ vérifiant pour tout n entier naturel :

$$\begin{cases} x_0 = 1 \\ y_0 = 2 \end{cases} \quad \text{et} \quad \begin{cases} x_{n+1} = \dfrac{-13}{2}x_n + 3y_n \\[2mm] y_{n+1} = \dfrac{-35}{2}x_n + 8y_n \end{cases}$$

1 On note M la matrice $\begin{pmatrix} \frac{-13}{2} & 3 \\ \frac{-35}{2} & 8 \end{pmatrix}$.

Pour tout entier naturel n, on pose $X_n = \begin{pmatrix} x_n \\ y_n \end{pmatrix}$.

a. Montrer que, pour tout entier naturel n, $X_{n+1} = MX_n$.

b. Sans justifier, exprimer pour tout entier naturel n, X_n en fonction de M^n et X_0.

2 On considère la matrice $P = \begin{pmatrix} -2 & -3 \\ -5 & -7 \end{pmatrix}$ et on admet que la matrice inverse de P, notée P^{-1}, est définie par $P^{-1} = \begin{pmatrix} 7 & -3 \\ -5 & 2 \end{pmatrix}$.

a. Vérifier que $P^{-1}MP$ est une matrice diagonale D que l'on précisera.

b. Pour tout entier naturel n, donner D^n sans justification.

c. Démontrer par récurrence que, pour tout entier naturel n :

$$M^n = P D^n P^{-1}.$$

3 On admet que, pour tout entier naturel n, $M^n = \begin{pmatrix} -14 + \frac{15}{2^n} & 6 - \frac{6}{2^n} \\ -35 + \frac{35}{2^n} & 15 - \frac{14}{2^n} \end{pmatrix}$.

En déduire, pour tout entier naturel n, une expression de x_n et de y_n en fonction de n.

4 Montrer que, pour tout entier naturel n, le point A_n appartient à la droite $\mathcal{D}$.

Dépôt légal : août 2017 - N° de projet : 10237465
Imprimé en France par Maury-Imprimeur
45330 Malesherbes
N° d'imprimeur : 219702

EXERCICES